新世纪电子信息与电气类系列规划教材

电路与电子技术实践教程

（第 2 版）

策划 戴义保

主编 于维顺

参编 （以姓氏笔划为序）

王 珩 许 庆 吉 静 余 康

朱罕非 吴小安 张志鹏 吴春红

郝 菁 聂 幸 徐玉菁 曹诚伟

U0379896

东南大学出版社

SOUTHEAST UNIVERSITY PRESS

·南京·

内 容 简 介

本书是根据多年来教学实践和改革,强化与工程实践相结合,提高学生的动手能力和创新思维能力,以适应电子信息时代的新形势新要求,为培养面向21世纪高素质的应用型人才的迫切要求而编写的。

本书共5章。第1章为电路与电子技术实验的基础知识,包括实验概述,实践教学的目的,实践教学的要求,电子测量中的误差分析,测量数据的处理,实验室安全操作规程,常用电子仪器的基本工作原理及使用方法等。第2章为电路实验,包括元件伏安特性测试等11个实验内容。第3章为数字电子技术实验,包括常用电子仪器的使用练习、TTL集成门电路的功能测试、综合设计等14个实验内容。第4章为模拟电子技术实验,包括单级低频电压放大电路等13个实验内容。第5章为电子技术仿真及EDA技术。书末附有附录。

本书可作为高等学校电子信息类专业及部分非电类专业的实践教学教材。在教学安排上可独立设课教学使用,也可与理论教学课程相对同步进行,同时可供从事电工电子技术工作的工程技术人员参考。

图书在版编目(CIP)数据

电路与电子技术实践教程/于维顺主编. —2 版.
—南京:东南大学出版社,2017.9(2021.7 重印)
新世纪电子信息与电气类系列规划教材
ISBN 978 - 7 - 5641 - 7346 - 3

I.①电… II.①于… III.①电路理论-高等学校-
教材②电子技术-高等学校-教材 IV.①TM13②TN01

中国版本图书馆 CIP 数据核字(2017)第 187911 号

电路与电子技术实践教程

出版发行	东南大学出版社	
出 版 人	江建中	
社　　址	南京市四牌楼 2 号	
邮　　编	210096	
经　　销	全国各地新华书店	
印　　刷	南京工大印务有限公司	
开　　本	787 mm×1092 mm 1/16	
印　　张	21.5	
字　　数	550 千字	
版　　次	2013 年 9 月第 1 版　2017 年 9 月第 2 版	
印　　次	2021 年 7 月第 3 次印刷	
书　　号	ISBN 978 - 7 - 5641 - 7346 - 3	
印　　数	3201-4400 册	
定　　价	60.00 元	

(本社图书若有印装质量问题,请直接与营销部联系。电话:025 - 83791830)

第 2 版前言

《电路与电子技术实践教程》自 2013 年出版以来,已经历了 4 届工科机电类专业大学生的使用,通过总结和教学评估,编写人员一致认为,该书的内容和实践效果基本达到了电工电子基础实践实训的要求。但随着应用型人才培养计划和目标的不断完善和提高,特别是对照教育部有关本科工程教学实践认证的标准,感觉还存在着不少差距,主要是在实验内容,实验模式以及实验的开放性,综合性和创新性方面的内涵尚欠不足,为了与时俱进,不断提高,全体参编人员首先统一了对原教材进行修订必要性的认识,并提出了新版的修订意见,修订意见主要围绕以下五个方面来进行,一是实验内容除了基本验证性内容外,增加了提高性和综合性的实验内容和要求,实验内容由浅入深引入,实验模式由简单到复杂进行启发和引导,二是修订了实验内容,使实验内容具有一定的灵活性和自主性,引导学生自定实验步骤和方法,三是强化考核制度,对学生的实验设计进行三级记分,即基本实验,实验内容的提高性和综合性分别记分,充分引导学生自主研发和开拓创新的实验思路。四是对原教材中的实验内容进行了梳理,个别实验标注了＊号,带＊的实验表示为学生自行课外完成。五是加大了软件仿真实验的内容和实验时间。

在第 2 版修订的过程中,对第 1 版中出现的一些错误进行了改正,针对实验室实验仪器的更新也在教程中进行了同步更新。参加修订的人员为原教材的编写人员。

《电路与电子技术实践教程(第 2 版)》的修订和出版,其主要目标是加强实践教学环节的质量,致力于训练学生在实验中通过实验项目分析、知识学习补充、理论推导计算、实验方法选择、电路设计仿真、实验步聚设计、参数测试方案、实验总结等环节全面培养学生自主学习,科学研究,规划管理,工程实践,团队合作,交流沟通等科学研究基本素质和工程实践综合能力。

在本书编写过程中,得到了深圳市鼎阳科技有限公司的鼎力支持,在此表示衷心的感谢。

第 2 版的修订工作由戴义保协调和审定。

戴义保

2017 年 5 月

前　言

　　《电路与电子技术实践教程》是在东南大学成贤学院多年教学改革实践的基础上,为适应培养高素质应用型人才,落实拓宽学科口径,强化工程实践训练,培养学生创新思维和分析解决实际问题的能力,提高学生综合素质,作为独立设课的实践课程而编写的。适合于电类及部分非电类专业电路与电子技术实践教学使用。

　　该课程重在实践。从培养提高学生的实践动手能力的宗旨出发,紧密结合《电路》、《数字电子技术》、《模拟电子技术》等理论课程,科学有序地安排其教学内容和教学进程,保留经典实验内容,减少验证性实验内容,把基础性内容融入综合性、应用性、设计性实验项目中。巩固所学的基础理论,提高学生动手能力和工程设计能力。

　　通过本课程的学习与实践,要求学生掌握以下技能:

　　(1) 熟练掌握常用电子仪器的基本原理和使用方法。

　　(2) 实验内容既涵盖传统验证型实验,又涵盖设计应用性实验,重视工程实用性,利于学生巩固基础理论,提高工程设计能力及分析应用能力。

　　(3) 在编写内容的安排上力求注意与理论课程内容相结合,同时又具有实践教材的自身体系与特色。每一个实验内容都包含有实验目的、知识点、实验原理、预习报告要求、实验内容、实验报告要求、思考题、实验仪器和器材及注意事项等。

　　全书共5章41个实验内容,其中第1章为电路与电子技术实验的基础知识;第2章为电路实验,第3章为数字电子技术实验,第4章为模拟电子技术实验,第5章为仿真实验。最后为附录。

　　本书由于维顺主编,由梁德润主审。本教材分工如下:于维顺编写第1章、第3章中3.1、第4章中4.13及附录E～G;吴春红编写第2章中2.1～2.3、2.9～2.11;王珩编写第2章中2.4～2.8;聂幸编写第3章中3.10～3.14及附录A～D;曹诚伟编写第3章中3.2、3.7～3.9;郝菁编写第3章3.3～3.6;徐玉菁编写第4章中4.1、4.12;朱罕飞编写第4章中4.3、4.11;吴小安编写第4章中4.4、4.10;余康编写第4章中4.2、4.5;吉静编写第4章中4.6、4.7;许庆编写第4章中4.8、4.9;第5章由张志鹏编写。在编写过程中李振东老师为本教材绘制了部分电路图。

　　限于编者水平有限及编写时间仓促,书中难免还存在内容不妥和错误之处,恳请专家及广大读者批评指正。

编　者

2013 年 5 月

目　　录

1 **电路与电子技术实验的基础知识** ·· (1)

1.1　实验概述 ··· (1)

1.2　实践教学的目的 ··· (1)

1.3　实践教学的要求 ··· (2)

1.4　电子测量中的误差分析 ··· (3)

　1.4.1　测量误差的定义 ·· (3)

　1.4.2　测量误差的分类 ·· (5)

1.5　测量数据的处理 ··· (6)

　1.5.1　有效数字和数字的舍入规则 ·· (7)

1.6　实验室安全操作规程 ··· (8)

1.7　常用电子仪器仪表的基本工作原理及使用方法 ······························· (8)

　1.7.1　(SDG1000 系列)函数/任意波形发生器简介 ·································· (8)

　1.7.2　(SDS1000A 系列)数字存储示波器使用方法 ································ (12)

　1.7.3　电子电压表 ·· (28)

　1.7.4　直流稳压电源 ·· (29)

　1.7.5　1YB02-8 型号的电路电子技术多功能实验箱介绍 ······················· (32)

2 **电路实验** ··· (34)

2.1　元件伏安特性测试 ··· (34)

　2.1.1　实验目的 ·· (34)

　2.1.2　知识点 ·· (34)

　2.1.3　实验原理 ·· (34)

　2.1.4　预习要求 ·· (37)

　2.1.5　实验内容 ·· (37)

　2.1.6　实验报告要求 ·· (40)

　2.1.7　思考题 ·· (40)

　2.1.8　实验仪器和器材 ·· (40)

*2.2　基尔霍夫定律验证 ··· (41)

　2.2.1　实验目的 ·· (41)

　2.2.2　知识点 ·· (41)

　2.2.3　实验原理 ·· (41)

　2.2.4　预习要求 ·· (42)

2.2.5　实验内容 ……………………………………………………………… (42)

2.2.6　实验报告要求 ………………………………………………………… (44)

2.2.7　思考题 ………………………………………………………………… (44)

2.2.8　实验仪器和器材 ……………………………………………………… (44)

2.3　叠加原理的验证 …………………………………………………………… (44)

2.3.1　实验目的 ……………………………………………………………… (44)

2.3.2　知识点 ………………………………………………………………… (44)

2.3.3　实验原理 ……………………………………………………………… (44)

2.3.4　预习要求 ……………………………………………………………… (45)

2.3.5　实验内容 ……………………………………………………………… (45)

2.3.6　实验报告要求 ………………………………………………………… (45)

2.3.7　思考题 ………………………………………………………………… (46)

2.3.8　实验仪器和器材 ……………………………………………………… (46)

2.4　验证戴维南定理和诺顿定理 ……………………………………………… (46)

2.4.1　实验目的 ……………………………………………………………… (46)

2.4.2　知识点 ………………………………………………………………… (46)

2.4.3　实验原理 ……………………………………………………………… (46)

2.4.4　预习要求 ……………………………………………………………… (48)

2.4.5　实验内容 ……………………………………………………………… (48)

2.4.6　实验报告要求 ………………………………………………………… (50)

2.4.7　思考题 ………………………………………………………………… (50)

2.4.8　实验仪器和器材 ……………………………………………………… (50)

*2.5　受控源特性的研究 ………………………………………………………… (50)

2.5.1　实验目的 ……………………………………………………………… (50)

2.5.2　知识点 ………………………………………………………………… (50)

2.5.3　实验原理 ……………………………………………………………… (50)

2.5.4　预习要求 ……………………………………………………………… (51)

2.5.5　实验内容 ……………………………………………………………… (52)

2.5.6　实验报告要求 ………………………………………………………… (55)

2.5.7　思考题 ………………………………………………………………… (56)

2.5.8　实验仪器和器材 ……………………………………………………… (56)

2.6　交流电路参数的测定 ……………………………………………………… (56)

2.6.1　实验目的 ……………………………………………………………… (56)

2.6.2　知识点 ………………………………………………………………… (56)

2.6.3　实验原理 ……………………………………………………………… (56)

2.6.4　预习要求 ……………………………………………………………… (58)

2.6.5　实验内容 ……………………………………………………………… (59)

2.6.6　实验报告要求 ………………………………………………………… (60)

2.6.7　思考题 ……………………………………………………………… (60)

2.6.8　实验仪器和器材 ……………………………………………………… (60)

2.7　日光灯电路功率因数提高方法的研究 …………………………………… (61)

2.7.1　实验目的 ……………………………………………………………… (61)

2.7.2　知识点 ………………………………………………………………… (61)

2.7.3　实验原理 ……………………………………………………………… (61)

2.7.4　预习要求 ……………………………………………………………… (63)

2.7.5　实验内容 ……………………………………………………………… (63)

2.7.6　实验报告要求 ………………………………………………………… (64)

2.7.7　思考题 ………………………………………………………………… (64)

2.7.8　实验仪器和器材 ……………………………………………………… (64)

2.8　互感的研究 ………………………………………………………………… (65)

2.8.1　实验目的 ……………………………………………………………… (65)

2.8.2　知识点 ………………………………………………………………… (65)

2.8.3　实验原理 ……………………………………………………………… (65)

2.8.4　预习要求 ……………………………………………………………… (67)

2.8.5　实验内容 ……………………………………………………………… (67)

2.8.6　实验报告要求 ………………………………………………………… (68)

2.8.7　思考题 ………………………………………………………………… (69)

2.8.8　实验仪器和器材 ……………………………………………………… (69)

2.9　电路频率特性的研究 ……………………………………………………… (69)

2.9.1　实验目的 ……………………………………………………………… (69)

2.9.2　知识点 ………………………………………………………………… (69)

2.9.3　实验原理 ……………………………………………………………… (69)

2.9.4　预习要求 ……………………………………………………………… (72)

2.9.5　实验内容 ……………………………………………………………… (73)

2.9.6　实验报告要求 ………………………………………………………… (74)

2.9.7　思考题 ………………………………………………………………… (74)

2.9.8　实验仪器和器材 ……………………………………………………… (74)

2.10　三相交流电路电压、电流的测量与分析 ………………………………… (74)

2.10.1　实验目的 ……………………………………………………………… (74)

2.10.2　知识点 ………………………………………………………………… (75)

2.10.3　实验原理 ……………………………………………………………… (75)

2.10.4　预习要求 ……………………………………………………………… (77)

2.10.5　实验内容 ……………………………………………………………… (77)

2.10.6　实验报告要求 ………………………………………………………… (80)

2.10.7　思考题 ………………………………………………………………… (80)

2.10.8　实验仪器和器材 ……………………………………………………… (80)

2.11 三相电路功率的测量 …………………………………………………… (81)

    2.11.1 实验目的 …………………………………………………………… (81)

    2.11.2 知识点 ……………………………………………………………… (81)

    2.11.3 实验原理 …………………………………………………………… (81)

    2.11.4 预习要求 …………………………………………………………… (82)

    2.11.5 实验内容 …………………………………………………………… (82)

    2.11.6 实验报告要求 ……………………………………………………… (83)

    2.11.7 思考题 ……………………………………………………………… (84)

    2.11.8 实验仪器和器材 …………………………………………………… (84)

3　数字电子技术实验 ……………………………………………………… (85)

3.1 常用电子仪器的使用练习 …………………………………………… (85)

    3.1.1 实验目的 …………………………………………………………… (85)

    3.1.2 知识点 ……………………………………………………………… (85)

    3.1.3 实验原理 …………………………………………………………… (85)

    3.1.4 预习要求 …………………………………………………………… (85)

    3.1.5 实验内容 …………………………………………………………… (85)

    3.1.6 实验报告要求 ……………………………………………………… (87)

    3.1.7 思考题 ……………………………………………………………… (88)

    3.1.8 实验仪器和器材 …………………………………………………… (88)

3.2 TTL 集成门电路的功能测试 ………………………………………… (88)

    3.2.1 实验目的 …………………………………………………………… (88)

    3.2.2 知识点 ……………………………………………………………… (88)

    3.2.3 实验原理 …………………………………………………………… (89)

    3.2.4 预习要求 …………………………………………………………… (90)

    3.2.5 实验内容 …………………………………………………………… (90)

    3.2.6 实验报告要求 ……………………………………………………… (92)

    3.2.7 思考题 ……………………………………………………………… (92)

    3.2.8 实验仪器和器材 …………………………………………………… (92)

3.3 三态门和集电极开路门的应用 ……………………………………… (93)

    3.3.1 实验目的 …………………………………………………………… (93)

    3.3.2 知识点 ……………………………………………………………… (93)

    3.3.3 实验原理 …………………………………………………………… (93)

    3.3.4 预习要求 …………………………………………………………… (97)

    3.3.5 实验内容 …………………………………………………………… (97)

    3.3.6 实验报告要求 ……………………………………………………… (98)

    3.3.7 思考题 ……………………………………………………………… (98)

    3.3.8 实验仪器和器材 …………………………………………………… (98)

3.4　SSI 小规模集成电路的设计与分析 ……………………………………………… (99)

　　3.4.1　实验目的 ………………………………………………………………… (99)

　　3.4.2　知识点 …………………………………………………………………… (99)

　　3.4.3　实验原理 ………………………………………………………………… (99)

　　3.4.4　预习要求 ……………………………………………………………… (103)

　　3.4.5　实验内容 ……………………………………………………………… (103)

　　3.4.6　实验报告要求 ………………………………………………………… (104)

　　3.4.7　思考题 ………………………………………………………………… (104)

　　3.4.8　实验仪器和器材 ……………………………………………………… (104)

3.5　MSI 组合功能件的应用(一) ……………………………………………… (105)

　　3.5.1　实验目的 ……………………………………………………………… (105)

　　3.5.2　知识点 ………………………………………………………………… (105)

　　3.5.3　实验原理 ……………………………………………………………… (105)

　　3.5.4　预习要求 ……………………………………………………………… (113)

　　3.5.5　实验内容 ……………………………………………………………… (113)

　　3.5.6　实验报告要求 ………………………………………………………… (113)

　　3.5.7　思考题 ………………………………………………………………… (113)

　　3.5.8　实验仪器和器材 ……………………………………………………… (113)

*3.6　MSI 组合功能件的应用(二) ……………………………………………… (114)

　　3.6.1　实验目的 ……………………………………………………………… (114)

　　3.6.2　知识点 ………………………………………………………………… (114)

　　3.6.3　实验原理 ……………………………………………………………… (114)

　　3.6.4　预习要求 ……………………………………………………………… (116)

　　3.6.5　实验内容 ……………………………………………………………… (116)

　　3.6.6　实验报告要求 ………………………………………………………… (117)

　　3.6.7　思考题 ………………………………………………………………… (117)

　　3.6.8　实验仪器和器材 ……………………………………………………… (117)

3.7　触发器及其应用 …………………………………………………………… (117)

　　3.7.1　实验目的 ……………………………………………………………… (117)

　　3.7.2　知识点 ………………………………………………………………… (117)

　　3.7.3　实验原理 ……………………………………………………………… (117)

　　3.7.4　预习要求 ……………………………………………………………… (121)

　　3.7.5　实验内容 ……………………………………………………………… (121)

　　3.7.6　实验报告要求 ………………………………………………………… (124)

　　3.7.7　思考题 ………………………………………………………………… (124)

　　3.7.8　实验仪器和器材 ……………………………………………………… (124)

3.8　MSI 时序功能器件设计与应用(一) ……………………………………… (125)

　　3.8.1　实验目的 ……………………………………………………………… (125)

3.8.2　知识点 ……………………………………………………………………… (125)

3.8.3　实验原理 …………………………………………………………………… (125)

3.8.4　预习要求 …………………………………………………………………… (129)

3.8.5　实验内容 …………………………………………………………………… (129)

3.8.6　实验报告要求 ………………………………………………………………… (130)

3.8.7　思考题 ………………………………………………………………………… (130)

3.8.8　实验仪器和器材 ……………………………………………………………… (130)

3.9　MSI 时序功能器件设计与应用(二) ……………………………………………… (130)

3.9.1　实验目的 ……………………………………………………………………… (130)

3.9.2　知识点 ………………………………………………………………………… (130)

3.9.3　实验原理 ……………………………………………………………………… (130)

3.9.4　预习要求 ……………………………………………………………………… (133)

3.9.5　实验内容 ……………………………………………………………………… (133)

3.9.6　实验报告要求 ………………………………………………………………… (133)

3.9.7　思考题 ………………………………………………………………………… (133)

3.9.8　实验仪器和器材 ……………………………………………………………… (134)

*3.10　D/A 转换器原理及应用 …………………………………………………………… (134)

3.10.1　实验目的 …………………………………………………………………… (134)

3.10.2　知识点 ……………………………………………………………………… (134)

3.10.3　实验原理 …………………………………………………………………… (134)

3.10.4　预习要求 …………………………………………………………………… (137)

3.10.5　实验内容 …………………………………………………………………… (137)

3.10.6　实验报告要求 ……………………………………………………………… (138)

3.10.7　思考题 ……………………………………………………………………… (138)

3.10.8　实验仪器和器材 …………………………………………………………… (139)

*3.11　A/D 转换器原理及应用 …………………………………………………………… (139)

3.11.1　实验目的 …………………………………………………………………… (139)

3.11.2　知识点 ……………………………………………………………………… (139)

3.11.3　实验原理 …………………………………………………………………… (139)

3.11.4　预习要求 …………………………………………………………………… (141)

3.11.5　实验内容 …………………………………………………………………… (141)

3.11.6　实验报告要求 ……………………………………………………………… (142)

3.11.7　思考题 ……………………………………………………………………… (142)

3.11.8　实验仪器和器材 …………………………………………………………… (142)

3.12　综合设计一:任意 8 位数循环显示计数器 ……………………………………… (142)

3.12.1　实验目的 …………………………………………………………………… (142)

3.12.2　知识点 ……………………………………………………………………… (143)

3.12.3　实验原理 …………………………………………………………………… (143)

3.12.4 预习要求 ……………………………………………………………… (143)

3.12.5 实验内容 ……………………………………………………………… (143)

3.12.6 实验报告要求 ………………………………………………………… (144)

3.12.7 思考题 ………………………………………………………………… (144)

3.12.8 实验仪器和器材 ……………………………………………………… (144)

3.13 综合设计二：双向循环流水灯控制电路 ……………………………… (145)

3.13.1 实验目的 ……………………………………………………………… (145)

3.13.2 知识点 ………………………………………………………………… (145)

3.13.3 实验原理 ……………………………………………………………… (145)

3.13.4 预习要求 ……………………………………………………………… (145)

3.13.5 实验内容 ……………………………………………………………… (145)

3.13.6 实验报告要求 ………………………………………………………… (147)

3.13.7 思考题 ………………………………………………………………… (147)

3.13.8 实验仪器和器材 ……………………………………………………… (147)

3.14 综合设计三：汽车尾灯控制电路 ……………………………………… (147)

3.14.1 实验目的 ……………………………………………………………… (147)

3.14.2 知识点 ………………………………………………………………… (148)

3.14.3 实验原理 ……………………………………………………………… (148)

3.14.4 预习要求 ……………………………………………………………… (148)

3.14.5 实验内容 ……………………………………………………………… (148)

3.14.6 实验报告要求 ………………………………………………………… (150)

3.14.7 思考题 ………………………………………………………………… (150)

3.14.8 实验仪器和器材 ……………………………………………………… (150)

4 模拟电子技术实验 …………………………………………………………… (151)

4.1 单级低频电压放大电路 …………………………………………………… (151)

4.1.1 实验目的 ………………………………………………………………… (151)

4.1.2 知识点 …………………………………………………………………… (151)

4.1.3 实验原理 ………………………………………………………………… (151)

4.1.4 实验内容 ………………………………………………………………… (154)

4.1.5 预习要求 ………………………………………………………………… (155)

4.1.6 实验报告要求 …………………………………………………………… (156)

4.1.7 思考题 …………………………………………………………………… (156)

4.1.8 实验仪器和器材 ………………………………………………………… (156)

4.2 结型场效应管放大电路 …………………………………………………… (157)

4.2.1 实验目的 ………………………………………………………………… (157)

4.2.2 知识点 …………………………………………………………………… (157)

4.2.3 实验原理 ………………………………………………………………… (157)

　　4.2.4　预习要求···（159）

　　4.2.5　实验内容与步骤···（159）

　　4.2.6　实验报告要求··（160）

　　4.2.7　思考题···（160）

　　4.2.8　实验仪器和器材···（160）

4.3　模拟运算电路（一）···（161）

　　4.3.1　实验目的···（161）

　　4.3.2　知识点···（161）

　　4.3.3　实验原理···（161）

　　4.3.4　实验内容···（166）

　　4.3.5　预习要求···（167）

　　4.3.6　实验报告要求··（167）

　　4.3.7　思考题···（168）

　　4.3.8　实验仪器和器材···（168）

4.4　模拟运算电路（二）（积分、微分及电压电流转换）·······························（168）

　　4.4.1　实验目的···（168）

　　4.4.2　知识点···（168）

　　4.4.3　实验原理···（168）

　　4.4.4　预习要求···（172）

　　4.4.5　实验内容···（173）

　　4.4.6　实验报告要求··（174）

　　4.4.7　思考题···（174）

　　4.4.8　实验仪器和器材···（174）

4.5　波形发生器···（174）

　　4.5.1　实验目的···（174）

　　4.5.2　知识点···（174）

　　4.5.3　实验原理···（175）

　　4.5.4　预习要求···（181）

　　4.5.5　实验内容···（181）

　　4.5.6　实验报告要求··（182）

　　4.5.7　思考题···（182）

　　4.5.8　实验仪器和器材···（182）

4.6　集成低频功率放大电路···（183）

　　4.6.1　实验目的···（183）

　　4.6.2　知识点···（183）

　　4.6.3　实验原理···（183）

　　4.6.4　预习要求···（186）

　　4.6.5　实验内容···（186）

4.6.6 实验报告要求 …………………………………………………… (187)

4.6.7 思考题 …………………………………………………………… (187)

4.6.8 实验仪器和器材 ………………………………………………… (188)

4.7 精密整流电路 ………………………………………………………… (188)

4.7.1 实验目的 …………………………………………………………… (188)

4.7.2 知识点 …………………………………………………………… (188)

4.7.3 实验原理 …………………………………………………………… (188)

4.7.4 预习要求 …………………………………………………………… (190)

4.7.5 实验内容 …………………………………………………………… (190)

4.7.6 实验报告要求 …………………………………………………… (190)

4.7.7 思考题 …………………………………………………………… (191)

4.7.8 实验仪器和器材 ………………………………………………… (191)

4.8 有源滤波器 …………………………………………………………… (191)

4.8.1 实验目的 …………………………………………………………… (191)

4.8.2 知识点 …………………………………………………………… (191)

4.8.3 实验原理 …………………………………………………………… (191)

4.8.4 预习要求 …………………………………………………………… (198)

4.8.5 实验内容 …………………………………………………………… (198)

4.8.6 实验报告要求 …………………………………………………… (198)

4.8.7 思考题 …………………………………………………………… (199)

4.8.8 实验仪器和器材 ………………………………………………… (199)

4.9 电平检测器(施密特触发器) ………………………………………… (199)

4.9.1 实验目的 …………………………………………………………… (199)

4.9.2 知识点 …………………………………………………………… (199)

4.9.3 实验原理 …………………………………………………………… (199)

4.9.4 预习要求 …………………………………………………………… (205)

4.9.5 实验内容 …………………………………………………………… (205)

4.9.6 实验报告要求 …………………………………………………… (206)

4.9.7 思考题 …………………………………………………………… (206)

4.9.8 实验仪器和器材 ………………………………………………… (206)

4.10 单相可控整流电路 ………………………………………………… (206)

4.10.1 实验目的 ………………………………………………………… (206)

4.10.2 知识点 …………………………………………………………… (206)

4.10.3 实验原理 ………………………………………………………… (206)

4.10.4 预习要求 ………………………………………………………… (211)

4.10.5 实验内容 ………………………………………………………… (211)

4.10.6 实验报告要求 …………………………………………………… (212)

4.10.7 思考题 …………………………………………………………… (212)

4.10.8　实验仪器和器材 ……………………………………………………… (212)

4.11　整流滤波及稳压电路 ……………………………………………………… (212)

4.11.1　实验目的 …………………………………………………………… (212)

4.11.2　知识点 ……………………………………………………………… (213)

4.11.3　实验原理 …………………………………………………………… (213)

4.11.4　实验内容 …………………………………………………………… (217)

4.11.5　预习要求 …………………………………………………………… (219)

4.11.6　实验报告要求 ……………………………………………………… (219)

4.11.7　思考题 ……………………………………………………………… (219)

4.11.8　实验仪器和器材 …………………………………………………… (219)

4.12　LC振荡器及选频放大器 …………………………………………………… (220)

4.12.1　实验目的 …………………………………………………………… (220)

4.12.2　知识点 ……………………………………………………………… (220)

4.12.3　实验原理 …………………………………………………………… (220)

4.12.4　预习要求 …………………………………………………………… (222)

4.12.5　实验内容 …………………………………………………………… (222)

4.12.6　实验报告要求 ……………………………………………………… (223)

4.12.7　思考题 ……………………………………………………………… (223)

4.12.8　实验仪器和器材 …………………………………………………… (223)

4.13　555集成定时器及其应用 …………………………………………………… (223)

4.13.1　实验目的 …………………………………………………………… (223)

4.13.2　知识点 ……………………………………………………………… (224)

4.13.3　实验原理 …………………………………………………………… (224)

4.13.4　实验内容 …………………………………………………………… (230)

4.13.5　预习要求 …………………………………………………………… (231)

4.13.6　实验报告要求 ……………………………………………………… (231)

4.13.7　思考题 ……………………………………………………………… (231)

4.13.8　实验仪器和器材 …………………………………………………… (231)

5　电子技术仿真及EDA技术 ……………………………………………………… (232)

5.1　Multisim 10基本操作 ………………………………………………………… (232)

5.1.1　基本界面 …………………………………………………………… (232)

5.1.2　文件基本操作 ……………………………………………………… (233)

5.1.3　元器件基本操作 …………………………………………………… (233)

5.1.4　文本基本编辑 ……………………………………………………… (233)

5.1.5　图纸标题栏编辑 …………………………………………………… (234)

5.1.6　子电路创建 ………………………………………………………… (235)

5.2　Multisim 10电路创建 ………………………………………………………… (235)

5.2.1　元器件 ·· (235)

5.2.2　电路图 ·· (236)

5.3　Multisim 10 操作界面 ······································ (237)

5.3.1　Multisim 10 菜单栏 ···································· (237)

5.3.2　Multisim 元器件栏 ···································· (241)

5.3.3　Multisim 仪器仪表栏 ·································· (241)

5.4　Multisim 仪器仪表使用 ····································· (241)

5.4.1　数字万用表(Multimeter) ······························ (241)

5.4.2　函数发生器(Function Generator) ······················ (242)

5.4.3　瓦特表(Wattmeter) ·································· (242)

5.4.4　双通道示波器(Oscilloscope) ·························· (243)

5.4.5　四通道示波器(4 Channel Oscilloscope) ················· (244)

5.4.6　波特图仪(Bode Plotter) ······························ (244)

5.4.7　频率计(Frequency Couter) ···························· (246)

5.4.8　数字信号发生器(Word Generator) ···················· (246)

5.4.9　逻辑分析仪(Logic Analyzer) ·························· (247)

5.5　Multisim 10 的基本分析方法 ································· (248)

5.5.1　直流工作点分析 ·· (248)

5.5.2　交流分析 ·· (250)

5.5.3　瞬态分析 ·· (251)

5.5.4　傅立叶分析 ·· (254)

5.5.5　失真分析 ·· (256)

5.5.6　噪声分析 ·· (258)

5.5.7　直流扫描分析 ·· (260)

5.5.8　参数扫描分析 ·· (262)

5.6　Quartus Ⅱ 9.0 介绍及使用 ································· (265)

5.6.1　使用 Quartus Ⅱ 建立工程 ···························· (265)

5.6.2　Quartus Ⅱ 工程设计 ·································· (271)

5.6.3　设置编译选项并编译硬件系统 ···························· (279)

5.6.4　下载硬件设计到目标 FPGA ···························· (280)

5.7　负反馈放大电路仿真实验 ····································· (281)

5.7.1　实验目的 ·· (281)

5.7.2　知识点 ·· (281)

5.7.3　实验原理 ·· (281)

5.7.4　实验内容 ·· (281)

5.7.5　预习要求 ·· (284)

5.7.6　实验报告要求 ·· (284)

5.7.7　思考题 ·· (284)

　　5.7.8　实验仪器和器材 ·· (284)

　5.8　差分放大电路仿真实验 ··· (284)

　　5.8.1　实验目的 ·· (284)

　　5.8.2　知识点 ·· (285)

　　5.8.3　实验原理 ·· (285)

　　5.8.4　实验内容 ·· (285)

　　5.8.5　预习要求 ·· (287)

　　5.8.6　实验报告要求 ·· (287)

　　5.8.7　思考题 ·· (287)

　　5.8.8　实验仪器和器材 ·· (287)

　5.9　一阶 RC 电路分析 ·· (288)

　　5.9.1　实验目的 ·· (288)

　　5.9.2　知识点 ·· (288)

　　5.9.3　实验原理 ·· (288)

　　5.9.4　实验内容 ·· (288)

　　5.9.5　预习要求 ·· (290)

　　5.9.6　实验报告要求 ·· (291)

　　5.9.7　思考题 ·· (291)

　　5.9.8　实验仪器和器材 ·· (291)

附　录 ·· (292)

　附录 A　集成电路型号的命名规则 ·· (292)

　附录 B　各种封装形式及含义 ·· (296)

　附录 C　部分常用 TTL 集成电路汇编 ··· (297)

　附录 D　部分常用 CMOS 集成电路汇编 ··· (299)

　附录 E　常用集成电路型号及引脚图 ··· (301)

　附录 F　常用晶体管和模拟集成电路 ··· (303)

　附录 G　GDDS 型高性能电工电子实验台简介 ····································· (317)

参考文献 ·· (323)

1 电路与电子技术实验的基础知识

1.1 实验概述

　　电路与电子技术实验是电类专业及部分非电类专业的一门重要的技术基础课程。该课程的主要特点是实践性强,在学习该课程中应注意掌握各类电路的基本原理、电路组成、电路的分析方法和知识应用,掌握基本元器件的原理和应用技术。通过实验使学生掌握器件的性能及参数检测方法、电路的检测方法与设计方法,了解各功能电路连接的相互影响。该课程可使学生进一步掌握和理解基础理论知识,学会基本测试方法、基本实验及研究技能。同时为进一步与工程实践相结合奠定基础。通过实践教学环节使学生掌握以下基本实践技能:

　　(1)电子元器件的性能参数测试及不同应用场合器件参数的选择;

　　(2)电路设计中不同电路方案的选择,电路修改及其调试过程、调试方法;

　　(3)仪器设备的选择技术、测试技术及检测过程中的误差、误差分析技术;

　　(4)电子电路系统结构实验分析方法、检测方法及调试。

1.2 实践教学的目的

　　通过实验操作过程可以掌握电子技术的基本实验技能和测试技能,进一步深化基础理论的学习,使学生达到以下目标:

　　(1)能鉴别常用电子元器件,熟悉其性能及参数的检测方法。具体来说要学会识别元器件的类型、型号、规格,并通过实验逐步学会设计电路时元器件及参数的选择。

　　(2)掌握初步的电路连接技能,如焊接技术、搭接电路技术。由于电路连接的正确与否将直接影响电路的基本性能和运行的可靠性,因此要求通过学习能牢固掌握该基本技能。

　　(3)熟练掌握示波器、信号发生器、电子电压表、直流稳压电源、电工电子实验台及万用表等常用电子仪器和测试设备的使用方法。学会根据不同电路特性或工程实际需要选择和使用仪器,以获得最佳的测量效果,提高测量精度并减小测量误差。尤其是电类学科的学生,能否正确选择和使用电子仪器是衡量其学科技术素质和工程素质的标准之一。

　　(4)掌握初步的测量系统设计技术。在电子电路设计与调试过程中,常常选择各种不同的仪器设备对电路参数进行测量,以判断电路是否按设计要求工作在正常状态。为了使测量过程对电路的影响降到最低,设计完善的测量系统显得尤为重要。即能根据电路参数特性确定所采用的测量系统和测量方法。如电路的最高工作电压、最高频率、上下限截止频率、输入输出电阻、电路频率特性等。合理的测量系统设计技术可以保证测量结果的准确性。

（5）学会对测量数据结果进行数据处理和误差分析。对测量数据进行计算并与理论计算值比较，进行误差分析，根据实验要求或工程技术性能要求，对电路结构或元器件参数进行调整修正，以满足电路技术性能的需要。

（6）学会利用实验方法完成具体课题方案的确定，包括在图书馆或上网查阅资料进行电子电路的设计，测试仪器的选择，测试方案的优化，最后独立完成实验全过程，对实验数据、实验现象进行理论分析，得出完整可信的结论。

（7）把实践课程与学生课外活动、竞赛创新有机地结合起来。鼓励学生积极参与课程竞赛、学校课外电子设计及创新活动或相关电子设计竞赛，在实践中提高电路设计能力、动手能力、工程实践应用能力和独立解决问题的能力。同时培养学生的创新精神和团队合作精神。

（8）培养学生撰写规范的科学报告的能力。如实验目的、实验原理、实验内容、实验原始数据参数记录、数据处理和误差分析、思考题、实验仪器及器材、分析讨论与创新等，测试方法及注意事项也应体现在实验报告中。

（9）培养学生严谨求实的工作作风和不畏艰难勤奋创新的科学态度。

1.3　实践教学的要求

为了达到上述实践教学的目的，切实提高学生的动手能力和工程实践应用能力，培养学生实事求是的科学态度和工作作风，充分发挥学生的学习主动性和创造性，认真抓好实践教学的各个环节，具体来讲有以下基本要求：

1）实验前的预习要求

（1）实验前应根据教学进程安排，认真学习理论教材和实践教材中的相关内容，预习教材中本次实验的相关电路原理及实验内容，了解本次实验的目的和要求。

（2）熟悉相关仪器仪表的性能和使用方法，拟定初步的测试方案。

（3）凡验证型实验应画出实验电路图，并规范地标注器件编号和参数；凡设计型实验应根据题目所给定的条件和指标预先设计电路，确定器件类型及参数，估算测试数据及实验结果，以便具体测试中参考。根据实验内容拟定原始数据测试表格，写出预习报告。

（4）预习报告涵盖实验目的、实验原理、实验内容（含设计过程）、原始参数数据表格（实验时记录原始数据及波形等）。这几项在后续实验报告中无需重复再写。

2）实验过程中的要求

（1）学习并遵守实验室的规章制度和安全制度。

（2）按时进入实验室，按学号顺序对应实验台号入座，并签到。

（3）认真听课，按照要求正确连接线路，布线合理规范，并反复检查确认正确无误，最后连接电源。

（4）按照测试方案和操作规程正确使用仪器或仪表进行测试；测试过程中若仪器仪表出现故障或人为原因出现的电路故障，应立即关断电源，尽可能根据所学知识仔细分析原因，独立设法排除，或及时报告指导教师处理（以便及时排除故障或更换），不得自行调换仪器。

　　(5) 实验中产生的数据应心中有数,视为可信数据(预先进行了估算),并完整记录在原始数据表格中。实验中观察的现象也应记录在预习报告中,作为撰写实验报告时进行数据处理、分析讨论的依据。

　　(6) 实验中产生的数据应经指导教师验收认可并签字后方可离开实验室。若存在错误数据应当场重新测试,或到开放实验室继续实验测试,同样须经值班教师验收认可签字。

　　(7) 实验结束后应将实验桌上的仪器仪表整理好,导线探头等梳理好,关闭所有电源方可离开实验室。

　　3) 实验报告要求

　　撰写规范的实验报告是实践教学的重要环节。是一名工程技术人员或科技工作者必须掌握的基本技能。实验报告要按以下要求撰写:

　　(1) 必须用规定的实验报告装订本书写。

　　(2) 数据表格内容设计完整规范,并有名称和序号。

　　(3) 数据处理过程(含计算公式、计算过程和结果)完整清晰,保留小数点后两位有效数字,必要时计算绝对误差或相对误差;可用理论计算值代替真值求得结果的相对误差。

　　(4) 图形曲线绘制规范,坐标参数标注完整。

　　(5) 报告书写文字工整,项目完整,布局合理美观,无涂改撕漏。

　　(6) 实验报告内容应涵盖实验目的、实验原理(简述原理)、实验电路图(标注元器件参数,设计性实验还应有设计过程、参数确定等)、实验内容、实验原始数据参数记录表格、波形、观察现象(设计性实验还应有测试与调试及修改过程等)、数据处理(含计算公式、过程)和误差分析、思考题解答、实验仪器及器材、分析讨论与创新等。

　　(7) 分析讨论与创新主要是对实验电路、实验数据、实验方案进行讨论和分析;或对实验方案、实验电路、器件参数、测试方法提出改进意见;或对实验中的故障进行分析,分析故障产生的原因及解决的办法;或对波形失真和状态、现象进行分析;最后还要写出通过做实验,有哪些收获或体会等。

1.4　电子测量中的误差分析

　　测量是人类对自然界的客观事物取得数量概念的一种认知过程。该过程借助于专门的仪器设备,通过实验的方法测量出未知量的大小。我们把被测量所具有的真实大小称之为真值,真值是无法得到的。在不同的时间和空间,被测量的真值往往是不同的。实际测量中往往用高一级的仪器仪表所测量的值来替代真值,具体实验过程中我们也有用理论计算值来替代真值计算相对误差。当我们通过实验的方法来求得被测量的真值时,由于对客观规律认识的局限性,测量工具的不准确,测量手段的不完善,或测量过程中的疏忽大意、错误等原因,都会使测量结果偏离真值,造成失真,这种失真就叫做测量误差。

1.4.1　测量误差的定义

　　测量误差简言之就是测量结果与被测量的真值之差。按表示方法可把测量误差分为绝对误差和相对误差两种。

1) 绝对误差

绝对真误差可表示为：

$$\Delta x = x - x_0 \tag{1.4.1}$$

式中：Δx——绝对误差；

x——被测量的给出值（测量值、仪器的示值、标称值或近似计算中的近似值）；

x_0——被测量的真值；

被测量的真值是客观存在但难以确定。大多数情况下，真值通常只能是尽量逼近。一般测量中，通常是把由高一级以上的标准仪器或计量基准比对所测得的值（习惯称实际值）来代替真值。只要标准仪器的误差与测量仪器的误差相比小于 $1/3 \sim 1/20$，用实际值代替真值通常是允许的。

2) 相对误差

绝对误差往往不能确切地反映测量的精确程度。故提出了相对误差的概念。

(1) 相对真误差（实际相对误差）

相对误差是绝对真误差与真值的比值。通常用百分数表示，即

$$\gamma = \Delta x / x \tag{1.4.2}$$

可见相对误差是一个只有大小和符号而没有量纲的量。

(2) 示值相对误差（标称相对误差）

定义为绝对误差 Δx 与给出值 x 的比值，由于给出值本身也含有误差，故该方法并不严格。只适合在误差较小的情况下作为一种近似计算。

(3) 分贝误差 $\gamma[\text{dB}]$（相对误差的对数表达式）

在电子学和声学中通常用分贝表示相对误差，即

$$\gamma[\text{dB}] = 20\lg(1+\gamma) \text{ dB}$$

$\gamma[\text{dB}]$ 是一个只与相对误差有关的量。式中 γ 带有正负号，故 $\gamma[\text{dB}]$ 也是有符号的。当相对误差为正时，分贝误差也是正值，反之亦然。

(4) 满度相对误差 γ_m

满度相对误差又称为引用误差，在连续刻度的仪表中，用相对误差来表示在整个量程内仪表的准确程度往往感到不便，因为在使用这种仪表时，在某一量程内，被测量有不同的数值，随着被测量的不同，式(1.4.2)中的分母也在变化，所求的相对误差也随着改变，故为了计算和划分仪表准确度等级的方便，式(1.4.2)中的分母改为取仪表量程的上限，即取满刻度值作为分母，即

$$\gamma_m = (\Delta x / x_m) \times 100\% \tag{1.4.3}$$

式中：γ_m——引用相对误差；

Δx——绝对误差；

x_m——仪表的满刻度值。

指针式电工仪表是按 γ_m 之值进行分级的，例如 1.0 级的仪表，就表明其 $|\gamma_m| \leqslant 1.0\%$。

分别表示它们的满度相对误差的百分比。

常用电工仪表分为 0.1、0.2、0.5、1.0、1.5、2.5、5.0 七级。分别表示它们的满度相对误差限的百分比。准确度等级在 0.2 级以上的仪表属于精密仪表。

例如:有两个电压表,其中一个是量程为 100 V 的 1.0 级表,另一个是量程为 10 V 的 2.0 级表,现用于测量 8 V 左右的电压,试问选用哪一个表更适合?

利用满度相对误差及仪表等级的定义,设仪表等级为 S,则对应的满度相对误差 γ_m 的绝对值为 $S\%$,用该表测量所引起的绝对误差为:

$$|\Delta x| \leqslant X_m \cdot S\% \tag{1.4.4}$$

若被测量的实际值(真值)为 x_0,测量的相对误差为:

$$|\gamma| \leqslant (X_m \cdot S\%)/x_0 \tag{1.4.5}$$

若使用 100 V 的 1.0 级电压表,则测量误差为:

$$|\Delta U| \leqslant 100 \times 1\% = 1 \text{ V} \tag{1.4.6}$$

若使用 10 V 的 2.0 级电压表,则测量误差为:

$$|U| \leqslant 10 \times 2\% = 0.2 \text{ V} \tag{1.4.7}$$

可见,尽管第一个仪表的准确度等级高,但由于它的量程范围大,所引起的测量误差范围也大。因此当一个仪表的等级 S 选定后,测量中绝对误差的最大值与仪表刻度的上限 X_m 成正比。所以选择仪表的满刻度值 X_m 与实测值 x 相对接近,测量中的相对误差越小,测量越准确。为了减少测量中的误差,在选择量程时应使指针尽可能接近于满度值,并尽量使被测量的数值在仪表满刻度的三分之二以上。在选择测量仪表时不要片面追求仪表的级别,而应根据被测量的大小,兼顾仪表的满度值和级别。

1.4.2 测量误差的分类

根据测量误差的基本性质和特点,可以将误差分为系统误差、随机误差和粗大误差三类。

1) 系统误差

定义:在相同的条件下多次测量同一参数时,误差的绝对值和符号保持恒定,或在条件改变时按某种确定规律而变化的误差称为系统误差。

系统误差一般可以归结为若干个因素的函数。当实验条件一经确定,系统误差就获得了一个客观上的恒定值,多次测量取平均值并不能改变系统误差的影响。当实验条件改变时,系统误差是变化的,其变化特点可以是累进式的、周期性的或按复杂规律变化的。

造成系统误差的原因很多,一是测量设备的缺陷、测量仪器不准,测量仪表的安装、放置和使用不当引起的误差,如电表零点不准引起的误差;二是测量环境变化,如温度、湿度、电源电压变化、周围电磁场的影响等带来的误差;三是测量时使用的方法不完善,所依据的理论不严密或采用了某些近似公式等造成的误差,如表前法、表后法测量电阻两端的电压和流过的电流就属于这种情况。四是因测量人员感觉器官的不完善、生理上的最小分辨能力的限制和一些不正确的测量习惯等造成的测量误差。

由于系统误差具有一定的规律性,根据系统误差产生的原因可以采取一定的技术措施消除或减弱系统误差。比较典型的有以下几种情况:

(1)零示法:测量中被测量对指示仪表的作用与某已知的标准量对它的作用相互平衡使指示仪表示零,这时被测量就等于已知的标准量。该法一般用于具有高内阻的有源二端口网络的测量。平衡电桥即是例子。

(2)替代法(置换法):在测量条件不变的情况下,用一个标准已知量去替代被测量,并调整标准量使仪器的示值不变,在这种情况下被测量就等于标准量的数值。

(3)交换法(对照法):对于可能使测量结果由于某些因素而产生单一方向的系统误差时,我们可以进行二次测量。利用交换被测量在测量系统中的位置和测量方向的办法,设法使两次测量中误差源对被测量的作用相反。对两次测量值取平均值,将大大削弱系统误差的影响。例如用旋转度盘读数时采用此法有助于削弱系统误差的影响。

(4)微差法:实际测量中(零示法中)标准量不一定是连续可调的,这时只要标准量与被测量的差别较小,它们的作用相互抵消的结果也会使指示仪表的误差对测量结果的影响大大减弱。

2)随机误差

定义:在相同条件下多次测量同一个量时,误差的绝对值和符号均发生变化,值时大时小,其符号时正时负,没有确定的变化规律,不可以预定的误差称为随机误差。

随机误差主要由那些对测量值影响较小又互不相关的多种因素共同造成。例如热骚动、噪声干扰、电磁场的微小变化等等。由于以上这些影响,尽管从宏观上或者从平均的意义上来说,测量条件未变,比如使用的仪器准确的程度及周围环境相同,测量人员用同样细心地进行操作等等,但是只要测量装置的灵敏度足够高,就会显现测量结果有上下起伏的变化,这些变化是由随机误差造成的。

一次测量的随机误差没有规律、不可预定、不能控制,也不能用实验的方法加以消除。但是随机误差在足够多次测量的总体上服从统计的规律(正态分布)。因此我们可以通过多次测量取平均值的方法来消除随机误差对测量结果的影响。其算术平均值接近真值。

3)粗大误差

定义:在一定的测量条件下,测量值明显地偏离其真值(或实际值)时所对应的误差称为粗大误差,又称为粗差或差错。

粗大误差是由于读数错误、记录错误、仪器故障、测量方法不合理、操作方法不正确、计算错误或非正常的干扰等原因造成的。从数值大小来看,由粗大误差所产生的数据一般明显地超过正常条件下的系统误差和随机误差。该测量数据称为坏值。测量数据中的坏值在数据处理时应予剔除不用。

1.5　测量数据的处理

测量数据的处理是指将实验中得到的原始数据进行计算、分析、整理,有时还要把数据归纳为某个表达式(经验公式)或画出表格、曲线等,或总结其数据规律。数据处理是建立在误差分析的基础上的。通过去伪存真,分析整理得出正确的科学结论。

1.5.1 有效数字和数字的舍入规则

1) 有效数字

在测量过程中不可避免地存在误差,测量的数据为近似值;另外在对测量数据进行计算时,若代入如 π、$\sqrt{2}$、e 等无理数,计算时也只能取近似值,所以我们得到的数据通常只是一个近似数。该数据通常由可靠数字和可疑数字两部分组成。当我们表示一个数时,为了表示得相对准确,通常规定误差不得超过末位单位数字的一半。例如,若末位数字是个位,则包含的误差绝对值应不大于 0.5,若末位数字是十位,则包含的误差绝对值应不大于 5。对于这种误差不大于末位单位数字一半的数,从它左边第一个不为零的数字起,直到右边最后一个数字止,都叫做有效数字。例如,122,288.08,6.10 等等,只要其中误差不大于末位单位数字的一半都是有效数字。必须清楚,在数字左边的零不是有效数字,而数字中间和右边的零都是有效数字。例如,$R=0.0025\ \Omega$,左边三个零就不是有效数字,可以通过单位变换变为 $2.5\ \text{m}\Omega$,可见只有两位有效数字。又如,数字 502,中间的零自然是有效数字,它表示十位数字是零。值得注意的是 2.520 右边的一个零也是有效数字,因为它对应着测量精确程度,我们不能随意把它改写成 2.52 或 2.5200,因为这意味着测量精确程度的变化。因为规定误差不得超过末位单位数字的一半。若改写为 2.52 或 2.5200,则表明误差绝对值不超过 0.005 或 0.00005,而前者误差绝对值不超过 0.0005,显然这种改动是不合适的,因为它不符合有效数字的位数与误差大小相适应的原则。

2) 数字的舍入规则

为了使正、负舍入误差机会基本相等,现已普遍采用如下的舍入规则:

(1) 当保留 n 位有效数字,若后面的数字小于第 n 位单位数字的一半就舍去;

(2) 当保留 n 位有效数字,若后面的数字大于第 n 位单位数字的一半就进一;

(3) 当保留 n 位有效数字,若后面的数字等于第 n 位单位数字的一半,则第 n 位数字为偶数时就舍去后面的数字,第 n 位数字为奇数时则第 n 位数字加一。

由于第 n 位数字为偶数和奇数的概率相同,故而舍和入的概率也相同,当舍入次数足够多时,舍入误差就会抵消;同时由于规定第 n 位为偶数时舍,为奇数时进一,从而使有效数字的尾数为偶数的机会变大,而在作为被除数时,被除尽的机会变大,也利于减少计算上的误差。

3) 测量结果的表示方法

(1) 用数值的大小和它的不确定度共同表示。如某电压值为 5.42 V±0.045 V。

(2) 也可以根据不确定度的大小定出有效数字的最低位,然后根据舍入规则删掉数字的多余部分,使测量结果最终用有效数字表示。例如 5.42 V±0.045 V,误差小于十分位单位数字的一半,则有效数字的最低位为十分位,该电压的有效数字为 5.4 V。

(3) 在有效数字最低位向右多取 1~2 位安全数字,根据舍入规则处理掉其余数字。

(4) 数据运算规则:

① 几个准确度不同的数据相加、减时按舍入规则,将小数位数较多的数简化为比小数位数最少的数只多 1 位数字的数,然后计算,计算结果的小数位数与原小数位数最少的数相同。应特别注意,若两个数相差不多,有效数字应多取几位,如 $x=2.2835$,$y=2.2828$,当取 3 位有效数字,作为分母相减时,会导致分母为零的严重后果。应向右多取 1~2 位安全

数字代入计算。

②两个有效位数不同的数相乘除时,将有效数字位数较多的数的位数取为比另一个数多1位进行计算,求得积或商的有效位数,再根据舍入规则保留与原有效数字位数最少的数相同。或向右多取1～2位安全数字以保证精度。

③乘方或开方运算时,底数或被开方数有几位有效数字,计算结果应比其多保留1位有效数字。应特别注意,当指数的底远大于或远小于1时,指数的误差对测量结果影响较大。指数很小的变化都会使结果相差很多。故指数应尽可能多保留几位有效数字。

1.6　实验室安全操作规程

为了在实验中培养学生严谨求实的科学作风,确保人身安全和设备安全,顺利完成实验教学任务,要求学生进入实验室应遵循以下规则:

(1) 实验前,教师应对学生进行安全教育。

(2) 严禁带电接线、拆线、改线。

(3) 接好线后经反复认真检查确认无误后,方可合上电源;若无把握,须经任课教师检查方可接通电源。

(4) 做强电实验应二人合作,地面应铺设绝缘垫并单手操作。在接通 220 V 电源前,应通知实验合作者,一人不得做实验或补做实验。

(5) 万一发生人身触电事故,应保持沉着冷静。首先立即切断电源,使触电者迅速脱离电源并及时施救。如离电源开关较远,应用绝缘工具将电源线切断,使触电者立即脱离电源,并采取必要的急救措施。保持现场并及时向上级报告。

(6) 欲增加或改变实验内容需事先征得教师同意方可进行,尤其是强电实验内容。

(7) 仪器设备应有良好的接地,各实验台的仪器设备未经许可不得随意挪动,非本次实验所用仪器设备未经教师许可不得随意动用,必要时移动仪器轻拿轻放。

(8) 实验过程中操作仪器开关、旋钮切忌用力过猛,以免损坏。学生若因操作不当损坏仪器设备必须立即向指导教师报告,并如实写出仪器设备损坏过程、现象,分析原因,视情节处理,或酌情给予赔偿。

(9) 保持实验室安静、整洁;不得穿拖鞋、背心进入实验室。

(10) 实验结束后,立即关闭电源,整理好实验仪器、导线、器材等方可离开。

1.7　常用电子仪器仪表的基本工作原理及使用方法

1.7.1　(SDG1000 系列)函数/任意波形发生器简介

下面给出其性能特点:

- DDS 技术,双通道输出,每通道输出波形最高可达 50 MHz。
- 125 MSa/s 采样率,每通道 14 Bit 垂直分辨率,每通道可达 16 Kpts 存储深度(通道 1 可选配 512 Kpts 的存储深度)。

- 输出 5 种标准波形，内置 48 种任意波形，最小频率分辨率可达 1 μHz。
- 频率特性：

正弦波：　　　　　1 μHz～50 MHz

方波：　　　　　　1 μHz～25 MHz

锯齿波/三角波：　　1 μHz～300 kHz

脉冲波：　　　　　500 μHz～5 MHz

白噪声：　　　　　50 MHz 带宽（-3 dB）

任意波：　　　　　1 μHz～5 MHz

1）SDG1000 系列前、后面板简介

前面板总览

SDG1000 系列函数/任意波形发生器向用户提供了明晰、简洁的前面板，如图 1.7.1 所示。前面板包括 3.5 in(1 in＝2.54 cm)TFT-LCD 显示屏、参数操作键、波形选择键、数字键盘、模式/功能键、方向键、旋钮和通道选择键。

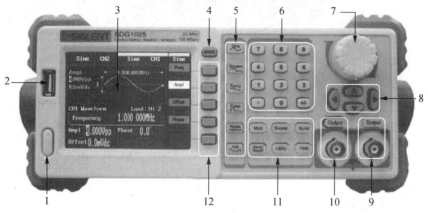

1—电源键；2—USB Host；3—LCD 显示；4—通道切换；5—波形选择；6—数字键；7—旋钮；
8—方向键；9—CH1 控制/输出端；10—CH2 控制/输出端；11—模式/辅助功能；12—菜单软键

图 1.7.1　SDG1000 前面板

后面板总览

SDG1000 系列函数/任意波形发生器的后面板为用户提供了丰富的接口，包括 10 MHz 参考输入和同步输出接口、USB Device、电源插口和专用的接地端子，如图 1.7.2 所示。

对应数字标识说明如下：

① 10 MHz 时钟输入接口

② 同步输出接口

③ 专用的接地端子

④ "Modulation In"输入接口

⑤ "EXTTrig/Gate/Fsk/Burst"接口

⑥ USB Device 接口

⑦ 电源插口

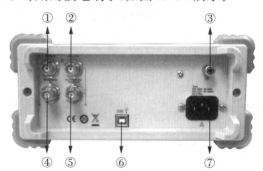

图 1.7.2　SDG1000 后面板

2）应用实例

（1）输出正弦波

输出一个频率为 50 kHz、幅值为 5 V_{pp}、偏移量为 1 V_{dc} 的正弦波。操作步骤：

设置频率值：选择"Sine"→频率/周期→频率

使用数字键盘输入"50"→选择单位"kHz"→50 kHz 设置幅度值：

"Sine"→幅值/高电平→幅值　使用数字键盘输入"5"→选择单位"V_{pp}"→5 V_{pp} 设置偏移量：

"Sine"→偏移量/低电平→偏移量　使用数字键盘输入"1"→选择单位"V_{dc}"→1 V_{dc}

将频率、幅度和偏移量设定完毕后，选择当前所编辑的通道输出，便可输出您设定的正弦波，如图 1.7.3 所示。

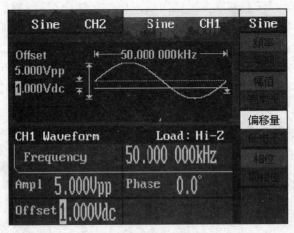

图 1.7.3　输出正弦波形

（2）输出方波波形

输出一个频率为 50 kHz、幅值为 5 V_{pp}、偏移量为 1 V_{dc} 的方波，占空比为 60％的方波波形。

操作步骤：

设置频率值：

选择"Square"→频率/周期→频率　使用数字键盘输入"50"→选择单位"kHz"→50 kHz 设置幅度值；

"Square"→幅值/高电平→幅值　使用数字键盘输入"5"→选择单位"V_{pp}"→5 V_{pp} 设置偏移量；

"Square"→偏移量/低电平→偏移量　使用数字键盘输入"1"→选择单位"V_{dc}"→1 V_{dc} 设置占空比；

"Square"→占空比　使用数字键盘输入"60"→选择单位"％"→60％。

将频率、幅度、偏移量和占空比设定完毕后，选择当前所编辑的通道输出，便可输出您设定的方波波形，如图 1.7.4 所示。

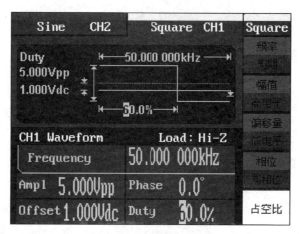

图 1.7.4　输出方波波形

（3）输出三角波/锯齿波形

输出一个周期为 20 μs、幅值为 5 V_{pp}、偏移量为 1 V_{dc}、对称性为 60％的三角波/锯齿波形。

操作步骤：

设置周期值：

选择"Ramp"→频率/周期→周期　使用数字键盘输入"20"→选择单位"μs"→20 μs 设置幅度值；

"Ramp"→幅值/高电平→幅值　使用数字键盘输入"5"→选择单位"V_{pp}"→5 V_{pp} 设置偏移量；

"Ramp"→偏移量/低电平→偏移量　使用数字键盘输入"1"→选择单位"V_{dc}"→1 V_{dc} 设置占空比对称性；

"Ramp"→对称性　使用数字键盘输入"60"→选择单位"％"→60％。

将周期、幅度、偏移量和对称性设定完毕后，选择当前所编辑的通道输出，便可输出您设定的三角波/锯齿波形，如图 1.7.5 所示。

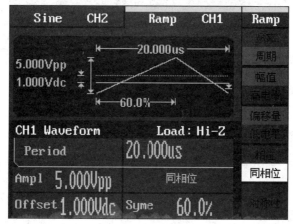

图 1.7.5　输出三角波/锯齿波形

（4）输出脉冲波形

输出一个周期为 50 kHz、高电平为 5 V、低电平为 1 V、脉宽为 10 μs、延时为 20 ns 的脉冲波形。

操作步骤：

设置频率值：

选择"Pulse"→频率/周期→频率　使用数字键盘输入"50"→选择单位"kHz"→50 kHz 设置高电平；

"Pulse"→幅值/高电平→高电平　使用数字键盘输入"5"→选择单位"V"→5 V 设置低电平；

"Pulse"→偏移量/低电平→低电平　使用数字键盘输入"1"→选择单位"V"→1 V 设置脉宽；

"Pulse"→脉宽/占空比→脉宽　使用数字键盘输入"10"→选择单位"μs"→10 μs 设置延时时间；

"Pulse"→延时　使用数字键盘输入"20"→选择单位"ns"→20 ns。

将频率、高电平、低电平、脉宽和延时时间设定完毕后，选择当前所编辑的通道输出，便可输出您设定的脉冲波形，如图 1.7.6 所示。

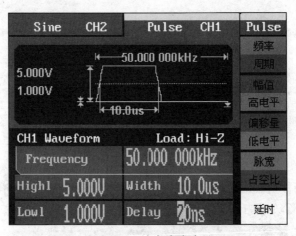

图 1.7.6　输出脉冲波形

1.7.2　（SDS1000A 系列）数字存储示波器使用方法

1）面板和用户界面简介

在使用 SDS1000A 系列数字存储示波器以前，首先需要了解示波器的操作面板，以下内容对 SDS1000A 系列的前面板、用户界面和仪器背部的操作及功能作简单的介绍和描述，能使您在最短的时间内熟悉和使用 SDS1000A 系列示波器。

（1）前面板

SDS1000A 系列示波器面板上包括旋钮和功能按键。显示屏右侧的一列 5 个灰色按键为菜单操作键。通过他们您可以设置当前菜单的不同选项。其它按键为功能键，通过他们，您可以进入不同的功能菜单或直接获得特定的功能应用（见图 1.7.7）。

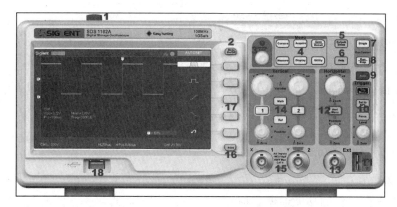

1—电源开关;2—菜单开关;3—万能旋钮;4—功能选项键;5—默认设置;6—帮助信息;
7—单次触发;8—运行/停止控制;9—波形自动设置;10—触发系统;11—探头元件;
12—水平控制系统;13—外触发输入端;14—垂直控制系统;15—模拟通道输入端;
16—打印键;17—菜单选项;18—USB Host

图 1.7.7　SDS1000A 前面板

(2) 用户界面(见图 1.7.8)

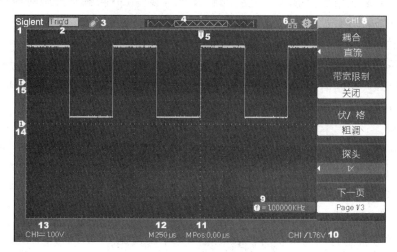

图 1.7.8　SDS1000A 界面显示区

① 产品商标

Siglent 公司注册商标。

② 运行状态

示波器可能的状态包括 Ready(准备)、Auto(自动)、Triq′d(触发)、Scan(扫描)、Stop(停止)。

③ U 盘连接标识

U 盘成功识别后才显示该标识。

④ 波形存储器

显示当前屏幕中的波形在存储器中的位置。

屏幕中的波形 。

⑤ 触发位置

显示波形存储器和屏幕中波形的触发位置。

⑥ LAN 口连接标识

▣ 表示 LAN 口连接成功。▣ 表示 LAN 口未连接。

⑦ 打印键功能

▣ 一键存储功能标识。

⑧ 通道选择

显示当前正在操作的功能通道名称。

⑨ 频率显示

显示当前触发通道波形的频率值。UTILITY 菜单中的"频率计"设置为"开启"才能显示对应信号的频率值,否则不显示。

⑩ 触发设置

● CH1 ⌐640mV 。

● 触发类型。显示当前触发类型及触发条件设置,不同触发类型对应的标志不同。例如:⌐表示在"边沿触发"的上升沿处触发。

⑪ 触发位移

使用水平 POSITION 旋钮可修改该参数。向右旋转使箭头(初始位置为屏幕正中央)右移,触发位移值(初始值为0)相应减小;向左旋转使箭头左移,触发位移值相应增大。按下该键使参数自动恢复为0,且箭头回到屏幕正中央。

⑫ 水平时基

表示屏幕水平轴上每格所代表的时间长度。使用 S/DIV 旋钮可修改该参数,可设置范围为 2.5 ns/div～50 s/div。

⑬ 通道参数

Ⓑ 若当前带宽为开启,则显示该标志。

1.00V 表示屏幕垂直轴上每格所代表的电压大小。使用 VOLTS/DIV 旋钮可修改该参数,可设置范围为 2 mV/div～10 V/div。

▭▭ 显示当前波形的耦合方式。示波器有直流、交流、接地三种耦合方式,且分别有相应的三种显示标志。

⑭ 通道垂直位移标志

显示当前波形垂直位移位置所在。向左或向右旋转垂直位移旋钮,此标志会相应地向下或向上移动。

⑮ 触发电平标志

显示当前波形触发电平的位置所在。向左或向右旋转触发电平旋钮 LEVEL,此标志会相应地向下或向上移动。

(3) 仪器背部

SDS1000A 系列数字示波器提供丰富的标准接口,用户可以灵活地连接示波器(见图 1.7.9)。

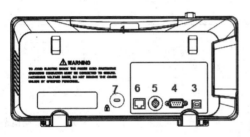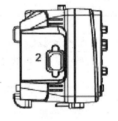

图 1.7.9　SDS1000A 背部接口

① 手柄:垂直拉起该手柄,可方便提携示波器。不需要时,向下轻按即可。

② AC 电源输入端:本示波器的供电要求为 100~240 V,50/60/440 Hz。请使用附件提供的电源线将示波器连接到 AC 电源中。

③ USB DEVICE:通过该接口可连接打印机打印示波器当前显示界面,或连接 PC,通过上位机软件对示波器进行控制。

④ RS-232 接口:通过该接口可进行软件升级、程控操作以及连接 PC 端测试软件。

⑤ Pass/Fail 输出口:通过该端口输出 Pass/Fail 检测脉冲。

⑥ LAN 接口:通过上位机软件对示波器进行控制。

⑦ 锁孔:可以使用安全锁通过该锁孔将示波器锁在固定位置。

2) 菜单和控制按钮

SDS1000A 整个操作区域如图 1.7.10、表 1.7.1 所示。

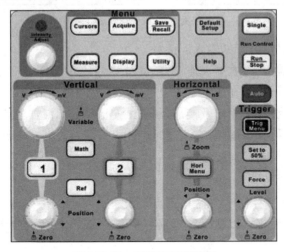

图 1.7.10　菜单和控制按钮

表 1.7.1　菜单和控制按钮

选　项	说　明
1、2	显示通道 1、通道 2 设置菜单
Math	显示"数学计算"功能菜单
Ref	显示"参考波形"菜单
Hori Menu	显示"水平"菜单
Trig Menu	显示"触发"控制菜单
Set to 50%	设置触发电平为信号幅度的中点

续表 1.7.1

选　项	说　明
Force	无论示波器是否检测到触发,都可以使用"Force"按钮完成对当前波形采集
Save/Recall	显示设置和波形的"存储/调出"菜单
Acquire	显示"采样"菜单
Measure	显示"自动测量"菜单
Cursors	显示"光标"菜单。当显示"光标"菜单且无光标激活时,"万能旋钮"可以调整光标的位置
Display	显示"显示"菜单
Utility	显示"辅助系统"功能菜单
Default Setup	调出出厂设置
Help	进入在线帮助系统
Auto	自动设置示波器控制状态,以显示当前输入信号的最佳效果
Run/Stop	连续采集波形或停止采集。注意:在停止状态下,对于波形垂直档位和水平时基可以在一定范围内调整,即对信号进行水平或垂直方向上的扩展
Single	采集单个波形,然后停止

3）连接器（见图 1.7.11）

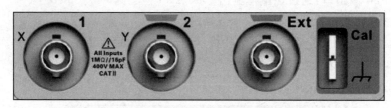

图 1.7.11　连接器

CH1、CH2：用于显示波形的输入连接器。

EXT TRIG：外部触发源的输入连接器。使用"TRIG MENU"选择"EXT"或"EXT/5"触发源,这种触发信源可用于在两个通道上采集数据的同时在第三个通道上触发。

探头元件：电压探头补偿输出及接地,用于试使探头与示波器电路互相匹配。

注意：如将电压连接到接地端,在测试时可能会损坏示波器或电路。为避免此种情况发生,请不要将电压源连接到任何接地端。

4）自动设置

SDS1000A 系列数字存储示波器具有自动设置的功能。根据输入的信号,可自动调整电压档位、时基以及触发方式以显示波形最好形态。Auto 按钮为自动设置的功能按钮（见表 1.7.2）。

表 1.7.2　自动设置功能菜单

选　项	说　明
⊓⊔⊓⊔（多周期）	设置屏幕自动显示多个周期信号
⊓（单周期）	设置屏幕自动显示单个周期信号
⌐（上升沿）	自动设置并显示上升时间
⌐（下降沿）	自动设置并显示下降时间
↰（撤销）	调出示波器以前的设置

自动设置也可在刻度区域显示几个自动测量结果,这取决于信号类型。Auto 自动设置基于以下条件确定触发源:

- 如果多个通道有信号,则具有最低频率信号的通道作为触发源。
- 未发现信号,则将调用自动设置时所显示编号最小的通道作为触发源。
- 未发现信号并且未显示任何通道,示波器将显示并使用通道 1。

向通道 1 接入一信号,按下 Auto 按钮,如图 1.7.12、表 1.7.3 所示。

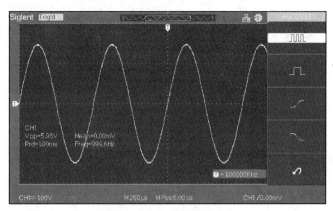

图 1.7.12　自动设置

表 1.7.3　自动设置功能项目

功　能	设　置
采集模式	采样
显示方式	Y-T
显示类型	视频信号设置为点,FFT 谱设置为矢量;否则不改变
垂直耦合	根据信号调整到交流或直流
带宽限制	关闭(满带宽)
V/div	已调整
垂直档位调节	粗调
信号反相	关闭
水平位置	居中
s/div	已调整
触发类型	边沿
触发信源	自动检测到有信号输入的通道
触发斜率	上升
触发方式	自动
触发耦合	直流
触发释抑	最小
触发电平	设置为 50%

5）默认设置

示波器在出厂前被设置为用于常规操作,即默认设置。

Default Setup 按钮为默认设置的功能按钮,按下 Default Setup 按钮调出厂家多数的选项和控制设置,有的设置不会改变,相关设置的改变请参阅附录 B。

不会重新设置以下设定:

- 语言选项。
- 保存的基准波形。
- 保存的设置文件。
- 显示屏对比度。
- 校准数据。

6) 万能旋钮(见图 1.7.13)

SDS1000A 系列有一个特殊的旋钮————万能旋钮,此旋钮具有以下功能:

图 1.7.13　万能旋钮

- 当旋钮上方灯不亮时,旋转旋钮可调节示波器波形亮度;
- 在 PASS/FAIL 功能中,调节规则的水平和垂直容限范围;
- 在触发菜单中,设置释抑时间、脉宽;
- 光标测量中调节光标位置;
- 视频触发中设置指定行;
- 波形录制功能中录制和回放波形帧数的调节;
- 滤波器频率上下限的调整;
- 各个系统中调节菜单的选项;
- 存储系统中,调节存储/调出设置、波形、图像的存储位置;

7) 垂直系统

如图 1.7.14 所示,在垂直控制区(Vertical)有一系列的按键、旋钮。

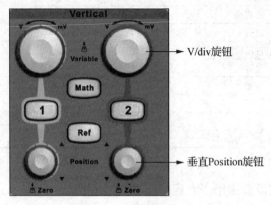

图 1.7.14　垂直系统

可以使用垂直控制来显示波形、调整垂直刻度和位置。每个通道都有单独的垂直菜单。每个通道都能单独进行设置。

(1) CH1、CH2 通道设置(见表 1.7.4)

表 1.7.4　CH1、CH2 功能菜单

选　项	设　置	说　明
耦合	直流 交流 接地	直流既通过输入信号的交流分量,又通过它的直流分量交流会阻碍输入信号的直流分量和低于 10 Hz 的衰减信号接地会断开输入信号
带宽限制	开启 关闭	限制带宽,以便减小显示噪声;过滤信号,减小噪声和其它多余的高频分量
V/div	粗调 细调	选择 V/格旋钮的分辨率。粗调定义一个 1－2－5 序列:2 mV/div,5 mV/div,…,10 V/div;细调将分辨率改为粗调设置之间的小步进
探头	1X 5X 10X 50X 100X 500X 1 000X	使其与所使用的探头类型相匹配,以确保获得正确的垂直读数

细调分辨率:在细调分辨率设定中时,垂直刻度读数显示实际的 Volts/div 设定。只有调整了 V/格控制后,将设定改变为粗调的操作才会改变垂直刻度。

(2) 垂直系统的"Position"旋钮和"Volt/div"旋钮的应用

垂直"Position"旋钮

① 此旋钮可调整所有通道(包括 Math)波形的垂直位置。这个控制钮的分辨率根据垂直档位而变化。

② 调整通道波形的垂直位置时,屏幕在左下角显示垂直位置信息。例如:"VoltsPos＝24.6 mV"。

③ 按下垂直"Position"旋钮可使垂直位置归零。

"Volts/div"旋钮

① 可以使用"Volts/div"旋钮调节所有通道的垂直分辨率控制器放大或衰减通道波形的信源信号。旋转"Volts/div"旋钮时,状态栏对应得通道档位显示发生了相应的变化。

② 当使用"Volts/div"旋钮的按下功能时可以在"粗调"和"细调"间进行切换,粗调是以步进确定垂直档位灵敏度。顺时针增大,逆时针减小垂直灵敏度。细调是在当前档位进一步调节波形显示幅度。同样顺时针增大,逆时针减小显示幅度。

8) 水平系统

如图 1.7.15 所示,在水平控制区(Horizontal)有一个按键、两个旋钮。

Hori Menu:按 Hori Menu 显示水平菜单,在此菜单下可以开启/关闭窗口模式。此外,还可以设置水平"Position"旋钮的触发位移。

垂直刻度的轴为接地电平。靠近显示屏右下方的读数以

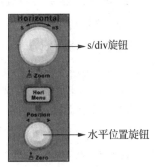

图 1.7.15　水平系统

秒为单位显示当前的水平位置。M 表示主时基,W 表示窗口时基。示波器还在刻度顶端用一个箭头图标来表示水平位置。

(1) 水平控制旋钮

使用水平控制钮可改变水平刻度(时基)、触发在内存中的水平位置(触发位移)。屏幕水平方向上的中心是波形的时间参考点。改变水平刻度会导致波形相对于屏幕中心扩张或收缩。水平位置改变波形相对于触发点的位置。

水平"POSITION"旋钮

① 调整通道波形(包括 MATH)的水平位置(触发相对于显示屏中心的位置)。这个控制钮的分辨率根据时基而变化。

② 使用水平"POSITION"旋钮的按下功能可以使水平位置归零。

"s/div"旋钮

① 用于改变水平时间刻度,以便放大或缩小波形。如果停止波形采集(使用"RUN/STOP"或"SINGLE"按钮实现),"s/div"控制就会扩展或压缩波形。

② 调整主时基或窗口时基,即秒/格。当使用窗口模式时,将通过改变"s/div"旋钮改变窗口时基而改变窗口宽度。

③ 连续按"s/div"旋钮可在"主时基","延迟扫描"选项间切换。

扫描模式显示

当"s/div"控制设置为 100 ms/div 或更慢,且触发模式设置为"自动"时,示波器就进入扫描采集模式。在此模式下,波形显示从左向右进行更新。在扫描模式期间,不存在波形触发或水平位置控制。用扫描模式观察低频信号时,应将通道耦合设置为直流。

(2) 延迟扫描

延迟扫描用来放大一段波形,以便查看图像细节。窗口模式时基设定不能慢于主时基的设定。

在窗口区可以通过转动水平"POSITION"旋钮左右移动,或转动"s/div"旋钮扩大和减小选择区域。注意,窗口时基相对于主时基提高了分辨率,因此转动"s/div"旋钮减小选择区域可以提高窗口时基,即提高了波形的水平扩展倍数。

若要观察局部波形的细节,可执行以下步骤:

① 按"HORI MENU"按钮,显示"水平"菜单。

② 延迟扫描选择开启来带起延迟扫描功能。

③ 旋转"s/div"旋钮(调节窗口的大小)和旋转水平"POSITION"旋钮(调节窗口的位置)选定您要观察的波形的窗口如图 1.7.15 所示,窗口时基不能慢于主时基。

9) 触发系统

触发器将确定示波器开始采集数据和显示波形的时间。正确设置触发器后,示波器就能将不稳定的显示结果或空白显示屏转换为有意义的波形。

如图 1.7.16 所示,在触发控制区(TRIGGER)有一个旋钮、三个按键。

TRIG MENU:使用"TRIG MENU"按钮调出触发菜单。

SET TO 50%:使用此按钮可以快速稳定波形。示波器可以自动将触发电平设置为大约是最小和最大电压电平间的一半。当把信号连接到"EXTTRIG"BNC 并将信源设置为

"EXT"或"EXT/5"时,此按钮很有用。

FORCE:无论示波器是否检测到触发,都可以使用"FORCE"按钮完成当前波形采集。主要应用于触发方式中的"正常"和"单次"。

LEVEL:触发电平设定触发点对应的信号电压,以便进行采样。按下"LEVEL"旋钮可使触发电平归零。

预触发/延迟触发:触发事件以前/后采样的数据。触发位置通常设定在屏幕的水平中心。在全屏显示情况下,您可以观察到预触发和延迟信息。您可以旋转水平"POSITION"旋钮调节波形的水平位移,查看更多的预触发信息或者延迟触发信息。

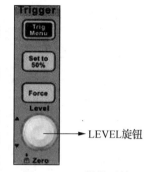

图 1.7.16　触发系统

通过观察触发数据,可以了解触发以前的信号情况。例如捕捉到电路产生的毛刺,通过观察和分析预触发数据,可能会查出毛刺产生的原因。注意,慢扫描状态下,预触发和延迟触发无效。

10) 信号获取系统

如图 1.7.17 所示,ACQUIRE 为信号获取系统的功能按键。

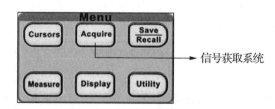

图 1.7.17　信号获取系统

表 1.7.5　信号获取系统的功能菜单

选 项	设 定	说 明
获取方式	采样	用于采集和精确显示多数波形
	峰值检测	用于检测毛刺并减少"假波现象"的可能性
	平均值	用于减少信号显示中的随机或不相关的噪声
	平均次数〔4、16、32、64、128、256〕	选择平均次数
$\sin x/x$	$\sin x/x$	启用正弦/线性插值
采样方式	等效采样实时采样	设置采样方式为等效采样设置采样方式为实时采样
采样率		显示系统采样率

采集信号时,示波器将其转换为数字形式并显示波形。采集模式定义采集过程中信号被数字化的方式和时基设置影响采集的时间跨度和细节程度。

采样:示波器以均匀时间间隔对信号进行取样以建立波形。优点:此模式多数情况下可以精确表示信号。缺点:此模式不能采集取样之间可能发生的快速信号变化,这可以导致"假波现象"并可能漏掉窄脉冲,这些情况下应使用"峰值检测"模式。

11) 显示系统

如图 1.7.18 所示,DISPLAY 为显示系统的功能按键。

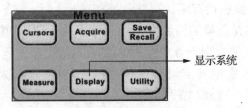

图 1.7.18　显示系统

表 1.7.6　显示系统功能菜单

选　项	设　定	说　明
类型	矢量 点	采样点之间通过连线方式显示 采样点间显示没有插值连线
持续	关闭 1 s 2 s 5 s 无限	设定保持每个显示的取样点显示的时间长度
波形亮度	↻ 〈波形亮度〉	设置波形亮度
网格亮度	↻ 〈网格亮度〉	设置网格亮度
下一页	Page 1/3	按此按钮进入下一页菜单

12) 测量系统

示波器将显示电压相对于时间的图形并帮助您测量显示波形。有几种测量方法。可以使用刻度、光标进行测量或自动测量。

(1) 刻度测量

使用此方法能快速、直观地做出估计。例如,可以观察波形幅度,判定其是否略高于100 mV。可通过计算相关的主次刻度分度并乘以比例系数来进行简单的测量。

例如,如果计算出波形的最大和最小之间有五个主垂直刻度分度,并且已知比例系数为100 mV/分度,则可按照下列方法来计算峰—峰值电压:

$$5 \text{ 分度} \times 100 \text{ mV/分度} = 500 \text{ mV}$$

(2) 光标测量

如图 1.7.19 所示,Cursors 为光标测量的功能按键。

光标测量有三种模式:手动方式、追踪方式、自动方式。

手动方式:水平或垂直光标成对出现用来测量电压或时间,可手动调整光标的间距。在使用光标前,需先将信号源设定为所要测量的波形。

追踪方式:水平与垂直光标交叉构成十字光标。十字光标自动定位在波形上,通过旋转万能旋钮来调节十字光标在波形上的水平位置。光标点的坐标会显示在示波器的屏幕上。

自动测量方式:在此方式下,系统会显示对应的光标以揭示测量的物理意义。系统会根

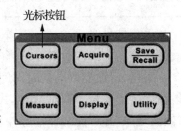

图 1.7.19　光标测量

据信号的变化,自动调整光标位置,并计算相应的参数值。

（3）自动测量

如图 1.7.20 所示,Measure 为自动测量的功能按键。

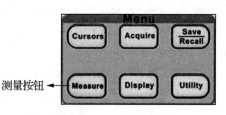

图 1.7.20 自动测量

如果采用自动测量,示波器会为用户进行所有的计算。因为这种测量使用波形的记录点,所以比刻度或光标测量更精确。

自动测量有三种测量类型:电压测量、时间测量、延迟测量;共三十二种测量类型。一次最多可以显示五种。

表 1.7.7 自动测量功能菜单

选 项	说 明
电压测试	按此按钮进入电压测试菜单
时间测试	按此按钮进入时间测试菜单
延迟测试	按此按钮进入延迟测试菜单
全部测量	按此按钮进入全部测量菜单
返回	按此按钮进入自动测量的第一页菜单

13）存储系统

如图 1.7.21 所示,Save/Recall 为存储系统的功能按键。SDS1000A 系列可存储 2 组参考波形、20 组设置、20 组波形到示波器内部存储器中。SDS1000A 系列示波器前面板提供 USBHost 接口,可以将配置数据、波形数据、LCD 显示的界面位图及 CSV 文件一次最大限度地存储到 U 盘中。配置数据、波形数据文件名后缀分别为. SET,. DAV。其中配置数据,波形数据可以重新调回到当前示波器和其他同型号示波器。图片数据不能在示波器中重新调回,但图片为通用

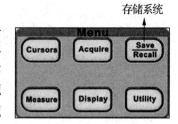

图 1.7.21 存储系统

BMP 图片文档,可以通过电脑相关软件打开,CSV 文件可在电脑上通过 EXCEL 软件打开。

应用示例

本章主要介绍几个应用示例,这些简化示例重点说明了示波器的主要功能,供您参考以用于解决自己实际的测试问题。

- 简单测量
- 光标测量
- 捕捉单次信号
- 分析信号的详细信息
- 视频信号触发
- X—Y 功能的应用
- 使用数学计算功能分析通信信号差

14）简单测量

观测电路中一未知信号,迅速显示和测量信号的频率和峰峰值。使用自动设置要快速

显示该信号,可按如下步骤进行:

①　按下"1"按钮,将探头选项衰减系数设定为 10X,并将探头上的开关设定为 10X。

②　将通道 1 的探头连接到电路被测点。

③　按下"Auto"按钮。示波器将自动设置垂直、水平、触发控制。若要优化波形的显示,您可在此基础上手动调整上述控制,直至波形的显示符合您的要求。

注意:示波器根据检测到的信号类型在显示屏的波形区域中显示相应的自动测量结果。

进行自动测量示波器可自动测量大多数显示信号。要测量信号的频率、峰峰值按如下步骤进行:

测量信号的频率

①　按"Measure"按钮,显示自动测量菜单。

②　按下顶部的选项按钮。

③　按下"时间测试"选项按钮,进入时间测量菜单。

④　按下"信源"选项按钮选择信号输入通道。

⑤　按下"类型"选项按钮选择"频率"。

⑥　按下增加选项按钮　相应的图标和测量值会显示在屏幕下方。

测量信号的峰峰值

①　按"Measure"按钮,显示自动测量菜单。

②　按下顶部的选项按钮。

③　按下"电压测试"选项按钮,进入电压测量菜单。

④　按下"信源"选项按钮选择信号输入通道。

⑤　按下"类型"选项按钮选择"峰峰值"。

⑥　按下增加选项按钮

相应的图标和测量值会显示在屏幕下方。

注意:

◇　测量结果在屏幕上的显示会因为被测量信号的变化而改变。

◇　如果"值"读数中显示为"＊＊＊＊",请尝试"V/div"旋钮旋转到适当的通道以增加敏 度或改变"s/div"设定。

15)光标测量

使用光标可快速对波形进行时间和电压测量。

(1)测量振荡频率

要测量某个信号上升沿的振荡频率,请执行以下步骤:

①　按下"Cursors"按钮,显示光标菜单。

②　按"光标模式"按钮选择"手动"。

③　按下"类型"选项按钮,选择"时间"。

④　按下"信源"选项按钮,选择"CH1"。

⑤　按下"CurA"选项按钮,旋转万能旋钮将光标 A 置于振荡的一个波峰处。

⑥　按下"CurB"选项按钮,旋转万能旋钮将光标 B 置于振荡的相邻最近的波峰处。

在显示屏的左上角将显示时间增量和频率增量(测量所得的振荡频率)(见图 1.7.22)。

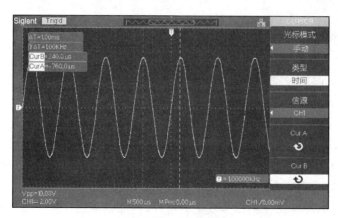

图 1.7.22 显示增量

（2）测量振荡幅值

要测量振荡的幅值。请执行以下步骤：

① 按下"Cursors"按钮，显示光标菜单。

② 按"光标模式"选项按钮选择"手动"。

③ 按下"类型"选项按钮，选择"电压"。

④ 按下"信源"选项按钮，选择"CH1"。

⑤ 按下"CurA"选项按钮，旋转万能旋钮将光标 A 置于振荡的最高波峰处。

⑥ 按下"CurB"选项按钮，旋转万能旋钮将光标 B 置于振荡的最低点处。

此时显示屏的左上角将显示下列测量结果（见图 1.7.23）：

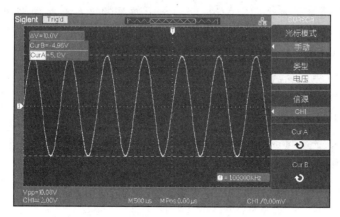

图 1.7.23 测量信号震荡幅值

● 电压增量（振荡的峰峰值）

● 光标 A 处的电压

● 光标 B 处的电压

16）捕捉单次信号

若捕捉一个单次信号，首先需要对此信号有一定的先验知识，才能设置触发电平和触发沿。若对于信号的情况不确定，可以通过自动或正常的触发方式先行观察，以确定触发电平和触发沿。

操作步骤如下：

① 设置探头和 CH1 通道的探头衰减系数为 10X。

② 按下"Trig Menu"按钮，显示触发菜单。

③ 在此菜单下设置触发类型为"边沿触发"、边沿类型为"上升沿"、信源为"CH1"、触发方式为"单次"、耦合为"直流"。

④ 调整水平时基和垂直档位至合适的范围。

⑤ 旋转"Level"旋钮，调整合适的触发电平。

⑥ 按"Run/Stop"执行按钮，等待符合触发条件的信号出现。如果符合有某一信号达到设定的触发电平，即采集一次，显示在屏幕上。

利用此功能可以轻易捕捉到偶然发生的事件，例如幅度较大的突发性毛刺：将触发电平设置到刚刚高于正常信号电平，按"Run/Stop"按钮开始等待，则当毛刺发生时，机器自动触发并把触发前后一段时间的波形记录下来。通过旋转面板上水平控制区域的水平"POSI-TION"旋钮，改变触发位置的水平位置可以得到不同长度的负延迟触发，便于观察毛刺发生之前的波形。

17) 数字示波器基本特性能和指标

数字示波器是数据采集，A/D 转换，软件编程等一系列的技术制造出来的高性能示波器。数字示波器一般支持多级菜单，能提供给用户多种选择，多种分析功能。还有一些示波器可以提供存储，实现对波形的保存和处理。对于 300 MHz 带宽之内的示波器，目前国内品牌的示波器在性能上已经可以和国外品牌抗衡，且具有明显的性价比优势。

(1) 数字示波器的带宽：

模拟示波器的带宽是一个固定的值，而数字示波器的带宽有模拟带宽和数字实时带宽两种。数字示波器对重复信号采用顺序采样或随机采样技术所能达到的最高带宽为示波器的数字实时带宽，数字实时带宽与最高数字化频率和波形重建技术因子 K 相关

（数字实时带宽＝最高数字化速率/K），一般并不作为一项指标直接给出。

从两种带宽的定义可以看出，模拟带宽只适合重复周期信号的测量，而数字实时带宽则同时适合重复信号和单次信号的测量。有时厂家声称示波器的带宽能达到多少兆，实际上指的是模拟带宽，数字实时带宽是要低于这个值的。

带宽选择实例：

已知条件：示波器主机 1 GHz，探头配置 1.5 GHz，被测信号 200 MHz(上升时间 500 ps)。

示波器上升时间＝0.35/1 GHz＝350 ps

探头上升时间＝0.35/1.5 GHz＝233 ps

整个测量系统上升时间＝$\sqrt{(350^2+233^2)}$＝420 ps＝420 ps

整个测量系统实际带宽＝0.35/420＝833 MHz

实测信号所得上升时间＝$\sqrt{(420^2+500^2)}$＝653 ps

实际测量误差＝(653－500)/500＝30.6%

采样速率：

采样速率是数字示波器的一项重要指标，采样速率也称为数字化速率，是指单位时间内，对模拟输入信号的采样次数，常以 MS/s 表示。如果采样速率不够，容易出现混叠现象。

如果示波器的输入信号为一个 100 kHz 的正弦信号,示波器显示的信号频率却是 50 kHz,这是怎么回事呢? 这是因为示波器的采样速率太慢,产生了混迭现象。混迭就是屏幕上显示的波形频率低于信号的实际频率,或者即使示波器上的触发指示灯已经亮了,而显示的波形仍不稳定。那么,对于一个未知频率的波形,如何判断所显示的波形是否已经产生混迭呢? 可以通过慢慢改变扫速 t/div 到较快的时基档,看波形的频率参数是否急剧改变,如果是,说明波形混迭已经发生;或者晃动的波形在某个较快的时基档稳定下来,也说明波形混迭已经发生。根据奈奎斯特定理,采样速率至少高于信号高频成分的 2 倍才不会发生混迭,如一个 500 MHz 的信号,至少需要 1 GS/s 的采样速率。

有如下几种方法可以简单地防止混迭发生:

① 调整扫速;

② 采用自动设置(Autoset);

③ 试着将收集方式切换到包络方式或峰值检测方式,因为包络方式是在多个收集记录中寻找极值,而峰值检测方式则是在单个收集记录中寻找最大最小值,这两种方法都能检测到较快的信号变化。

④ 如果示波器有 Insta Vu 采集方式,可以选用,因为这种方式采集波形速度快,用这种方法显示的波形类似于用模拟示波器显示的波形。

采样速率与 t/div 的关系:每台数字示波器的最大采样速率是一个定值。但是,在任意一个扫描时间 t/div,采样速率 $f_s = N/(t/\text{div})$,N 为每格采样点,当采样点数 N 为一定值时,f_s 与 t/div 成反比,扫速越大,采样速率越低。

综上所述,使用数字示波器时,为了避免混迭,扫速档最好置于扫速较快的位置。如果想要捕捉到瞬息即逝的毛刺,扫速档则最好置于主扫速较慢的位置。

(2) 数字示波器存储深度

存储深度是同样是比较重要的技术指标,数字示波器所能存储的采样点多少的量度。如果需要不间断的捕捉一个脉冲串,则要求示波器有足够的内存以便捕捉整个事件。将所要捕捉的时间长度除以精确重现信号所须的取样速度,可以计算出所要求的存储深度,也称记录长度。

把经过 A/D 数字化后的八位二进制波形信息存储到示波器的高速 CMOS 内存中,就是示波器的存储,这个过程是"写过程"。内存的容量(存储深度)是很重要的。对于 DSO(数字示波器),其最大存储深度是一定的,但是在实际测试中所使用的存储长度却是可变的。在存储深度一定的情况下,存储速度越快,存储时间就越短,他们之间是一个反比关系。同时采样率跟时基(timebase)是一个联动的关系,也就是调节时基档位越小采样率越高。存储速度等效于采样率,存储时间等效于采样时间,采样时间由示波器的显示窗口所代表的时间决定,所以:

$$存储深度 = 采样率 \times 采样时间(距离 = 速度 \times 时间)$$

由于 DSO 的水平刻度分为 12 格,每格的所代表的时间长度即为时基(time base),单位是 s/div,所以采样时间 = time base × 12。由存储关系式知道:提高示波器的存储深度可以间接提高示波器的采样率,当要测量较长时间的波形时,由于存储深度是固定的,所以只能降低采样率来达到,但这样势必造成波形质量的下降;如果增大存储深度,则可以以更高的采样率来测量,以获取不失真的波形。比如,当时基选择 10 μs/div 文件位时,整个示波器窗口的采样时间是 10 μs/div * 12 格＝120 μs,在 1 Mpts 的存储深度下,当前的实际采样率为:1 M÷120 μs≈8.3 GS/s,如果存储深度只有 250 K,那当前的实际采样率就只要 2.0 GS/s 了。

存储深度决定了实际采样率的大小,一句话,存储深度决定了 DSO 同时分析高频和低频现象的能力,包括低速信号的高频噪声和高速信号的低频调制。

1.7.3 电子电压表

电子电压表(交流毫伏表)一般是指模拟式电压表。它是一种在电子电路中常用的测量仪表,采用磁电式表头作为指示器,属于指针式仪表。电子电压表与普通万用表相比较,具有以下优点:

(1) 输入阻抗高:一般输入电阻至少为 500 kΩ 以上,仪表接入被测电路后,对电路的影响小。

(2) 频率范围宽:使用频率范围约为几赫兹到几兆赫兹。

(3) 灵敏度高:最低电压可测到微伏级。

(4) 电压测量范围广:仪表的量程分挡可从 1 mV～几百伏。

1) 电子电压表的组成及工作原理

电子电压表根据电路组成结构的不同,可分为放大-检波式、检波-放大式和外差式。DA-16 型、SX2172 型、FP2193A 型等交流毫伏表,属于放大-检波式电子电压表。它们主要由衰减器、交流电压放大器、检波器和整流电源四部分组成,其方框图如图 1.7.24 所示。

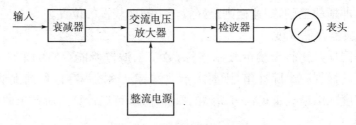

图 1.7.24　放大-检波式电子电压表

被测电压先经衰减器衰减到适宜交流放大器输入的数值,再经交流电压放大器放大,最后经检波器检波,得到直流电压,由表头指示数值的大小。

电子电压表表头指针的偏转角度正比于被测电压的平均值,而面板却是按正弦交流电压有效值进行刻度的,因此该电压表只能用于测量正弦交流电压的有效值。当测量非正弦交流电压时,其读数没有直接的意义,只有把该读数除以 1.11(正弦交流电压的波形系数),才能得到被测电压的平均值。

2) PF2193A 型交流毫伏表

(1) 面板操作键及功能说明

PF2193A 型交流毫伏表前面板如图 1.7.25 所示,面板旋钮的功能如下:

① 电源开关:当电源开关按下时,指示灯亮。

② 输入插座:被测信号电压输入端。

③ 量程选择旋钮:该旋钮用以选择仪表的满刻度值。分为 1 mV、3 mV、10 mV、30 mV、100 mV、300 mV、1 V、3 V、10 V、30 V、100 V、300 V。

④ 输出端:PF2193A 型交流毫伏表,不仅可以测量交流电压,而且还可以作为一个宽频带、低噪声、高增益的放大器。此时,信号由输入插座输入,由输出端和接地端输出。

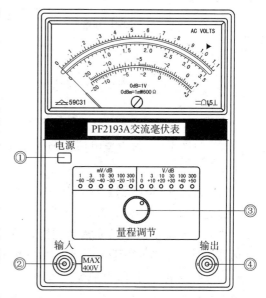

图 1.7.25　PF2193A 型交流毫伏表前面板图

(2) 使用方法及注意事项

① 机械调零:该表在表头显示区域下方设有调节螺丝,调节它可实现机械调零。仪表接通电源前,应先检查指针是否在零点,如果不在零点,应调节机械零调节螺丝,使指针位于零点。

② 正确选择量程:应按被测电压的大小合适地选择量程,使仪表指针偏转至满刻度的 1/3 以上区域。如果事先不知被测电压的大致数值,应先将量程开关置在大量程,然后再逐步减小量程。

③ 正确读数:根据量程开关的位置,按对应的刻度线直接读数。

④ 当仪表输入端连线开路时,由于外界感应信号可能使指针偏转超量限而损坏表头,因此,测量完毕时,应将量程开关置在大量程。

(3) 主要技术特征

① 交流电压测量范围

1 mV～300 V。共分 12 挡量程:1 mV、3 mV、10 mV、30 mV、100 mV、300 mV、1 V、3 V、10 V、30 V、100 V、300 V。

② 输入电阻

1～300 mV 量程,8 MΩ±0.8 MΩ;

1～300 V,10 MΩ±1.0 MΩ。

③ 频率范围 20 Hz～2 MHz。

1.7.4　直流稳压电源

直流稳压电源是将交流电转变为稳定的、输出功率符合要求的直流电的设备。各种电子电路都需要直流电源供电,所以直流稳压电源是各种电子电路仪器不可缺少的组成部分。

1) 直流稳压电源的组成及工作原理

直流稳压电源通常由电源变压器、整流电路、滤波器和稳压电路四部分组成,其原理框图如图 1.7.26 所示。

各部分的作用及工作原理是:

(1) 电源变压器:将交流市电电压(220 V)变换为符合整流需要的数值。

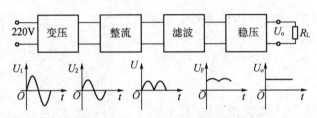

图 1.7.26　直流稳压电源组成框图

（2）整流电路：将交流电压变换为单向脉动直流电压。整流是利用二极管的单向导电性来实现的。

（3）滤波器：将脉动直流电压中交流分量滤去，形成平滑的直流电压。滤波可利用电容、电感或电阻－电容来实现。

小功率整流滤波电路通常采用桥式整流，电容滤波，其输出直流电压可用式 $U_F = 1.2U_2$ 来估算，式中 U_2 为变压器副边交流电压的有效值。

（4）稳压电路：其作用是当交流电网电压波动或负载变化时，保证输出直流电压稳定。简单的稳压电路可采用稳压管来实现，在稳压性能要求比较高的场合，可采用串联反馈式稳压电路（它包括基准电压、取样电路、放大电路和调整管等组成部分）。目前，市场上通用的集成稳压电路也相当普遍。

2）DF1731S 型直流稳压稳流电源

DF1731S 型直流稳压稳流电源，是一种有三路输出的高精度直流稳定电源。其中二路为输出可调、稳压与稳流可自动转换的稳压电源，另一路为输出电压固定为 5 V 的稳压电源。二路可调节电源可以单独，或者进行串联、并联运用。在串联或并联时，只需对主路电源的输出进行调节，从路电源的输出严格跟踪主路，串联时最高输出电压可达 60 V，并联时最大输出电流为 6 A。

（1）面板各元件名称及功能说明

DF1731S 型稳压、稳流电源面板如图 1.7.27 所示。

① 主路电压表：指示主路输出电压值。

② 主路电流表：指示主路输出电流值。

③ 从路电压表：指示从路输出电压值。

④ 从路电流表：指示从路输出电流值。

⑤ 从路稳压输出调节旋钮：调节从路输出电压值（最大为 30 V）。

⑥ 从路稳流输出调节旋钮：调节从路输出电流值（最大为 3 A）。

⑦ 电源开关：此开关被按下时，电源接通。

⑧ 从路稳流状态或二路电源并联状态指示灯：当从路电源处于稳流工作状态或二路电源处于并联状态时，此指示灯亮。

⑨ 从路稳压指示灯：当从路电源处于稳压工作状态时，此指示灯亮。

⑩ 从路直流输出负接线柱：从路电源输出电压的负极。

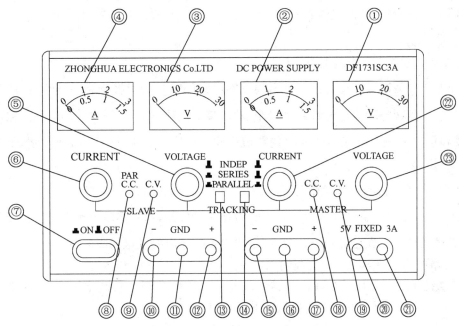

图 1.7.27　DF1731S 型稳压、稳流电源面板

⑪、⑯　机壳接地端。

⑫　从路直流输出正接线柱：从路电源输出电压的正极。

⑬、⑭　二路电源独立、串联、并联控制开关。

⑮　主路直流输出负接线柱：主路电源输出电压的负极。

⑰　主路直流输出正接线柱：主路电源输出电压的正极。

⑱　主路稳流状态指示灯：当主路电源处于稳流工作状态时，此指示灯亮。

⑲　主路稳压状态指示灯：当主路电源处于稳压工作状态时，此指示灯亮。

⑳　固定 5 V 直流电源输出负接线柱。

㉑　固定 5 V 直流电源输出正接线柱。

㉒　主路稳流输出调节旋钮：调节主路输出电流值（最大为 3 A）。

㉓　主路稳压输出调节旋钮：调节主路输出电压值（最大为 30 V）。

（2）使用方法

① 二路可调电源独立使用

将二路电源独立、串联、并联开关⑬和⑭均置于弹起（常态）位置，为二路可调电源独立使用状态。此时，二路可调电源分别可作为稳压源、稳流源使用，也可在作为稳压源使用时，设定限流保护值。

a. 可调电源作为稳压电源使用

首先将稳流调节旋钮⑥和㉒顺时针调节到适当位置，然后打开电源开关⑦，调节稳压输出调节旋钮⑤和㉓,使从路和主路输出直流电压至所需要的数值,此时稳压状态指示灯⑨和⑲亮。

　　b. 可调节电源作为稳流电源使用

　　打开电源开关⑦后,先将稳压输出调节旋钮⑤和㉓顺时针旋到适当位置,同时将稳流输出调节旋钮⑥和㉒逆时针旋到最小,然后接上负载电阻,再顺时针调节稳流输出调节旋钮⑥和㉒,使输出电流至所需要的数值。此时稳压状态指示灯⑨和⑲暗,稳流状态指示灯⑧和⑱亮。

　　c. 可调电源作稳压电源使用时,任意限流保护值的设定:

　　打开电源,将稳流输出调节旋钮⑥和㉒逆时针旋到最小,然后短接正、负输出端,并顺时针调节稳流输出调节旋钮⑥和㉒,使输出电流等于所要设定的限流值。

　　② 两路可调电源串联——提高输出电压

　　先检查主路和从路电源的输出负接线端与接地端间是否有联接片相连,如有则应将其断开,否则在两路电源串联时将造成从路电源短路。

　　将从路稳流输出调节旋钮⑥顺时针旋到最大,将两路电源独立、串联、并联开关⑬按下,⑭置于弹起位置,此时两路电源串联,调节主路稳压输出调节旋钮㉓,从路输出电压紧密跟踪主路输出电压,在主路输出正端⑰与从路输出负端⑩之间最高输出电压可达 60 V。

　　③ 两路可调电源并联——提高输出电流

　　将两路电源独立、串联、并联开关⑬和⑭均按下,此时两路电源并联,调节主路稳压输出调节旋钮㉓,指示灯⑧亮。调节主路稳流输出调节旋钮㉒,两路输出电流相同,总输出电流最大可为 6 A。

　　(3) 使用注意事项

　　① 仪器背面有一电源电压(220/110 V)变换开关,其所置位置应和市电 220 V 一致。不可随意变换到 110 V 位置,否则将损坏稳压电源。

　　② 两路电源串联时,如果输出电流较大,则应用适当粗细的导线将主路电源输出负端与从路电源输出正端相连。在两路电源并联时,如输出电流较大,则应用导线分别将主、从电源的输出正端与正端、负端与负端相联接。以提高电源工作的可靠性。

　　③ 该电源设有完善的保护功能(固定 5 V 电源具有可靠的限流和短路保护,两路可调电源具有限流保护),因此当输出发生短路时,一般不会对电源造成任何损坏。但是短路时电源仍有功率损耗,为了减少不必要的能量损耗和机器老化,应尽早发现短路并关掉电源,将故障及时排除。

1.7.5　1YB02-8 型号的电路电子技术多功能实验箱介绍

　　本实验箱由东南大学成贤学院电工电子实验中心研制。

1) 特点

实验箱功能:适合于数字电路技术,模拟电路技术和电工原理(弱电部分)实验的多用途实验箱。

充分考虑学生在实验时的自主性和研发性,要求学生在进行实验时,实验电路完全要由自己设计连接,包括元器件的选择,尽量减少为学生在实验平台上准备元器件,如有,也要尽量"透明",达到真正实训的目的。

另外实验箱具有扩展功能,可以与自制的 FPGA 实验板以及相关的实验板连接进行实验。

本实验箱也可以用于创新项目的实验和实践。

2) 实验箱布局和外型

布局条块清晰简洁,操作方便。外型轻便。携带,维护,保管方便。

(1) 操作面板说明(见图 1.7.28)

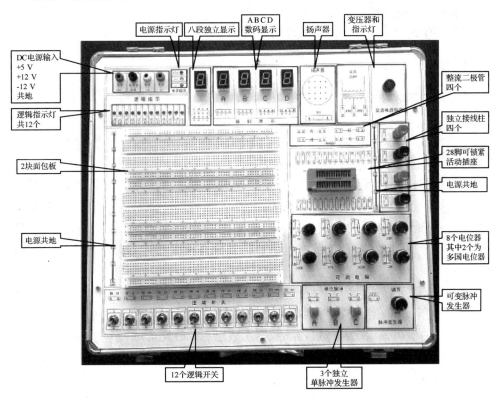

图 1.7.28　操作面板说明

(2) 实验元器件包(每人一包)

元器件包内主要包含有:常用集成电路芯片,电阻和电容,连接导线(单股),剪刀,摄子,起子等小型工具。

2 电路实验

2.1 元件伏安特性测试

2.1.1 实验目的

(1) 掌握线性电阻、非线性电阻元件及电源元件的伏安特性的测试方法；
(2) 掌握实际电压源和电流源的使用和调节方法；
(3) 学习直流电工仪表和设备的使用方法。

2.1.2 知识点

线性元件及非线性元件的伏安特性。

2.1.3 实验原理

1) 电阻元件的伏安特性曲线

任一二端元件的特性可用该元件两端的电压 u 与通过该元件的电流 i 之间的函数关系 $u = f(i)$ 来表示，这种函数关系称为该元件的伏安特性。通常这些伏安特性用 u 和 i 分别作为横坐标和纵坐标绘成曲线，这种曲线就叫做伏安特性曲线。由测得的伏安特性可以直观地了解该元件的性质，这种通过测量得到元件伏安特性的方法谓之伏安测量法（简称伏安法）。

(1) 线性电阻元件的伏安特性符合欧姆定律，它在 $u-i$ 平面上是一条通过原点的直线，如图 2.1.1(a)所示。该直线各点的斜率与元件电压、电流的大小和方向无关，斜率的倒数等于该电阻元件的电阻值 R，为常量（即不随电压或电流的变化而改变）。如图 2.1.1(a)所示，线性电阻元件的伏安特性曲线对称于坐标原点，这种性质称为双向性。所有线性电阻元件都具有这种特性。

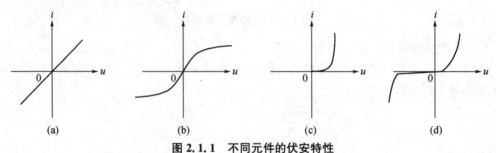

图 2.1.1　不同元件的伏安特性

(2) 一般的白炽灯在工作时灯丝处于高温状态,其灯丝电阻随着温度的升高而增大,通过白炽灯的电流越大,其温度越高,阻值也越大。一般灯泡的"冷电阻"与"热电阻"的阻值相差几倍至几十倍,它的伏安特性如图 2.1.1(b)所示。

(3) 一般的半导体二极管是非线性电阻元件,其伏安特性如图 2.1.1(c)所示。正向电压很小(一般锗管为 0.2～0.3 V,硅管为 0.5～0.7 V),正向电流随着正向电压的升高而急剧上升,而反向电压增加时,其反向电流增加得很小,近似为零。可见二极管具有单向导通性,但反向电压加得过高,超过管子的极限值,则会导致管子被击穿损坏。可见非线性电阻元件不遵循欧姆定律,其阻值也非常量,是随 u 或 i 的改变而改变。

(4) 稳压二极管是一种特殊的半导体器件,其正向伏安特性类似普通二极管,但其反向特性则比较特别,如图 2.1.1(d)所示。在反向电压开始增加时,其反向电流几乎为零,但当反向电压增加到某一数值时(该数值称为管子的稳压值),电流将突然增加,以后它的端电压将维持恒定,当外加的反向电压继续升高时其端电压仅有少量增加,此时二极管具有稳压作用。

注意:流过二极管或稳压管的电流不能超过其极限值,否则会烧坏二极管。

2) 伏安特性的测试方法

(1) 电源的选择

在测试二端元件的伏安特性时,可用实验台上一个输出电压可调的稳压源作为激励信号。GDDS－1C 型实验台设有两个独立的直流稳压源,输出电压均可通过调节"粗调"和"细调"多圈电位器在 0～25 V 范围内改变,每个稳压源的额定输出电流为 1 A。输出电压可由稳压源的面板指示电表作粗略指示,读数值是用实验台上的直流电压表测量。

注意:电流表应串接在被测电流支路中,电压表应并接在被测电压两端,并选取适当量程;测直流电量时要注意仪表"＋"、"－"端钮的接线。防止输出短路,多圈电位器应轻转细调,使用完毕断开电源开关,并将预调电压降低至零。

(2) 表前法和表后法

选择正确的测量方法对减小误差、提高测量精度十分重要。由于电压表、电流表内阻的影响,在测试二端元件的伏安特性时,应注意电压表和电流表的合理接法。图 2.1.2 是测量电阻 R_X 伏安特性的两种表计接法。

对于图 2.1.2(a)可知:

$$R_X = \frac{U}{I} - R_A = R'_X - R_A$$

式中:U、I——分别为电压表、电流表的读数;

R_A——电流表内阻;

R'_X——多次测量得到的平均值;

R_X——电阻真值。

由上式可得表前法的测量误差为 $\gamma_A = \dfrac{R'_X - R_X}{R_X} = \dfrac{R_A}{R_X}$(取百分比),在要求不高的情况下,$R_X$ 可用数字万用表测得或直接读取它的标称值。仅当 $R_X \gg R_A$ 时,误差 γ_A 才较小。因此,表前法适合测量较大电阻的伏安特性。

同理,对于图 2.1.2(b),

$$R'_X = \frac{U}{I} = R_X /\!/ R_V$$

所以

$$\gamma_V = \frac{R'_X - R_X}{R_X} = -\frac{1}{1 + R_V/R_X} (取百分比)$$

式中,R_V 为电压表内阻,可由指针式电压表表头灵敏度(kΩ/V)和量程(V)相乘所得,即 R_V =表头灵敏度(kΩ/V)×量程(V)。同样,仅当 $R_X \ll R_V$ 时,误差 γ_V 才较小。所以,表后法适合测量较小电阻的伏安特性。

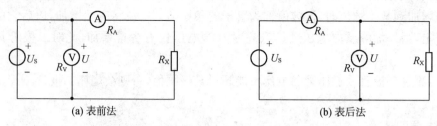

(a) 表前法　　　　　　　　　　　　　　　(b) 表后法

图 2.1.2　测量电阻伏安特性的两种表计接法

3) 电压源与电流源的外特性

(1) 理想电压源与实际电压源

电压源是给外电路提供恒定电压的电源,即输出恒定的电压,而输出电流大小取决于所连接负载的大小。电压源分为理想电压源和实际电压源。

理想电压源的输出电压为恒定值,不随外接负载大小的变化而变化。理想电压源的电路模型及其伏安特性如图 2.1.3 所示,其外特性曲线是平行于电流轴的一条直线。

实际电压源的输出电压随外接负载大小的变化而变化。负载阻值越大,电压源的输出电压越高,当负载的阻值达到无穷大时,实际电压源的输出电压达到最大值,记为 U_S。实际电压源可以用一个输出电压为 U_S 的理想电压源与一个内阻 R_S 串联的电路模型表示。电路模型和伏安特性曲线如图 2.1.4 所示。

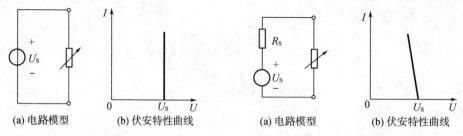

(a) 电路模型　　(b) 伏安特性曲线　　　　(a) 电路模型　　(b) 伏安特性曲线

图 2.1.3　理想电压源　　　　　　　　　**图 2.1.4　实际电压源**

(2) 理想电流源与实际电流源

电流源是除电压源以外的另一种形式的电源,它也可以分为理想电流源和实际电流源(简称电流源或恒流源)。

理想电流源可以向外电路提供一个恒值电流 I_S,它的端电压大小取决于外电路。理想电流源电路模型及其伏安特性曲线如图 2.1.5 所示。其外特性曲线是平行于电压轴的一条直线。

实际电流源的输出电流并非恒定值,而是随负载的增大而减小。负载的阻值越大,电流下降得越多;相反,负载的阻值越小,流过外电路的电流越大。当负载的阻值为零时,流过外电路的电流最大,记为 I_S。实际电流源可以用一个输出电流为 I_S 的理想电流源和一个内阻 R_S 相并联的电路模型表示。实际电流源的电路模型及其伏安特性曲线如图 2.1.6 所示。

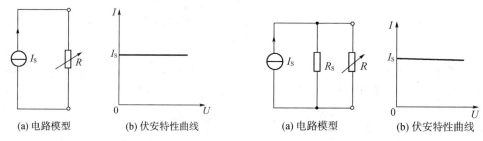

(a) 电路模型　　(b) 伏安特性曲线　　　　(a) 电路模型　　(b) 伏安特性曲线

图 2.1.5　理想电流源　　　　　　　　**图 2.1.6　实际电流源**

注意:在实际应用中,避免电压源输出短路及电流源输出开路。

(3) 实际电压源与实际电流源的等效互换

一个实际的电源,就其外特性而言,既可以看成是一个电压源,又可以看成是一个电流源。若视为电压源,则可用一个电压源 U_S 与一个电阻 R_S 相串联来表示;若视为电流源,则可用一个电流源 I_S 与一个电阻 R_S 相并联来表示。若它们向同样大小的负载提供同样大小的电流和端电压,则称这两个电源是等效的,即具有相同的外特性。

实际电压源与实际电流源等效变换的条件为:

① 实际电压源与实际电流源的内阻均为 R_S;

② 已知实际电压源的参数为 U_S 和 R_S,则实际电流源的参数为 $I_S\left(=\dfrac{U_S}{R_S}\right)$ 和 R_S;若已知实际电流源的参数为 I_S 和 R_S,则实际电压源的参数为 $U_S(=I_S R_S)$ 和 R_S。

2.1.4　预习要求

(1) 预习二端元件伏安特性的基本概念;
(2) 预习二端元件伏安特性的测量方法;
(3) 预习附录中 GDDS 电工实验台操作的相关内容;
(4) 预习用数字万用表及指针式万用表判别二极管好坏的方法。

2.1.5　实验内容

1) 测量线性电阻的伏安特性

按图 2.1.7(a)接线时,须断电源接线,注意直流电压表及直流电流表的极性,通过调节稳压电源的输出电压,即能改变电路中的电流,从而可测得通过电阻 R_X 的电流及相应的电压值。

GDDS-1C 型实验台数/模双显示直流电流表集直流毫安表、直流安培表于一体,左下方两输入接线口及对应的按键开关为三量程直流毫安表,右下方两输入接线口及对应的按键开关为三量程直流安培表,两表量限开关互相机械连锁,只能择一使用。待测电阻 R_X 为 D01 挂箱中标称值为 10 Ω 的电阻。

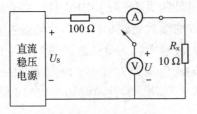
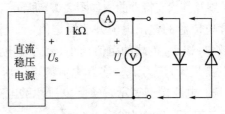

(a) 线性电阻伏安特性电路图　　　　　　　(b) 二极管及稳压二极管伏安特性电路图

图 2.1.7　伏安特性测试电路

将测量数据填入表 2.1.1 中,并画出其伏安特性曲线,根据测量值计算 R_x 的真值并进行分析。(直流电流表量程选择为 200 mA,直流电压表量程选择为 2 V)

表 2.1.1　线性电阻伏安特性的测试

给定值	I(mA)			0		
测量值	表前法 U(V)					
	表后法 U(V)					

2) 测试二极管的正向伏安特性

(1) 用指针式万用表 $R\times100$ 挡和 $R\times1k$ 挡测量硅二极管(D02 挂箱)的正反向电阻,填入表 2.1.2,并分析。

(2) 按图 2.1.7(b)接线,调节稳压电源的输出电压,粗调旋钮先调零,缓慢调节稳压电源细调旋钮,使二极管上的电压在 0~0.7 V 范围内变化,记录对应的电压和电流数值,填入表 2.1.3 中,并画出伏安特性曲线。(直流电流表量程选择为 20 mA,直流电压表量程选择为 2 V)

表 2.1.2　硅二极管的正反向电阻的测量

类　别	正向阻值	反向阻值
$R\times100$ 挡		
$R\times1k$ 挡		

表 2.1.3　二极管伏安特性的测试

给定值	U(V)	0					0.7
测量值	I(mA)						

注意:实验前应先用万用表检查二极管的好坏,用数字万用表测量并记录正向导通压降(如发出滴滴声,则说明损坏);或用指针式万用表 $R\times100$ 挡和 $R\times1k$ 挡测量记录正反向电阻来判别。

3) 测量稳压二极管的反向伏安特性

按图 2.1.7(b)接线,注意稳压管的接法。调节稳压电源的输出电压,使流过稳压二极管的电流在 0~10 mA 范围内变化,记录对应的电压值,填入表 2.1.4 中,并画出其伏安特性曲线。(直流电流表量程选择为 20 mA,直流电压表量程选择为 20 V)

表 2.1.4　稳压二极管反向伏安特性的测试

给定值	I(mA)	0					10
测量值	U(V)						

4）测定理想电压源（恒压源）和理想电流源（恒流源）的伏安特性曲线

（1）按图 2.1.8(a)接线，调节稳压电源，使输出电压 $U_S=15$ V，负载电阻 R 为电阻箱。按表 2.1.5 中所给阻值调节电阻箱，测量负载电阻 R 两端的电压 U、流过负载电阻 R 的电流 I，将测量数据填入表 2.1.5 中，并画出伏安特性曲线。（直流电流表量程选择为 200 mA，直流电压表量程选择为 20 V）

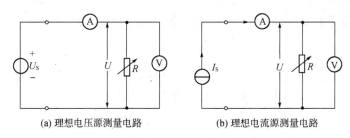

(a) 理想电压源测量电路   (b) 理想电流源测量电路

图 2.1.8 理想电压源和理想电流源测量电路

表 2.1.5 理想电压源伏安特性的测试

给定值	$R(\Omega)$	100	200	400	600	800	1k
测量值	I(mA)						
	U(V)						

（2）按图 2.1.8(b)接线，调节电流源，使输出电流 $I_S=15$ mA，负载电阻 R 为电阻箱。按表 2.1.5 中所给阻值调整电阻箱，测量负载电阻 R 两端的电压 U、流过负载电阻 R 的电流 I，将测量数据填入表 2.1.6 中，并画出伏安特性曲线。（直流电流表量程选择为 20 mA，直流电压表量程选择为 20 V）

表 2.1.6 理想电流源伏安特性的测试

给定值	$R(\Omega)$	0	200	400	600	800	1k
测量值	I(mA)						
	U(V)						

5）实际电流源与实际电压源的等效变换

（1）将理想电流源 I_S 和 $R_S=1$ kΩ 的电阻并联，构成一个模拟的实际电流源。该电流源及测量电路如图 2.1.9(a)所示。理想电流源的电流调至 $I_S=15$ mA。按表 2.1.7 中所给的阻值调整电阻箱，测量负载电阻 R 两端的电压 U、流过负载电阻 R 的电流 I，将测量数据填入表 2.1.7 中，并画出实际电流源的伏安特性曲线。（直流电流表量程选择为 20 mA，直流

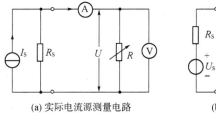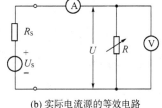

(a) 实际电流源测量电路   (b) 实际电流源的等效电路

图 2.1.9 实际电压源与实际电流源等效变换测量电路

电压表量程选择为 20 V)

表 2.1.7　实际电流源伏安特性的测试

给定值	$R(\Omega)$	0	200	400	600	800	1k
测量值	$I(\text{mA})$						
	$U(\text{V})$						

(2) 根据电源等效变换条件,可将实际电流源变换成等效的实际电压源。变换后电压源的参数为:

$$R_S = 1\ \text{k}\Omega$$
$$U_S = I \cdot R_S = 15\ \text{mA} \times 1\ \text{k}\Omega = 15\ \text{V}$$

等效电路如图 2.1.9(b)所示。按表 2.1.8 中所给的阻值调整电阻箱,测量负载电阻 R 两端的电压 U、流过负载电阻 R 的电流 I,将测量数据填入表 2.1.8 中,对比表 2.1.6 和表 2.1.7 中的数据,验证图 2.1.9(a)与图 2.1.9(b)中电源的等效性。(直流电流表量程选择为 20 mA,直流电压表量程选择为 20 V)

表 2.1.8　从电流源到电压源的等效变换

给定值	$R(\Omega)$	0	200	400	600	800	1k
测量值	$I(\text{mA})$						
	$U(\text{V})$						

2.1.6　实验报告要求

(1) 整理实验数据,认真填写表格;
(2) 根据实验数据,在坐标纸上绘出各元件的伏安特性曲线;
(3) 计算并分析测量误差,对实验数据结果进行分析讨论。

2.1.7　思考题

(1) 用电压表和电流表测量元件的伏安特性时,电压表可接在电流表之前或之后,理论上两者对测量误差有何影响? 实际测量时应根据什么原则选择?
(2) 为提高指针式表计的测量精度,应如何选择表计量程?
(3) 如何用数字万用表和指针式万用表判别二极管的好坏? 两者的指示值有何区别?
(4) 用指针式万用表 $R \times 100$ 挡和 $R \times 1\text{k}$ 挡测量硅二极管正向导通电阻是否相同,为什么?
(5) 电压源与电流源等效变换的条件是什么?

2.1.8　实验仪器和器材

本实验采用 GDDS-1C 电工实验台,使用如下部件:
(1) 直流电流表、直流电压表、直流可调稳压电源;
(2) 电阻:100 Ω(D01 挂箱)、10 Ω(D01 挂箱)、1 kΩ(D02 挂箱),硅二极管(D02 挂箱),

稳压二极管(D02 挂箱);

（3）指针式万用表 1 只，数字式万用表 1 只。

*2.2 基尔霍夫定律验证

2.2.1 实验目的

（1）加深对基尔霍夫定律(KCL,KVL)的理解，并加强对参考方向的理解和应用；

（2）用实验数据验证基尔霍夫定律；

（3）熟练掌握仪器仪表的使用技术。

2.2.2 知识点

基尔霍夫电流定律及基尔霍夫电压定律。

2.2.3 实验原理

基尔霍夫定律是电路的基本定律，它规定了电路中各支路电流之间和各支路电压之间必须服从的约束关系。它仅与元件的相互连接有关，而与元件的性质无关，无论电路元件是线性的或是非线性的，时变的或是非时变的，只要电路是集总参数电路，都必须服从这个约束关系。

基尔霍夫定律有电流定律和电压定律两条。

（1）基尔霍夫电流定律(KCL)：在集总电路中，任何时刻、对任一结点，所有流出结点的支路电流的代数和恒等于零。

此处，电流的"代数和"是根据电流是流出结点还是流入结点判断的。若流出结点的电流前面取"＋"号，则流入结点的电流前面取"－"号；电流是流出结点还是流入结点，均根据电流的参考方向判断。所以对任一结点有：

$$\Sigma i = 0$$

上式取和是对连接于该结点的所有支路电流进行的。

以图 2.2.1 所示电路为例，对结点①应用 KCL，各支路电流的参考方向见图，有：

$$i_1 + i_4 - i_6 = 0$$

上式可写为：

$$i_1 + i_4 = i_6$$

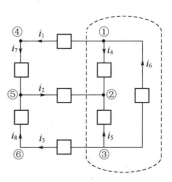

图 2.2.1

此式表明，流出结点①的支路电流等于流入该结点的支路电流。因此，KCL 也可理解为：任何时刻，流出任一结点的支路电流等于流入该结点的支路电流。

KCL 通常用于结点，但对包围几个结点的闭合面也是适用的。对如图 2.2.1 所示电路,用虚线表示的闭合面 S 有 3 条支路与电路其余部分相连接,其电流为 i_1、i_2、i_3,则

$$i_1 - i_2 + i_3 = 0$$

其中,i_1 和 i_3 流出闭合面,i_2 流入闭合面。

所以,通过一个闭合面的支路电流的代数和总是等于零;或者说,流出闭合面的电流等于流入闭合面的电流。这就称为电流连续性。KCL 是电荷守恒的体现。

(2) 基尔霍夫电压定律(KVL):在集总电路中,任何时刻沿任一回路,所有支路电压的代数和恒等于零。

所以,沿任一回路有:

$$\Sigma u = 0$$

上式取和时,需要任意指定一个回路的绕行方向,凡支路电压的参考方向与回路的绕行方向一致者,该电压前面取"+"号,支路电压参考方向与回路的绕行方向相反者,该电压前面取"-"号。

以如图 2.2.2 所示的电路为例,对支路 1、2、3、4 构成的回路列写 KVL 方程时,需要先指定各支路电压的参考方向和回路的绕行方向。绕行方向用虚线上的箭头表示,有关支路电压为 u_1、u_2、u_3、u_4,它们的参考方向如图 2.2.2 所示。

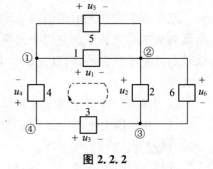

图 2.2.2

根据 KVL,对指定的回路有:

$$u_1 + u_2 - u_3 + u_4 = 0$$

由上式也可得:

$$u_3 = u_1 + u_2 + u_4$$

上式表明,结点③、④之间的电压 u_3 是单值的,不论沿支路 3 或是沿支路 1、2、4 构成的路径,此两结点间的电压值是相等的。KVL 是电压与路径无关这一性质的反映。

注意:参考方向是为了分析和计算电路而人为设置的。电压或电流的实际方向由实际测量时电压表或电流表的"正"端来判定。即测量中表计的正端参考方向与正方向一致,此时,表计指示值为正则为"+",为负则为"-"。

2.2.4　预习要求

(1) 复习并理解基尔霍夫定律的基本概念;

(2) 预习教材附录中 GDDS 电工实验台操作的相关内容及测量方法。

2.2.5　实验内容

下面按如图 2.2.3 所示的实验线路验证基尔霍夫两条定律。

(1) 稳压源输出电压为 $E = 10\text{ V}$,K_1 拨向左侧接通电源,K_2 拨向左侧接通短路线。

（2）用直流电流表测量各支路电流，注意电流表量程及各支路电流方向，将测量结果填入表 2.2.1 和表 2.2.2 中。（直流电流表量程选择为 20 mA）

（3）用直流电压表测量各支路电压及总电压，记入表 2.2.3 和表 2.2.4 中，注意电压表量程及电压方向。（直流电压表量程选择为 20 V）

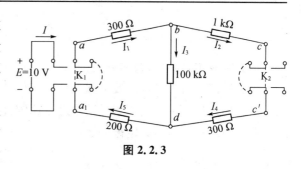

图 2.2.3

（4）通过实验验证 a、b、c、d 四个结点的 $\sum I$ 是否等于零，$abcc'da'a$、$abda'a$、$bcc'db$ 三个回路的 $\sum U$ 是否等于零。

表 2.2.1　验证电流定律（一）

项　目	支路电流（mA）					
	I	I_1	I_2	I_3	I_4	I_5
计算值						
测量值						
误差						

表 2.2.2　验证电流定律（二）

相　加	结　点			
	a	b	c	d
$\sum I$（计算值）				
$\sum I$（测量值）				
误差 I				

表 2.2.3　验证电压定律（一）

项　目	电压（V）					
	U_{ab}	U_{bc}	U_{cd}	$U_{da'}$	$U_{a'a}$	E
计算值						
测量值						
误差						

表 2.2.4　验证电压定律（二）

相　加	回　路		
	$abcc'da'a$	$abda'a$	$bcc'db$
$\sum U$（计算值）（V）			
$\sum U$（测量值）（V）			
误差 U（V）			

2.2.6　实验报告要求

（1）完成实验测试，数据列表；

（2）根据基尔霍夫定律及电路参数计算出各支路电流及电压；

（3）将计算结果与实验测量结果进行比较，说明误差原因；

（4）小结对基尔霍夫定律的认识。

2.2.7　思考题

改变电流或电压的参考方向，对验证基尔霍夫定律有影响吗？为什么？

2.2.8　实验仪器和器材

本实验采用 GDDS-1C 电工实验台，使用如下部件：

（1）直流电流表、直流电压表、直流可调稳压电源；

（2）实验电路模块（D02 挂箱）、1 kΩ 电阻（D02 挂箱）。

2.3　叠加原理的验证

2.3.1　实验目的

（1）通过实验来验证线性电路中的叠加原理以及适用范围；

（2）学习直流仪器仪表的测试方法。

2.3.2　知识点

叠加原理。

2.3.3　实验原理

叠加原理可表述为：在线性电阻电路中，某处电压或电流都是电路中各个独立电源单独作用时在该处分别产生的电压或电流的代数和。

使用叠加原理时应注意以下几点：

（1）叠加原理适用于线性电路，不适用于非线性电路。

（2）在叠加的各分电路中，不用的电压源置零，在电压源处用短路线代替；不用的电流源置零，在电流源处用开路代替。若已知电源有内阻，则需保留其内阻。电路中的所有电阻都不予更动，受控源则保留在各分电路中。

（3）叠加时各分电路中的电压和电流的参考方向可以取与原电路中的相同。取代数和时，应注意各分量前的"＋"、"－"号。

（4）原电路的功率并不等于按各分电路计算所得功率的叠加，这是因为功率是电压和电流的乘积，与激励不成线性关系。

本实验先将电压源和电流源分别单独作用，测量各点间的电压和各支路的电流，然后再将电压源和电流源共同作用,测量各点间的电压和各支路的电流,最后验证是否满足叠加原理。

2.3.4 预习要求

(1)复习并理解叠加原理的基本概念并加深对参考方向的理解;

(2)预习教材附录中GDDS电工实验台操作的相关内容及测量方法。

2.3.5 实验内容

按照如图 2.3.1 所示实验电路验证叠加原理。

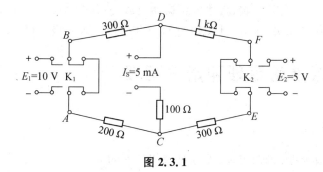

图 2.3.1

(1)按图 2.3.1 接线,先不加 I_S,调节好 $E_1 = 10\ V$, $E_2 = 5\ V$(用直流电压表测量)。

(2)K_1 拨向左侧接通电源 $E_1 = 10\ V$,K_2 拨向左侧接通短路线 $E_2 = 0$,$I_S = 0$,测量各点间的电压,注意测量值的符号,所得数据填入表 2.3.1 中第 1 行。

(3)按以上方法完成表格第 2、3、4 行。

表 2.3.1 验证叠加原理单位

项　目	电　压				
	$U_{AC}(V)$	$U_{CE}(V)$	$U_{BD}(V)$	$U_{DF}(V)$	$U_{CD}(V)$
E_1 单独工作					
E_2 单独工作					
I_S 单独工作					
E_1、E_2、I_S 共同作用					
理论计算值					
绝对误差					
相对误差					
E_1 值		E_2 值		I_S 值	

(4)选做:将电路中 1 kΩ 电阻换成一个二极管重复以上步骤,验证含非线性元件的电路是否适用叠加原理。

2.3.6 实验报告要求

(1)测量数据完成表格;

（2）计算验证并进行理论分析。

2.3.7　思考题

（1）与 I_S 串联的 $100\ \Omega$ 电阻改为 $200\ \Omega$ 电阻后对测量结果有何影响？为什么？

（2）如电源含有不可忽略的内电阻和内电导,实验中应如何处理？

2.3.8　实验仪器和器材

本实验采用 GDDS-1C 电工实验台,使用如下部件：

（1）直流电流表、直流电压表、直流可调稳压电源、直流可调稳流电源；

（2）实验电路模块（D02 挂箱）、$1\ k\Omega$ 电阻（D02 挂箱）、硅二极管（D02 挂箱）。

2.4　验证戴维南定理和诺顿定理

2.4.1　实验目的

（1）验证戴维南定理、诺顿定理,加深对这些定理的理解；

（2）掌握线性有源二端网络等效参数的测量方法；

（3）进一步学习常用直流仪器仪表的使用方法。

2.4.2　知识点

戴维南定理、诺顿定理。

2.4.3　实验原理

1）戴维南定理和诺顿定理

（1）任何一个线性有源网络,如果只研究或计算其中某一条支路的电压和电流,为了计算简便,常用"等效电源"的方法,即可将此支路划出而把电路的其余部分看作一个含源一端口网络（或称有源二端网络）。而任何一个有源二端线性网络都可以用一个电动势为 E 的理想电压源和内阻 R_0 串联的电源来等效代替,如图 2.4.1 所示。

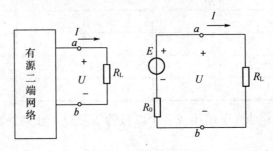

图 2.4.1　戴维南等效电路

等效电源 E 就是有源二端网络的开路电压 U_0,即将负载 R_L 断开后 a、b 两端的电压,等效电源的内阻 R_0 等于有源二端网络中所有电源均除去（将各个理想电压源短路,各理想电流源开路,即电压为零、电流为零)后,所得的无源网络 a、b 两端的等效电阻,此结论就是戴维南定理。

可见,如图 2.4.1 所示的等效电路是一个最简单的电路,其中电流为:

$$I=\frac{E}{R_0+R_L} \tag{2.4.1}$$

而等效电动势 E 和 R_0 可通过实验很方便地求得。

(2) 如果用理想电源和内阻 R_0 并联的电源来等效代替,其等效电流源 I_{SC} 就是有源二端网络的短路电流,即将 a,b 两端短路后的电流。等效电源的内阻 R_0 等于有源二端网络中所有电源均除去(即理想电压源短路,理想电流源开路)后,所得的无源网络 a,b 两端的等效电阻,此结论就是诺顿定理。

等效电路如图 2.4.2 所示,此等效电路的电流为:

$$I=\frac{R_0}{R_0+R_L}I_{SC} \tag{2.4.2}$$

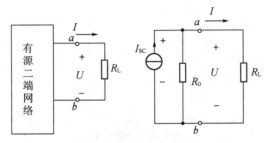

图 2.4.2 诺顿等效电路

戴维南定理的等效电路(电压源)和诺顿定理的等效电路(电流源)对外电路来讲是等效的关系:$E=R_0I_{SC}$ 或 $I_{SC}=\dfrac{E}{R_0}$。

2) 测量有源二端网络等效参数常用的几种测量方法

(1) 开路电压短路电流法

在有源二端网络输出端 a、b 开路时,用电压表直接测出其输出端开路电压 U_0(即 E),然后将输出端短路,用电流表测出其短路电流 I_{SC},则内阻

$$R_0=\frac{U_0}{I_{SC}} \tag{2.4.3}$$

注意,若网络内阻很小,则不宜做短路电流测试。

(2) 伏安法

一种方法是用电压表、电流表测出二端网络的外特性曲线,如图 2.4.3 所示,求出斜率 $\tan\varphi$,则内阻为:

$$R_0=\tan\varphi=\frac{\Delta U}{\Delta I} \tag{2.4.4}$$

另一种是测量有源二端口的开路电压 U_0 以及接上负载 R_L

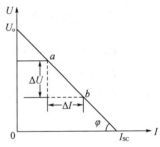

图 2.4.3 二端网络的外特性

后的输出电压 U_o'，则内阻为：

$$R_0 = \frac{U_\text{o} - U_\text{o}'}{I} = \frac{U_\text{o} - U_\text{o}'}{\dfrac{U_\text{o}'}{R_\text{L}}} = \left(\frac{U_\text{o}}{U_\text{o}'} - 1\right) R_\text{L} \qquad (2.4.5)$$

（3）半电压法

如图 2.4.4 所示，当负载电压为被测网络开路电压 U_oc 的一半时，负载电阻 R_L 的大小（由电阻箱的读数确定）即为被测有源二端网络的等效内阻 R_S 的数值。

（4）零示法

在测量具有高内阻有源二端网络中的开路电压 U_oc 时，因电压表内阻的影响，用电压表进行直接测量会造成较大的测量

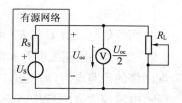

图 2.4.4　半电压法

误差，为消除电压表内阻的影响，往往采用零示测量法，如图 2.4.5 所示。

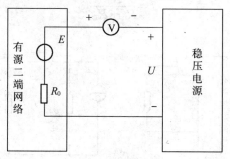

图 2.4.5　零示法

零示法原理是用一低内阻稳压电源与被测有源二端网络进行比较，缓慢调整稳压电源输出，当稳压电源输出电压与二端网络端口电压相等时，电压表读数为"0"。然后将电压表断开，测出稳压电源电压 U，即为被测的有源二端网络的开路电压。

另外，如果被测网络去除独立电源后，仅由电阻元件组成，可以直接用万用表欧姆挡测量出电阻，此电阻即为等效电阻 R_0。

2.4.4　预习要求

（1）预习戴维南定理及诺顿定理的相关理论和实验测试方法；

（2）预习附录中 GDDS 电工实验台操作的相关内容。

2.4.5　实验内容

被测有源二端网络如图 2.4.6 所示，电工实验挂箱 D02。

（1）按图 2.4.6 所示线路接入稳压源 $E = 10\ \text{V}$ 和恒流源 $I_\text{S} = 5\ \text{mA}$，先测 ab 间的开路电压 U_o，再短接 ab 间的电阻，测短路电流 I_SC，代入式（2.4.3），将数据填入表 2.4.1 中。

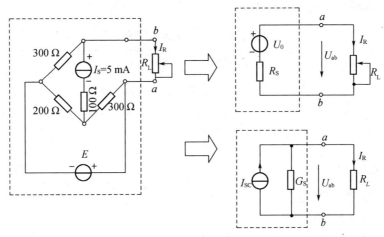

图 2.4.6

（2）测量 ab 间开路电压 U_o 后，将 AB 端接入电阻 $R_L = 1$ kΩ，测出此时 ab 间电压 U'_o，代入式(2.4.5)，求出 R_0，将相关数据记入表2.4.2。

表 2.4.1　实验数据一

U_o (V)	I_{SC} (mA)	$R_0 = \dfrac{U_o}{I_{SC}}$ (Ω)

（3）负载实验

按图 2.4.6，改变 ab 间的阻值 R_L，测量并绘制出有源二端网络的外特性，并将数据记入表2.4.3中。

表 2.4.2　实验数据二

U_o (V)	U'_o (V)	计算 $R_0 = \left(\dfrac{U_o}{U'_o} - 1\right) R_L$ (Ω)

表 2.4.3　负载特性的测试

给定值	R_L (Ω)	0					∞
测量值	U_L (V)						
	I (mA)						

（4）验证戴维南定理

选取一电阻 R 值为上面步骤(1)、(2)中测出的 R_0，将 R 与直流稳压电源（电压值为上面(1)、(2)步中测出的 U_o）串联，按步骤(3)作出负载特性，将测量数据填入表2.4.4中，并与步骤(3)验证比较。

表 2.4.4　戴维南定理的测试

给定值	R_L (Ω)	0					∞
测量值	U_L (V)						
	I (mA)						

（5）验证诺顿定理

将一电流源的输出大小调至与实验中测出的短路电流 I_{SC} 一致，与已测出的内阻 R_0 并联，组成等效电源电路，再接上负载测量并得出外特性，将测量数据填入表2.4.5。再与步骤(3)中实测的外特性比较、验证、分析。

表 2.4.5　诺顿定理的测试

给定值	$R_L(\Omega)$	0	100	500	1k	5k	9k	∞
测量值	U_L(V)							
	I(mA)							

(6) 可自行设计电路,实现戴维南定理的验证。

2.4.6　实验报告要求

(1) 测量数据要真实、可靠,并认真记录;

(2) 用坐标纸作出外特性曲线;

(3) 理论计算 $U_。$、$U'_。$、I_{SC}、R_0 并分析测量误差。

2.4.7　思考题

(1) 做短路实验时测 I_S 的条件是什么?

(2) 测试戴维南等效电路内阻 R_0 的方法有几种? 是否可直接用万用表测量其在 a、b 间的内阻,怎样测量,应注意什么?

2.4.8　实验仪器和器材

本实验采用 GDDS-1C 电工实验台,使用如下部件:

(1) 直流稳压电源、直流稳流电源;

(2) 直流电流表、直流电压表;

(3) 电阻:大功率组合电阻箱(D01 挂箱)、300 Ω 电阻(D02 挂箱);

(4) 直流电路实验单元(D02 挂箱)。

*2.5　受控源特性的研究

2.5.1　实验目的

(1) 熟悉四种受控电源的基本原理和特性;

(2) 掌握受控源转移参数的测试方法。

2.5.2　知识点

受控电源及受控电源转移参数。

2.5.3　实验原理

电源可分为独立电源(如干电池、发电机等)与非独立电源(或称受控源)两种,受控源在网络分析中已经成为一个与电阻、电感、电容等无源元件同样经常遇到的电路元件。

独立电压源的激励电压或独立电流源的激励电流是独立量,它不随电路其余部分的状态改变,而受控(电)源又称"非独立"电源,其激励电压或激励电流受电路中另一支路的电压或电流控制。独立源及无源元件是二端器件,受控源则为四端器件(或称双端口元件),它有一对输入端(U_1,I_1)和一对输出端(U_2,I_2),输入端可以控制输出端电压或电流的大小。当受控源的输出电压或电流与控制支路的电压或电流成正比关系时,则受控源是线性的。

受控电压源或受控电流源视控制量是电压或电流可分为电压控制电压源(VCVS)、电压控制电流源(VCCS)、电流控制电压源(CCVS)和电流控制电流源(CCCS)。例如,运算放大器的输出电压受输入电压控制,即 VCVS,场效应管的漏极电流受输入电压控制,即 VCCS,双极晶体管的集电极电流受基极电流控制,即 CCCS。四种受控源的图形符号如图 2.5.1 所示。

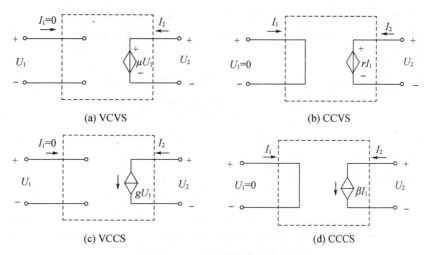

图 2.5.1　理想受控电源模型

在图 2.5.1 中把受控源表示为具有 4 个端子的电路模型,其中受控电压源或受控电流源具有一对端子,另一对控制端子则或为开路,或为短路,分别对应于控制量是开路电压或短路电流。受控源的控制端与受控端的关系式称为转移函数,受控源的转移函数参量分别用 g、r、μ、β 表示,它们的定义如下:

(1)电压控制电流源 VCCS:$g=I_2/U_1$,转移电导;

(2)电流控制电压源 CCVS:$r=U_2/I_1$,转移电阻;

(3)电压控制电压源 VCVS:$\mu=U_2/U_1$,转移电压比(或电压增益);

(4)电流控制电流源 CCCS:$\beta=I_2/I_1$,转移电流比(或电流增益)。

2.5.4　预习要求

(1)认真阅读实验指导书并复习四种受控源的理论知识,弄清四种受控源的原理,了解本次实验的方法和步骤,并对实验过程中的数据进行分析;

(2)完成预习报告。

2.5.5　实验内容

1) VCCS 的伏安特性及转移电导 g 的测试

(1) 实验线路如图 2.5.2 所示。

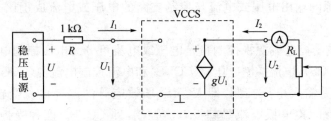

图 2.5.2　VCCS 实验线路图

(2) 实验方法:将稳压电源及 R 按实验线路图连接,检查后接通 VCCS 电源。调节稳压电源输出电压,使 $U_1=5$ V 或 $U_1=-5$ V,改变 R_L 为不同值时测量出 U_1、I_1、U_2、I_2,将所得数据填入表 2.5.1 中,并绘制 VCCS 的外部特性曲线 $I_2=f(U_2)$。为使 VCCS 正常工作,应使 U_1(或 U_2)在 +5 V 以内,I_1(或 I_2)在 +5 mA 以内,$R_L<1$ kΩ。

表 2.5.1　VCCS 外部特性曲线的测试

给定值		$U=$____V,$U_1=$____V,$I_1=$____mA								
	$R_L(\Omega)$	1k	900	800	700	600	500	400	300	200	100
测量值	$U_2(V)$										
	$I_2(mA)$										

(3) 固定 $R_L=1$ kΩ,改变稳压电源输出电压 U 为正负不同数值时分别测量记录 U_1、I_1、U_2、I_2,将所测数据填入表 2.5.2 中并计算转移电导,绘制出 VCCS 的输入伏安特性曲线 $U_1=f(I_1)$ 与转移特性曲线 $I_2=f(U_1)$,并在转移特性曲线的线性部分求出转移电导 g。

$$\bar{g} = \sum_{n=1}^{n} g_n / n$$

表 2.5.2　VCCS 控制特性的测试

$U(V)$	$U_1(V)$	$I_1(mA)$	$U_2(V)$	$I_2(mA)$	$g=I_2/U_1(1/\Omega)$
5					
2					
1					
-1					
-2					
-5					

2) CCVS 的伏安特性及转移电阻 r 的测试

(1) 实验线路如图 2.5.3 所示。

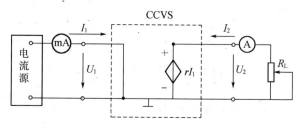

图 2.5.3　CCVS 实验线路图

(2) 实验方法:将稳流电源按实验线路图连接,检查后接通电源。调节稳流电源输出电流使 $I_1 = +5$ mA 或 $I_1 = -5$ mA,然后改变 R_L 为不同值时,测量出 U_1、I_1、U_2、I_2,将所测数据填入表 2.5.3 中,并绘制 CCVS 的外部特性曲线 $U_2 = f(I_2)$。为使 CCVS 能正常工作,应使 $I_2 < +5$ mA,$U_2 < +5$ V 及 $R_L > 1$ kΩ。测量电流时可用电压表测量电阻上的电压,再根据欧姆定律求得电流,或直接串入电流表测量。

表 2.5.3　CCVS 外部特性曲线的测试

给定值		$U_1 = $ ___ V,$I_1 = 5$ mA										
测量值	$R_L(\Omega)$	1k	2k	3k	4k	5k	6k	7k	8k	9k	10k	∞
	U_2(V)											
	I_2(mA)											

(3) 固定 $R_L = 1$ kΩ,调节稳流电源输出电流 I_1 为正负不同数值时分别测量 U_1、U_2、I_2,将所测数据填入表 2.5.4 中,计算出转移电阻 r,并绘制输入伏安特性曲线 $U_1 = f(I_1)$ 与转移特性曲线 $U_2 = f(I_1)$。在转移特性曲线的线性部分求出转移电阻 r。

表 2.5.4　CCVS 控制特性的测试

I_1(mA)	U_1(V)	U_2(V)	I_2(mA)	$r = U_2/I_1(\Omega)$
5				
2				
1				
-1				
-2				
-5				

$$\bar{r} = \sum_{n=1}^{n} g_n / n$$

3) VCVS 的伏安特性及电压增益系数 μ 的测试

(1) 实验线路如图 2.5.4 所示。

VCVS 的传输矩阵为:(理想受控源) $A = \begin{bmatrix} 1/\mu & 0 \\ 0 & 0 \end{bmatrix}$

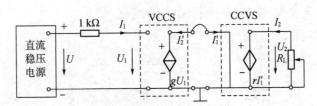

图 2.5.4　VCVS 实验线路图

VCCS 及 CCVS 级联后合成传输矩阵为：$A=\begin{bmatrix} 0 & -1/g \\ 0 & 0 \end{bmatrix}\begin{bmatrix} 0 & 0 \\ 1/r & 0 \end{bmatrix}\begin{bmatrix} -1/gr & 0 \\ 0 & 0 \end{bmatrix}$

比较两式可得：$\mu=-gr$

（2）实验方法：面板上 VCCS 的输出端与 CCVS 的输入端连接。公共地线已在内部接通，接通电源开关。调节稳压电源输出电压，使 $U_1=+5$ V 或 $U_1=-5$ V，在 1 kΩ～∞范围内改变 R_L 的数值，测量出 U_1、I_1、U_2、I_2，将所测数据填入表 2.5.5，并绘制 VCVS 的外部特性曲线 $U_2=f(I_2)$。

表 2.5.5　VCVS 外部特性曲线的测试

给定值		$U=$＿＿＿V，$U_1=$＿＿＿V，$I_1=$＿＿＿mA										
测量值	$R_L(\Omega)$	1k	2k	3k	4k	5k	6k	7k	8k	9k	10k	∞
	$U_2(V)$											
	$I_2(mA)$											

（3）固定 $R_L=1$ kΩ，改变稳压电压 U 为正负不同数值时分别测量 U_1，将所测数据填入表2.5.6，计算电压增益系数，并绘制输入伏安特性曲线 $U_1=f(I_1)$ 及转移特性曲线 $U_2=f(I_2)$。并在转移特性曲线的线性部分求出电压增益系数 μ。

表 2.5.6　VCVS 控制特性的测试

$U(V)$	$U_1(V)$	$I_1(mA)$	$U_2(V)$	$I_2(mA)$	$\mu=U_2/U_1$	$\mu'=-gr$
5						
2						
1						
-1						
-2						
-5						

4）CCCS 的伏安特性及电流增益系数 β 的测试

（1）实验线路如图 2.5.5 所示。

CCCS 的传输矩阵为：（理想受控源）$A=\begin{bmatrix} 0 & 0 \\ 0 & -1/\beta \end{bmatrix}$

CCVS 与 VCCS 级联合成传输矩阵成 $A=\begin{bmatrix} 0 & 0 \\ 1/r & 0 \end{bmatrix}\begin{bmatrix} 0 & -1/g \\ 0 & 0 \end{bmatrix}\begin{bmatrix} 0 & 0 \\ 0 & -1/rg \end{bmatrix}$

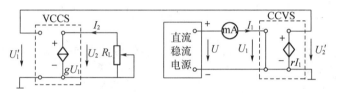

图 2.5.5　CCCS 实验线路图

比较上面两式可得：$\beta = rg$

（2）实验方法：将面板上 CCVS 的输出端与 VCCS 的输入端连接起来，公共端地线已在内部连通，接通电源开关。调节稳压电源输出电压使 $I_1 = +5$ mA 或 $I_1 = -5$ mA，在 $0 \sim 1$ kΩ 范围内改变 R_L 为不同值时，测量 U_1、I_1、U_2、I_2。将测得数据填入表 2.5.7，并绘制 CCCS 的外部特性曲线 $U_2 = f(I_2)$。

表 2.5.7　CCCS 外部特性曲线的测试

给定值		$U =$ _____ V，$U_1 =$ _____ V，$I_1 =$ _____ mA								
测量值	$R_L(\Omega)$	1k	900	800	700	600	500	400	300	200	100
	$U_2(V)$										
	$I_2(mA)$										

（3）固定 $R_L = 1$ kΩ，改变稳压输出电压 U 为正负不同值时分别测量 U_1、I_1、U_2、I_2，将测试数据填入表 2.5.8，计算电流增益系数，并绘制 CCCS 输入伏安特性曲线 $U_1 = f(I_1)$ 及转移特性曲线 $I_2 = f(I_1)$，在曲线线性部分求出电流增益系数 β。

表 2.5.8　CCCS 控制特性的测试

$U(V)$	$U_1(V)$	$I_1(mA)$	$U_2(V)$	$I_2(mA)$	$\beta = I_2/I_1$	$\beta' = rg$
5						
2						
1						
-1						
-2						
-5						

2.5.6　实验报告要求

（1）根据各组实验数据，分别用坐标纸绘出 VCCS、CCVS、VCVS 及 CCCS 受控源的转移特性和负载特性曲线；

（2）对实验结果作出合理的分析和结论，总结对 VCCS、CCVS、VCVS 及 CCCS 受控源的认识和理解。

2.5.7　思考题

（1）写出受控源与独立源的相同点与不同点，比较四种受控源的代号、电路模型、控制量与被控制量的关系如何？

（2）受控源中的 g、r、μ、β 的意义是什么？

（3）若受控源控制量的极性反向，试问其输出极性是否发生变化？

（4）受控源的控制特性是否适合于交流信号？

（5）如何由两个基本的 VCCS 和 CCVS 获得其他两个 CCCS 和 VCVS，它们的输入和输出如何连接？

2.5.8　实验仪器和器材

本实验采用 GDDS-1C 电工实验台，使用如下部件：

（1）直流稳压电源、直流稳流电源；

（2）直流电流表、直流电压表；

（3）电阻：大功率组合电阻箱（D01 挂箱），1 kΩ、10 kΩ 电阻（D03 挂箱）；

（4）电路有源元件实验单元（D03 挂箱）。

2.6　交流电路参数的测定

2.6.1　实验目的

（1）通过实验加深对交流电路阻抗概念的理解；

（2）学习交流阻抗参数测量常用的方法：三表法、三电压法；

（3）学习交流强电设备与仪表的操作规程及使用方法，训练强电工作的基本技能；

（4）掌握功率表的接法和使用方法。

2.6.2　知识点

交流电路阻抗、三表法、三电压法、功率表的使用。

2.6.3　实验原理

交流电路中的阻抗是由电阻 R、电感 L、电容 C 组合而成。工程中对交流阻抗的测量有多种方法，本实验中采用如下两种常用方法：

1）三表法

实验电路如图 2.6.1 所示，采用已知角频率 ω（$\omega = 2\pi f$，$f = 50$ Hz）的正弦交流电压作为电源，用交流电压表、交流电流表和有功功率表即可分别测量出被测阻抗 Z 的以下参数：① 两端电压 U、② 回路电流 I、③ 有功功率 P。然后根据测量得到的 U、I、P 和已知的交流电源角频率 ω，即可通过计算公式间接求得阻抗 Z 的 R、L、C 参数。由于这种测量方法需使用三种电表，故称为"三表法"。

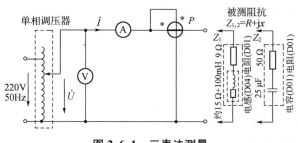

图 2.6.1　三表法测量

图 2.6.1 中,功率表的连接:粗线表示的电流线圈应串联在负载回路中,细线表示的电压线圈应并联在负载两端,标有"＊"符号的两线圈端点应按照图示的接线规则连接。

图 2.6.1 中,被测阻抗 Z 分别设为两种:

(1) 电感性阻抗 Z_1:电阻为 9 Ω,位于 D01 挂箱;串联电感约为 15 Ω＋100 mH,位于 D04 挂箱。

(2) 电容性阻抗 Z_2:电阻为 50 Ω,位于 D01 挂箱;串联电容约为 25 μF,位于 D01 挂箱。

分别对应于两种被测阻抗,在图 2.6.1 电路中测得对应的电压 U、电流 I、有功功率 P,即可由下列一组公式求得被测阻抗的 R、L、C 参数:

$$Z=\frac{U}{I}, \cos\varphi=\frac{P}{UI},$$

$$R=\frac{P}{I^2}, \quad L=\frac{X}{\omega}, \quad C=\frac{1}{\omega X}$$

式中,$X=\sqrt{Z^2-R^2}=Z\sin\varphi$。

2) 三电压法

实验电路如图 2.6.2(a)所示,采用已知角频率 $\omega(\omega=2\pi f, f=50$ Hz$)$ 的正弦交流电压作为电源,将被测阻抗 Z 与一个已知的固定附加电阻 r 串联,用电压表可分别测得电路中所示的电压值 U、U_1 和 U_2。

图 2.6.2(b)给出了 Z_1 负载下由三个电压 U、U_1、U_2 构成的三角形相量图以及由 U_2 分解的直角三角形相量图,从该相量图中即可推导出计算公式,间接求得阻抗 Z 的 R、L、C 参数。

由于这种测量方法需测量三次电压,故称为"三电压法"。

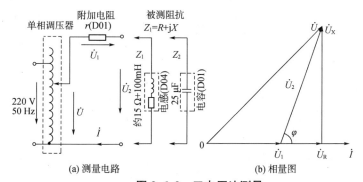

(a) 测量电路　　　　　　　　　　(b) 相量图

图 2.6.2　三电压法测量

注:附加电阻 r 的取值:测 Z_1 时,取 9 Ω;测 Z_2 时,取 100 Ω。

图 2.6.2(a)中,被测阻抗 Z 分别设为两种:

(1) 电感阻抗 Z_1:电感约为 15 Ω+100 mH,位于 D04 挂箱,此时串联的固定附加电阻 r 取 9 Ω,位于 D01 挂箱。

(2) 电容阻抗 Z_2:电容约为 25 μF,位于 D01 挂箱,此时串联的固定附加电阻 r 取100 Ω,位于 D01 挂箱。

分别对应于两种被测阻抗,在图 2.6.2(a)电路中测得电压 U、U_1、U_2 后,即可根据图 2.6.2(b)所示的相量图,由下列一组公式求得被测阻抗的 R、L、C 参数:

$$\cos\varphi=\frac{U^2-U_1^2-U_2^2}{2U_1U_2}, U_R=U_2\cos\varphi, U_X=U_2\sin\varphi,$$

$$R=\frac{rU_R}{U_1}, \quad L=\frac{rU_X}{\omega U_1}, \quad C=\frac{U_1}{\omega rU_X}$$

3) 功率表的使用

一般单相式功率表(又称瓦特表)是一种动圈式仪表,它有两个测量线圈,一个是有两个量限的电流线圈,测量时应与负载串联;另一个是有三个量限的电压线圈,测量时应与负载并联。

功率表的指针转矩方向与两线圈中的电流方向有关,为了不使表指针反向偏转,在电流线圈与电压线圈的一个端钮上都标有"﹡"标记。正确的连接方法是:将标有"﹡"标记的两个端钮接在电源的同一端,电流线圈的另一端接至负载端,电压线圈的另一端接至负载的另一端,并且连至电源的另一端。图 2.6.3 是功率表在电路中的连接线路和测试端钮的外部连接示意图。

注意:工程实践中,功率表量程的选择须根据所测负载的电压和电流的大小分别选择其电压量程和电流量程,不能仅根据表的功率指针是否超过满刻度来确定和辨别。例如,当功率表的电流线圈没有电流时,即使电压线圈过大甚至烧坏线圈,功率表读数仍会为 0,因此,选择功率表量程,必须保证 U、I 值均不可过载。

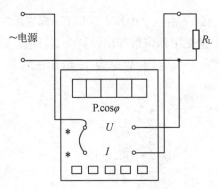

图 2.6.3 功率表的使用

2.6.4 预习要求

(1) 用电路分析知识自行推导"三表法"与"三电压法"的全部计算公式;

(2) 结合实验内容,全面复习容性、感性、容抗、感抗、阻抗、阻抗角、功率因数、滞后、超前等交流电路的理论概念；

（3）阅读相关测量仪表的工作原理和使用方法，特别需要掌握功率表的正确使用方法。

2.6.5 实验内容

1）三表法测量交流阻抗

（1）测量 Z_1：电阻为 9 Ω；串联电感约 15 Ω＋100 mH。

确保全机处于断电状态，按图 2.6.1 接线，其中：电压表量程为 50 V，电流表量程为 2 A，功率表量程为 50 V/0.4 A。

取被测阻抗 Z_1 为：电阻 9 Ω，位于 D01 挂箱；串联电感约 15 Ω＋100 mH，位于 D04 挂箱。用万用表测量电感内的电阻值，Z_1＝（9＋_____）Ω＋100 mH。

接线完毕，先将单相调压器旋钮逆时针旋到底（输出电压调至最小），检查电路，确认无误后，逐次接通三相电压总开关、仪表钥匙开关、单相电压开关，实验开始。

缓慢调大单相调压器输出电压，选取合适的电流值，将此时的电压 U、有功功率 P 和 $\cos\varphi$ 记入表 2.6.1。

测试完成后，将调压器逆时针旋转到"0"位，关断单相可调电源的开关，在断电的状态下，进行下一步实验内容。

（2）测量 Z_2：电阻为 50 Ω；串联电容约为 25 μF。

取被测阻抗 Z_2 为：电阻 50 Ω，位于 D01 挂箱；串联电容约为 25 μF，位于 D01 挂箱。

重复以上步骤，记录当电流表读数分别为 0.15 A 和 0.20 A 时，电压 U、有功功率 P 和 $\cos\varphi$ 的值，填入表 2.6.1。

表 2.6.1 三表法测量交流阻抗

Z	测量参数				计算参数					
	$I(A)$	$U(V)$	$P(W)$	φ	$Z(\Omega)$	$\cos\varphi$	$R(\Omega)$	$X(\Omega)$	$L(H)$	$C(\mu F)$
Z_1										—
										—
Z_2										—
										—

逐次关断单相电压开关、仪表钥匙开关、三相电压总开关，全机断电，结束本阶段实验。

2）三电压法测量交流阻抗

（1）测量 Z_1：电感约 15 Ω＋100 mH。

确保全机处于断电状态，按图 2.6.2(a)接线，其中：电压表量程为 50 V，先接在图 2.6.2(a)的 $\dot{U}$ 位置。

取被测阻抗 Z_1 为：电感约 15 Ω＋100 mH，位于 D04 挂箱；串联的固定附加电阻 r 取 9 Ω，位于 D01 挂箱。

接线完毕，先将单相调压器旋钮逆时针旋到底（输出电压调至最小），检查电路，确认无误后，逐次接通三相电压总开关、仪表钥匙开关、单相电压开关，实验开始。

缓慢调节单相调压器输出电压，选取合适的电压值，并将此电压的实际值 U 记入

表 2.6.2 中。再依次将电压表接至 r、Z_1 两端,分别测量 U_1、U_2 的数值,并计入表 2.6.2 中。

测试完成后,将调压器逆时针旋转到"0"位,关断单相可调电源的开关,在断电的状态下,进行下一步实验内容。

(2) 测量 Z_2:电容约 25 μF。

确保全机处于断电状态,取被测阻抗 Z_2 为:电容约为 25 μF,位于 D01 挂箱;串联的固定附加电阻 r 取 100 Ω,位于 D01 挂箱。

接线完毕,重复内容(1),并将实际的电压值 U 及测量的 U_1、U_2 的值计入表 2.6.2 中。

表 2.6.2　三电压法测量交流阻抗

Z	测量参数			计算参数					
	U(V)	U_1(V)	U_2(V)	$\cos\varphi$	U_R(V)	U_X(V)	R(Ω)	L(H)	$C(\mu F)$
Z_1									—
Z_2								—	

测试完成后,将单相调压器旋钮逆时针旋到底(输出电压调至最小),关断单相电压开关、仪表钥匙开关、三相电压总开关,实验结束。

2.6.6　实验报告要求

(1) 完成全部实验内容,分别计算出"三表法"的两个阻抗测量结果与"三电压法"的两个阻抗测量结果;

(2) 完成全部思考题。

2.6.7　思考题

(1) 交流电路中的"阻抗"与"电阻"在概念上有何联系与区别? 为什么直流电路没有"阻抗"概念而只有"电阻"概念?

(2) "电阻性负载"、"电感性负载"、"电容性负载"的阻抗各有什么最主要的特点?

(3) 简述"有功功率"的物理意义。

(4) 观察"三电压法"中的三个电压读数,可发现 U_1 读数与 U_2 读数的和不等于 U 读数,是什么原因?

2.6.8　实验仪器和器材

本实验采用 GDDS-1C 电工实验台,使用如下部件:

(1) 单相交流可调电源;

(2) 交流电流表、交流电压表、单相式交流功率表、万用表;

(3) 电阻:100 Ω、50 Ω、9 Ω(D01 挂箱);电容:25 μF(D01 挂箱);电感约:15 Ω+100 mH(D04 挂箱)。

2.7　日光灯电路功率因数提高方法的研究

2.7.1　实验目的

(1) 加深对提高功率因数意义的理解,掌握提高功率因数的方法;

(2) 了解日光灯电路的工作原理。

2.7.2　知识点

日光灯的组成、日光灯原理、功率因数的提高

2.7.3　实验原理

1) 日光灯电路简介

(1) 日光灯电路由日光灯管 R、镇流器 Z(带铁芯的电感线圈)、启辉器 Q 组成,电路如图 2.7.1 所示。

① 日光灯管

日光灯管是一根两端装有灯丝和电极的密封玻璃管,管内壁涂有一层均匀的荧光粉(卤磷酸钙)。在抽掉管内空气后注入少量惰性气体(如氩气、氖气等)和少量水银。灯管的灯丝由钨丝绕成螺旋状,其上面涂有金属氧化物(如氧化钡、氧化锶等),形成易产生电子的电极。

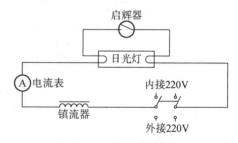

图 2.7.1　日光灯电路

灯丝的作用是当通过电流后因受热而发射电子。在灯管两端高电压的作用下,高速电子将氩气电离而产生弧光放电。水银蒸气在弧光放电下发出紫外线,管壁上的荧光粉因受紫外线的激发而产生频谱接近于阳光的光线,因而称之为日光灯。日光灯是一种放电管,放电管的特点是开始放电时需要较高的电压,一旦放电后可在较低电压(约 $100\sim200$ V)下维持。

② 镇流器

镇流器是一个绕在硅钢片铁芯上的电感线圈,其作用有二:一是当启辉器两触头突然断开瞬间由于 di/dt 很大,在灯管两端产生足够高的自感电动势,使灯管内气体被电离导电;二是在管内气体电离而呈低阻状态时,由于镇流器的降压和限流作用而限制灯管电流,防止灯管损坏。

注:镇流器的大小要与灯管功率相匹配。

③ 启辉器

启辉器是一个很小的充气放电管(氖管),它有两个电极,其中一个是由双金属片制成的"η",另一个是固定电极,在室温下两个电极之间有空隙。两极之间并接了一个小电容,避免启辉器触头断开时产生的火花烧坏触头,也防止灯管气体放电时产生的电磁波对外界设备的无线干扰。

启辉器的作用简单地说就是当其接通时,它使日光灯管的灯丝加热;当其断开时,它使日光灯放电,即起到点燃日光灯的作用。

(2) 日光灯管、镇流器、启辉器的技术参数如表 2.7.1~表 2.7.3 所示。

表 2.7.1　直管形日光灯管的型号、参数及尺寸

型 号		额定功率(W)	工作电压(V)	工作电流(mA)	启动电流(mA)	额定光通量(lm)	平均寿命(h)	主要尺寸(mm)			灯头型号
统一型号	工厂型号							管直径 D	全长 L	管长 L_1	
YZ4	——	4	35	110	170	70	700	15.5	150	134	2RC-14
YZ6		6	35	135	200	150	1 000		226	210	
YZ8		8	65	145	220	250			301	258	
——	(RR)-15S	15	58	300	500	665		25	451	436	2RC-23
	(RR)-30S	30	96	320	560	1 700			909	894	
YZ15	(RR)-15	15	50	320	440	580	3 000	38	451	436	2RC-35
	(RL)-15					635					
YZ20	(RR)-20	20	60	350	500	930			604	589	
	(RL)-20					1 000					
YZ30	(RR)-30	30	81	350	560	1 550			909	894	
	(RL)-30					1 700					
YZ40	(RR)-40	40	108	410	650	2 400			1 215	1 200	
	(RL)-40					2 640					
YZ100	(RR)-100	100	87	1 500	1 800	5 000	2 000				
	(RL)-100					6 100					

注:(1) RR-为日光色,RL-为冷白色。

(2) 型号中的"S"表示细管。

表 2.7.2　日光灯镇流器的技术数据

型 号	配用灯管功率(W)	工作电压(V)	工作电流(mA)	启动电压(V)	启动电流(mA)
YZ$_1$-220/6	6	203	140±5		180±10
YZ$_1$-220/8	8	200	150±10		190±10
YZ$_1$-220/15	15	202	330±30		440±10
YZ$_1$-220/20	20	196	350±30	215	460±30
YZ$_1$-220/30	30	180	360±30		560±30
YZ$_1$-220/40	40	165	410±30		650±30
YZ$_1$-220/100	100	185	1 500±100		1 800±100

表 2.7.3　启辉器技术参数

配用灯管功率 (W)	电源电压 (V)	启辉电压 (V)	启动速度				额定寿命 (次)
			电源电压(V)	时间(s)	电源电压(V)	时间(s)	
6～40 100	220	>135	220	1～4	180 200	<15 2～5	5 000

2) 日光灯工作原理

当接通电源后,启辉器内发生辉光放电,双金属片受热弯曲膨胀伸展,触点接通,灯管被短接,电源电压几乎全部加在镇流器线圈上,一个较大的电流流经镇流器线圈、灯丝及启辉器。电流通过灯丝,灯丝被加热,并发出大量电子,灯管处于"待导电"状态。启辉器动静两触头接触电压下降为零,辉光放电停止,不再产生热量,双金属片冷却,又把触点断开,切断了镇流器线圈中的电流,在镇流器线圈两端产生一个很高的自感电势,此电压与电源电压叠加,作用在灯管两端,从而使日光灯管内电子产生弧光放电,日光灯被点燃。点燃后,电路中的电流以灯管为通路,电源电压按一定比例分配于镇流器及灯管上,灯管上的电压低于启辉器辉光放电电压,启辉器不再产生辉光放电,日光灯进入正常工作状态,此时镇流器起电感的作用,限制灯管中的电流不至过大,当电源电压波动时,镇流器起镇定电流变化的作用。镇流器的名称也由此而来。

3) 日光灯功率因数的提高

由于电路中串联着镇流器,它是一个电感量较大的线圈,因而整个电路的功率因数不高,一般 $\cos\varphi=0.3\sim0.6$。因此,为提高供电设备的利用率和减少供电线路的损耗,需要进行无功补偿,以提高线路的功率因数。提高功率因数是指在保证负载获得的有功功率不变的情况下,减小与电源相接电路的功率因数角,从而提高功率因数。其方法是在负载两端并联一个补偿电容器,补偿无功功率,以提高线路的功率因数。

2.7.4　预习要求

(1) 复习并理解提高功率因数的意义和提高功率因数的一般方法;

(2) 了解日光灯的工作原理,学会安装和检修日光灯电路。

2.7.5　实验内容

(1) 将日光灯及可变电容箱元件按如图 2.7.2 所示电路连接。将各支路串联接入电流表插座,再将功率表接入线路,按图接线并检查,确认无误后,接通电源电压 220 V。

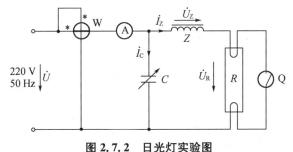

图 2.7.2　日光灯实验图

（2）改变可变电容箱的电容值（D06 挂箱），先使 $C=0$（不接电容），分别测量日光灯灯管、镇流器两端的电压 U_R、U_Z 及电源电压 U，读取此时灯管电流 I_Z，功率表读数 P 及 $\cos\varphi$。将测试数据记入表 2.7.4 中。

（3）逐渐增加电容 C 的数值，并测量各支路的电流和总电流。测试数据记入表 2.7.4 中。绘出 $I=f(C)$ 的曲线，分析讨论。（注：电容值不要超过 6 μF，否则电容电流过大，产生过补偿，总电流将增加。）

表 2.7.4　实验数据

电容 （μF）	总电压 U(V)	U_Z (V)	U_R (V)	总电流 I （mA）	I_C （mA）	I_Z （mA）	功率 P(W)	$\cos\varphi$
0								
6.0								

2.7.6　实验报告要求

完成上述数据测试，绘出总电流 $I=f(C)$ 的曲线，并分析讨论。

2.7.7　思考题

（1）简述灯丝、启辉器、镇流器的作用。

（2）分析功率因数不高的原因，如何提高功率因数？

（3）并联电容后，功率表指示有何变化？为什么？

（4）并联电容是否越大越好？能否采用串联电容器的方法提高功率因数？

（5）当前许多日光灯电路采用电子镇流器，可以查阅相关资料，了解电子镇流器的结构和原理。

2.7.8　实验仪器和器材

本实验采用 GDDS-1C 电工实验台，使用如下部件：

（1）单相交流可调电源；

（2）交流电流表、交流电压表、单相式交流功率表；

（3）电容：电容箱（D06 挂箱）；

（4）日光灯实验单元（D04 挂箱）。

2.8 互感的研究

2.8.1 实验目的

(1) 学会互感电路同名端、互感系数以及耦合系数的测定方法；

(2) 通过两个具有互感耦合线圈顺向串联和反向串联的实验,加深理解互感对电路等效参数以及电压、电流的影响。

2.8.2 知识点

互感电路同名端、互感系数、耦合系数。

2.8.3 实验原理

1) 互感电路

互感是指由于一个线圈中的电流变化,使另一个线圈产生电磁感应的现象。在互感电路的分析计算中,除了需要考虑线圈电阻、电感等参数的影响外,还应特别注意互感电势(或互感电压降)的大小及方向的正确判断。为了测定互感电势的大小,可将两个具有互感耦合的线圈中的一个线圈(例如线圈2)开路,而在另一个线圈(线圈1)上加一定的电压,用电流表测出这一线圈中的电流 I_1,同时用电压表测出线圈2的端电压 U_2,如果所用的电压表内阻很大,可近似地认为 $I_2=0$(即线圈2可看作开路),这时电压表的读数就近似地等于线圈2中的互感电势 E_{2M},即

$$U_2 \approx E_{2M} = \omega M I_1 \tag{2.8.1}$$

式中,ω 为电源的角频率,可算出互感系数 M 为:

$$M \approx \frac{U_2}{\omega I_1} \tag{2.8.2}$$

2) 同名端的判定

正确判断互感电势的方向,必须首先判定两个具有互感耦合的同名端(又叫对应端或极性),判定互感电路同名端的方法是:

(1) 直流法。用一直流电源经开关突然与互感线圈1接通(见图2.8.1),在线圈2的回路中接一直流毫安表,在开关 K 闭合的瞬间,线圈1回路中的电流 I_1 通过互感耦合将在线圈2中产生一互感电势,并在线圈2回路中产生一电流 I_2,使所接毫安表发生偏转,根据楞次定律及图示所假定的电流正方向,当毫安表正向偏转时,线圈1与电源正极相接的端点1和线圈2与直流毫安表正极相接的端点2便为同名端；如果毫安

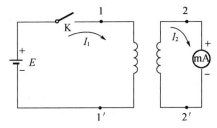

图 2.8.1 直流法判断同名端

表反向偏转,此时线圈 2 与直流表负极相连的端点 2' 和线圈 1 与电源正极相接的端点 1 为同名端(注意上述判定同名端的方法仅在开关 K 闭合瞬间才成立)。

(2) 交流法。利用交流电压测定。将线圈 1 的一个端点 1' 与线圈 2 的一个端点 2' 用导线连接(如图 2.8.2 中虚线所示)。在线圈 1 两端加低的交流电压,用电压表分别测出 1 及 1' 两端与 1、2 两端的电压,设分别为 $U_{11'}$ 与 $U_{12'}$,如果 $U_{12} > U_{11'}$,则用导线连接的两个端点(1' 和 2')应为异名端(也即 1' 与 2 以及 1 与 2' 为同名端),因为如果我们假定正方向为 U_{11},当 1 与 2' 为同名端时,线圈 2 中互感电压的正方向应为 $U_{2'2}$,所以 $U_{12} = U_{11} + U_{2'2}$(即 $U_{12} < U_{11}$),此时 1' 与 2' 即为同名端。

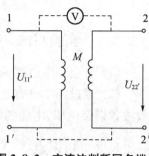

图 2.8.2　交流法判断同名端

3) 互感系数

互感电路的互感系数 M 可以通过将两个具有互感耦合的线圈加以顺向串联和反向串联而测出。

(1) 当两线圈顺接时,如图 2.8.3(a)所示,电压方程式为:

$$U = I(R_1 + j\omega L_1) + Ij\omega M + I(R_2 + j\omega L_2) + Ij\omega M$$
$$= I[(R_1 + R_2) + j\omega(L_1 + L_2 + 2M)]$$
$$= I(R_{等效} + j\omega L_{等效})$$

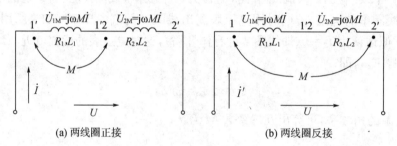

(a) 两线圈正接　　　　　　　　　　(b) 两线圈反接

图 2.8.3　互感系数测试电路

正接时电路的等效电感:

$$L_{等效} = L_1 + L_2 + 2M$$

(2) 当两个线圈反接时,如图 2.8.3(b)所示,电压方程式为:

$$U' = I'(R_1 + j\omega L_1) - I'j\omega M + I'(R_2 + j\omega L_2) - I'j\omega M$$
$$= I'[(R_1 + R_2) + j\omega(L_1 + L_2 - 2M)]$$
$$= I'(R'_{等效} + j\omega L'_{等效})$$

反接时电路的等效电感:

$$L'_{等效} = L_1 + L_2 - 2M$$

如果用直流电桥测出两线圈的电阻 R_1 和 R_2,再用电压表、电流表分别测出顺接时的电压、电流分别为 U、I,反接时的电压、电流分别为 U'、I',则

$$Z_{等效}=\sqrt{R_{等效}^2+(\omega L_{等效})^2} \tag{2.8.3}$$

$$Z'_{等效}=\sqrt{R_{等效}^2+(\omega L'_{等效})^2} \tag{2.8.4}$$

$$X_{等效}=\sqrt{Z_{等效}^2-(R_1+R_2)^2}=\omega L_{等效} \tag{2.8.5}$$

$$X'_{等效}=\sqrt{Z'^2_{等效}-(R_1+R_2)^2}=\omega L'_{等效} \tag{2.8.6}$$

算得

$$M=\frac{X_{等效}-X'_{等效}}{4\omega} \tag{2.8.7}$$

　　上述方法也可判定两个具有互感耦合线圈的极性,当两线圈用正、反两种方法串联后,加上同样电压,电流数值大的一种接法是反向串联,电流数值小的一种接法是顺向串联,由此可定出同名端。

2.8.4　预习要求

　　(1)互感现象及互感电路;
　　(2)根据实验内容画出实验接线图,并分析可能出现的现象。

2.8.5　实验内容

　　1)测量互感线圈的同名端

　　(1)直流法。按如图 2.8.1 所示接线,调节直流稳压电源,使输出电压为 2 V。将开关 K 迅速闭合,看清电表偏转方向后立即打开开关,若毫安表正偏,则线圈接电源"+"极性端,与线圈接毫安表"+"极端为同名端,即 1、2 为同名端;反之,为异名端。

　　(2)交流法。按如图 2.8.2 所示将两线圈串接起来,交流电源电压为 2 V(注意流过线圈的电流应不超过 0.25 A)。用交流电压表测量 $U_{11'}$ 和 U_{12},若 $U_{12}>U_{11'}$,1 与 2 为异名端(或 1′ 与 2 为同名端);若 $U_{12}<U_{11'}$,1 与 2 为同名端。

　　2)测量互感线圈的自感 L_1、L_2 和互感 M

　　(1)按图 2.8.4 接线,调节电源使通过线圈 1—1′ 的电流不超过 0.25 A,线圈 2—2′ 开路。

　　(2)用交流电压表测 U_1、U_2,用交流电流表测出 I_1,记入表 2.8.1,用万用表测出线圈 1 的电阻 R_1,由 U_1、I_1 可计算出线圈 1 的自感,由 U_2、I_1 可计算出线圈 1 对线圈 2 的互感 M。$f=200$ Hz,计算出 Z_1、X_1。

　　改变加在线圈 1 上的交流电压,重复上述测量,计算两次,共 3 次,求出 L_1 和 M 的平均值。

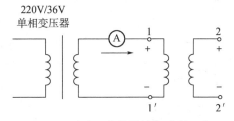

图 2.8.4　测试互感线圈的自感和互感

　　(3)将线圈 2—2′ 与 1—1′ 位置互换,线圈 1 开路,调节电源输出电压,使通过线圈的电流不超过 0.25 A,重复上面的实验测出 U_2、I_2、U_1。用万用表测出线圈 2 的电阻 R_2,计算出 L_2、线圈 2 对线圈 1 的互感 M(与线圈 1 对线圈 2 的互感相等),以及 Z_2、X_2,同样做 3 次,记入表 2.8.2 中。

表 2.8.1　线圈 2 开路测量

线圈 1：电阻 $R_1 =$ _____ Ω，频率 $f = 200$ Hz

次　数	读　数								
	U_1(V)	I_1(A)	U_2(V)	Z_1(Ω)	X_1(Ω)	L_1(H)	M(H)	$L_{1平均}$	$M_{平均}$
第一次									
第二次									
第三次									

表 2.8.2　线圈 1 开路测量

线圈 2：电阻 $R_2 =$ _____ Ω，频率 $f = 200$ Hz

次　数	读　数								
	U_1(V)	U_2(V)	I_2(A)	Z_2(Ω)	X_2(Ω)	L_2(H)	M(H)	$L_{2平均}$	$M_{平均}$
第一次									
第二次									
第三次									

3）用两互感线圈顺向串联和反向串联测试

用两互感线圈顺向串联和反向串联的测试方法，测出线圈间的互感、等效电阻、等效阻抗和等效电抗。

（1）按图 2.8.3（a）将两个线圈顺向串联，为使通过线圈的电流不超过 0.25 A，串入交流电流表进行监视。两线圈串联后接可调交流电压源。每改变一次电压，记下 U 和 I 的值，一共 3 次，用万用表电阻挡测量两串联线圈的总的等效电阻 $R_{等效} = R_1 + R_2$，根据式（2.8.3）计算出等效电阻 $Z_{等效}$。由式（2.8.5）计算出等效电抗 $X_{等效}$，均记入表 2.8.3 中。

（2）按图 2.8.3（b）将两个线圈反向串联，重复上面的测量和计算，再根据式（2.8.7）算出每次互感系数 M，求得 M 的平均值，记入表 2.8.3。

表 2.8.3　线圈 1 和线圈 2 顺向和反向串联测量　　　　　　　　　（$f = 200$ Hz）

连接方法	测量次数	电表读数		计算结果				
		U(V)	I(A)	等效电抗(Ω)	等效阻抗(Ω)	等效感抗(Ω)	互感系数(H)	$M_{平均}$
顺向连接	1							
	2							
	3							
反向连接	1							
	2							
	3							

2.8.6　实验报告要求

（1）总结对互感线圈同名端、互感系数的实验测试方法；

（2）数据列表计算。

2.8.7　思考题

（1）什么是自感？什么是互感？在实验室如何测定？

（2）如何判断两个互感线圈的同名端？若已知线圈的自感和互感，两个互感线圈相串联的总电感与同名端有何关系？

（3）互感大小与哪些因素有关？各个因素如何影响互感的大小？

2.8.8　实验仪器和器材

本实验采用 GDDS-1C 电工实验台，使用如下部件：

（1）单相交流可调电源、直流稳压电源；

（2）交流电流表、交流电压表、直流电流表、万用表；

（3）互感单元（D04 挂箱）。

2.9　电路频率特性的研究

2.9.1　实验目的

（1）熟悉常用文氏电桥 RC 选频网络的结构特点和应用；

（2）研究文氏电桥电路的传输函数、幅频特性与相频特性；

（3）学习网络频率特性的测试方法；

（4）测试一阶 RC 低通滤波电路的频率特性。

2.9.2　知识点

RC 文氏电桥和一阶 RC 串联电路的频率特性。

2.9.3　实验原理

电路的频率特性反映了电路对于不同频率输入时，其响应随频率变化的规律，一般用电路的网络函数 $H(j\omega)$ 表示。在正弦稳态情况下，网络的响应向量与激励向量之比称为网络函数，它可以表示为：

$$H(j\omega) = \frac{响应向量\dot{Y}}{激励向量\dot{X}} = |H(j\omega)|e^{j\varphi(\omega)}$$

由上式可知，网络函数是频率的函数，其中网络函数的模 $|H(j\omega)|$ 与频率的关系称为幅频特性，网络函数的相角 $\varphi(\omega)$ 与频率的关系称为相频特性，后者表示了响应与激励的相位差与频率的关系。一个完整的网络频率特性应包括幅频特性和相频特性两个方面。

　1）RC 串并联网络（文氏电桥）的选频特性

文氏电桥电路如图 2.9.1(a)所示，它是一个 RC 振荡器，RC 网络的特点是它的输出信号幅度和相位随输入信号频率的不同而改变,而且在某一频率时会在输出端得到一个与输入电压同相位的最大输出电压,因此它具有选频特性和带通特性,又由于电路结构简单,在低频振荡电路中广泛地用它作为选频环节,可以获得很高的纯度(很低失真)。

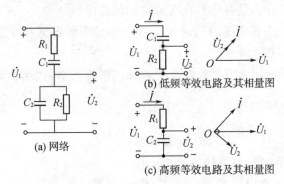

图 2.9.1　RC 文氏选频网络

RC 网络中只有电容 C_1、C_2 是与频率有关的元件,因此电容元件的存在是呈现选频特性的根本原因。由于电容元件在不同频率下有不同的容抗,所以可以从不同频率下的容抗来认识整个过程的本质。

文氏电桥的幅频特性和相频特性如图 2.9.2 所示。

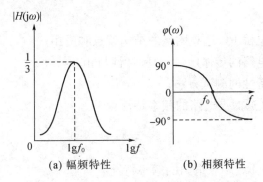

图 2.9.2　RC 文氏选频网络频率特性曲线

(1) 幅频特性

① 当 $f \to 0$ 时,C_1、C_2 呈现的容抗趋近于 ∞,串联支路中 $X_{C_1} \gg R_1$,所以,R_1 可忽略,并联支路中由于 $X_{C_2} \to \infty$,可看成开路而忽略,而 $R_2 \ll X_{C_2}$,所以 U_2 趋近于零。此时的电路性质接近纯容性,输出电压在相位上超前输入电压 $\dot{U}_1$ 接近 $\pi/2$,如图 2.9.1(b)所示。

② 当频率 f 从 0 逐渐增大时,X_{C_1}、X_{C_2} 逐渐减小,则 R_2 上的分压就逐渐增大,即输出电压 $\dot{U}_2$ 的幅度在频率 f 从 0 逐渐增加时随 f 的增加而增大。但电路逐渐偏离纯容性,$\dot{U}_2$ 超前 $\dot{U}_1$ 的角度越来越小。当 $f \to \infty$ 时,X_{C_1}、X_{C_2} 都 $\to 0$。在串联支路中,X_{C_1} 与 R_1 相比可以略去,在并联支路中,X_{C_2} 起主导作用,R_2 可略去,但由于 $X_{C_2} \to 0$,故此时输出电压 $U_2 \to 0$,此时的电路性质趋近于电阻性,输出电压滞后输入电压接近 $\pi/2$,如图 2.9.1(c)所示。

③ 当频率 f 从 ∞ 逐渐减小时,X_{C_2} 上的分压即 $\dot{U}_2$ 的幅度随 f 的降低而增大,电路的性质也随 f 的降低而逐渐偏离电阻性,输出电压滞后输入电压的角度也逐渐减小。

从以上的定性分析可知:当 f 从 0 逐渐升高时,输出电压 $\dot{U}_2$ 从 0 逐渐增大,当 f 从 ∞ 逐渐降低时,输出电压 $\dot{U}_2$ 也从 0 逐渐增大,可知在某一频率点上一定会有 $\dot{U}_2$ 的最大值。输出电压随频率的变化而改变的特性称为幅频特性,如图 2.9.2(a)所示。

（2）相频特性

这个网络的输出与输入之间的相位关系是:当 f 从 0 逐渐升高时,$\dot{U}_2$ 与 $\dot{U}_1$ 之间的相位差从 $\pi/2$ 逐渐减小;而 f 从 ∞ 逐渐减小时,$\dot{U}_2$ 与 $\dot{U}_1$ 之间的相位差从 $\pi/2$ 逐渐减小。

因此在某一频率 f 时,$\varphi = 0$,$\dot{U}_2$ 与 $\dot{U}_1$ 之间的相位与频率的关系称为相频特性,如图 2.9.2(b)所示。

（3）传输函数

输出电压 $\dot{U}_2$ 与输入电压 $\dot{U}_1$ 之比称为传输函数,它是与频率有关的复变函数。用数学关系表述如下:

R_1、C_1 串联阻抗为:

$$Z_1 = R_1 + \frac{1}{j\omega C_1}$$

R_2、C_2 并联阻抗为:

$$Z_2 = \frac{R_2 \dfrac{1}{j\omega C_2}}{R_2 + \dfrac{1}{j\omega C_2}} = \frac{R_2}{1 + j\omega R_2 C_2}$$

网络传输函数为:

$$H(j\omega) = \frac{\dot{U}_2}{\dot{U}_1} = \frac{Z_2}{Z_1 + Z_2} = \frac{\dfrac{R_2}{1 + j\omega R_2 C_2}}{R_1 + \dfrac{1}{j\omega C_1} + \dfrac{R_2}{1 + j\omega R_2 C_2}} = \frac{1}{\left(1 + \dfrac{R_1}{R_2} + \dfrac{C_2}{C_1}\right) + j\left(\omega R_1 C_2 - \dfrac{1}{\omega R_2 C_1}\right)}$$

实验中通常取 $R_1 = R_2 = R$,$C_1 = C_2 = C$,上式可简化为:

$$H(j\omega) = \frac{1}{3 + j\left(\dfrac{\omega}{\omega_0} - \dfrac{\omega_0}{\omega}\right)}$$

式中,$\omega_0 = \dfrac{1}{RC}$。

幅频特性和相频特性分别为:

$$|H(j\omega)| = \frac{1}{\sqrt{3^2 + \left(\dfrac{\omega}{\omega_0} - \dfrac{\omega_0}{\omega}\right)^2}}, \quad \varphi(\omega) = -\arctan\frac{\left(\dfrac{\omega}{\omega_0} - \dfrac{\omega_0}{\omega}\right)}{3}$$

当角频率 $\omega = \omega_0 = \dfrac{1}{RC}$ 时,输出电压与输入电压同相,且 $\dfrac{\dot{U}_2}{\dot{U}_1} = \dfrac{1}{3}$ 为最大值。

2) 一阶 RC 低通滤波电路的选频特性

所谓滤波电路就是利用容抗或感抗随频率而改变的特性,对不同频率的输入信号产生不同的响应,让需要的某一频带的信号顺利通过,而抑制不需要的其他频率的信号。滤波电路可分为低通、高通、带通和带阻等多种。除 RC 外还有其他电路也可组成各种滤波电路。

图 2.9.3(a)是一阶低通滤波电路,其网络函数:

$$H(j\omega)=\frac{\dot{U}_2}{\dot{U}_1}=\frac{\dfrac{1}{j\omega C}}{R+\dfrac{1}{j\omega C}}=\frac{1}{1+j\dfrac{\omega}{\omega_0}}$$

式中,$\omega_0=\dfrac{1}{RC}$ 为网络的固有角频率或自然角频率。

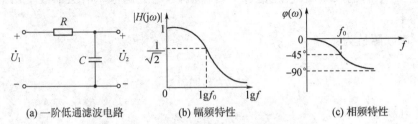

(a) 一阶低通滤波电路　　　(b) 幅频特性　　　(c) 相频特性

图 2.9.3　一阶低通滤波电路及频率特性曲线

幅频特性与相频特性分别为:

$$|H(j\omega)|=\frac{1}{\sqrt{1+\left(\dfrac{\omega}{\omega_0}\right)^2}}, \varphi(\omega)=-\arctan\frac{\omega}{\omega_0}$$

低通滤波器的幅频特性与相频特性曲线如图 2.9.3(b)、(c)所示。当网络函数的幅值 $|H(j\omega)|$ 下降到最大值的 $1/\sqrt{2}=0.707$ 时,所对应的角频率 ω_C 称为截止角频率,频带范围为 $0<\omega<\omega_C$,称为通频带,对应 ω_C 处的相移为 $-45°$,如图 2.9.3(c)所示。一阶 RC 网络的截止角频率与固有角频率相等,即 $\omega_C=\omega_0$。

3) 实验台中函数电源的使用

GDDS-1C 型实验台提供的函数电源(即函数信号发生器)挂箱可提供三个频段(20~200 Hz、0.2~2 kHz、2~20 kHz)的方波、三角波、正弦波及可手动触发的单次脉冲。本次实验的激励信号 $\dot{U}_1$ 为频率可调的有效值为 5 V 的正弦波。通过频率调节旋钮调节频率,通过正弦波幅度调节旋钮调节幅值,并用交流电压表测量,保证其有效值为 5 V。

注意:当频率变化时,会使预调的 5 V 有效值发生变化,故每次调节正弦波频率后应重新调节幅度旋钮,保证 $\dot{U}_1$ 有效值 5 V 不变。

2.9.4　预习要求

(1) 计算 RC 选频网络的网络函数 $H(j\omega)$;

(2) 计算固有频率 f_0(或角频率 ω_0)及 $|H(j\omega_0)|$、$\varphi(\omega_0)$ 的值;

(3) 设计并列出实验计算表格,填写实验数据。

2.9.5　实验内容

1) RC 串并联选频网络幅频特性的测试

(1) 选定 $R_1 = R_2 = R = 1\text{ k}\Omega$(D03 挂箱),$C_1 = C_2 = C = 0.22\ \mu\text{F}$(D06 挂箱),按图 2.9.4 连接实验电路。输入端加频率可调的有效值为 5 V 的正弦信号。

(2) 保证在 $\dot{U}_1$ 有效值 5 V 不变的情况下,由低到高调整频率 f,观测 $\dot{U}_2$ 的有效值的变化,确定 $\dot{U}_2$ 的有效值的最大值,并记录此时频率点 f_0。

(3) 选取合适的频率点,填入表 2.9.1,先调节好频率,然后用交流电压表测量 $\dot{U}_1$ 的有效值,保证 $\dot{U}_1$ 的有效值为 5 V 不变,将交流电压表从 $\dot{U}_1$ 端取下,接在 $\dot{U}_2$ 两端,测量 $\dot{U}_2$ 两端的有效值,记录数据,并在对数坐标上画出幅频特性曲线。(交流电压表量程为 50 V)

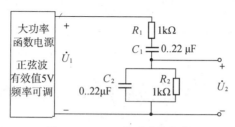

图 2.9.4　RC 文氏选频网络

表 2.9.1　测量数据

f(kHz)										
U_1(V)	5 V									
U_2(V)										
$\lg f$										
U_2/U_1										

注意:表格中 $\lg f$ 计算时 f 要化成以 Hz 为单位的数值计算。

2) 一阶 RC 低通滤波电路幅频特性测试

(1) 选定 $R = 1\text{ k}\Omega$,$C = 0.1\ \mu\text{F}$,按图 2.9.5 搭接电路。

(2) 保证在 $\dot{U}_1$ 有效值 5 V 不变的情况下,由低到高调整频率 f,观测 $\dot{U}_2$ 的有效值的变化,并确定当 $U_1 = 5$ V,$U_2 = 0.707U_1 = 3.535$ V 时的频率点 f_0。

(3) 选取合适的频率点,填入表 2.9.2,先调节好频率,然后用交流电压表测量 $\dot{U}_1$ 的有效值,保证 $\dot{U}_1$ 的有效值为 5 V 不变,将交流电压表从 $\dot{U}_1$ 端取下,接在 $\dot{U}_2$ 两端,测量 $\dot{U}_2$ 两端的有效值,记录数据,并在对数坐标上画出幅频特性曲线(交流电压表量程为 50 V)。

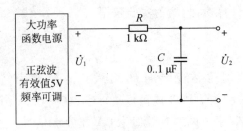

图 2.9.5　一阶低通滤波电路

表 2.9.2　一阶低通滤波电路实验数据表

$f(\text{kHz})$								
$U_1(\text{V})$				5 V				
$U_2(\text{V})$								
$\lg f$								
U_2/U_1								

2.9.6　实验报告要求

(1) 根据实验数据,在对数坐标纸上绘出 RC 串并联网络幅频特性曲线及一阶 RC 低通滤波电路的幅频特性曲线;

(2) 根据理论值分析测量误差及原因。

2.9.7　思考题

(1) 在测量电路幅频特性时,信号源的输出电压会随着频率的改变而改变,为什么? 实验中应如何避免?

(2) 试设计一个 −3 dB、截止频率为 1.59 kHz 的高通滤波电路,画出电路图,确定元件参数,并画出幅频特性曲线和相频特性曲线图。

2.9.8　实验仪器和器材

本实验采用 GDDS-1C 电工实验台,使用如下部件:

(1) 函数信号发生器、交流电压表;

(2) 电阻:1 kΩ(D02 挂箱);电容:0.22 μF(D06 挂箱)、0.1 μF(D06 挂箱)。

2.10　三相交流电路电压、电流的测量与分析

2.10.1　实验目的

(1) 学习三相电源的相序判别方法;

(2) 了解对称三相电路线电压与相电压、线电流与相电流之间的关系;

(3) 掌握三相电路的正确连接方法及测量方法;

（4）研究三相不对称负载为星形时，中性线的作用。

2.10.2 知识点

三相交流电路负载星形连接和三角形连接电路中电压、电流的测量以及相电压与线电压、相电流与线电流的关系；电源相序的判定。

2.10.3 实验原理

1）三相电路

三相电路是由三相电源供电的电路。三相负载有两种连接方式：星形连接和三角形连接。电源或负载各相的电压称为相电压，端线之间的电压称为线电压；流过电源或负载各相的电流称为相电流，流过各端线的电流称为线电流。星形连接时，各相负载的一端接在一起称为负载的中性点或零点。电源中性点与负载中性点的连线称为中性线或零线。流过中性线的电流称为中性线电流，当电源的中性点 N 与负载的中性点 N' 之间的电压 $\dot{U}_{N'N} \neq 0$ 时，在相量图上 N' 点与 N 点不重合，此现象称为中性点位移。

2）三相负载的星形连接

在三相电路中，如图 2.10.1 所示，当负载为星形连接时，相电流等于线电流。在三相四线制时，中性线电流等于三个相电流的相量和。即

$$\dot{I}_N = \dot{I}_A + \dot{I}_B + \dot{I}_C$$

（1）对称负载

如图 2.10.1 所示，对称负载关系为 $Z_A = Z_B = Z_C$。该电路的电压和电流之间有下列关系成立：

相电压 $U_{AN'} = U_{BN'} = U_{CN'} = U_P$

线电压 $U_{AB} = U_{BC} = U_{CA} = U_L$

线电流 $I_A = I_B = I_C = I_L$

相电流 $I_{AN'} = I_{BN'} = I_{CN'} = I_P$

中线电流 $I_N = 0$

中线电压 $U_{NN'} = 0$

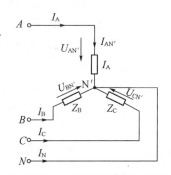

图 2.10.1 负载星形连接电路

线电压和相电压的关系是 $U_L = \sqrt{3} U_P$；线电流和相电流的关系是 $I_L = I_P$。

由上式可以看出，由于负载对称，中线电流和中线电压都等于零。因此，对称四线制负载星形连接的电路，其中线没有存在的必要。因而，去掉中线的对称三线制星形连接的电路其电压和电流之间的关系都与对称四线制相同。

（2）不对称负载

如图 2.10.1 所示，不对称负载的关系为 $Z_A \neq Z_B \neq Z_C$。对于这种不对称负载星形四线制连接的电路，依然满足 $U_{AN'} = U_{BN'} = U_{CN'} = U_P$，$U_L = \sqrt{3} U_P$，$I_L = I_P$。

但是由于 $Z_A \neq Z_B \neq Z_C$，所以 $I_{AN'} \neq I_{BN'} \neq I_{CN'}$。

中线电流 $I_N \neq 0$；中线电压 $U_{NN'} = 0$。

从以上式子可以看出,在负载为三相四线制且负载不对称时,若中性线的阻抗足够小,则各相负载电压仍将对称,从而可以看出,中性线起到了平衡每相电压的作用,但此时中性线电流不等于零。

若将中性线去掉,可以得到负载不对称的三相三线制星形连接电路。这种电路会造成各负载相电压不对称。如果某相负载阻抗大,则该相相电压有可能超过它的额定电压,长时间通电会缩短该相负载的寿命,甚至会损坏该器件。因此,应该避免这种情况出现。

3) 负载三角形连接

如图 2.10.2 所示为负载三角形连接电路,其线电压等于相电压 $U_L = U_P$;线电流与相电流之间的关系为:

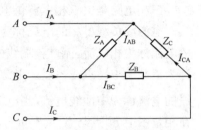

$$\dot{I}_A = \dot{I}_{AB} - \dot{I}_{CA}$$

$$\dot{I}_B = \dot{I}_{BC} - \dot{I}_{AB}$$

$$\dot{I}_C = \dot{I}_{CA} - \dot{I}_{BC}$$

图 2.10.2　负载三角形连接电路

当电源和负载对称时,线电流和相电流在数值上的关系为 $I_L = \sqrt{3}\,I_P$。

4) 三相电源的相序测定

三相电源有正序、负序和零序三种相序。通常情况下的三相电路是正序系统,即相序为 $A \to B \to C$ 的顺序。实际工作中常需确定相序,即已知是正序系统的情况下,指定某相电源为 A 相,判断另外两相哪相为 B 相和 C 相(如对负载为电动机的旋转方向的确定)。相序可用专门的相序指示仪来确定。如图 2.10.3 所示的三相电路中,三相电源电压对称,以电容器的一相作为 A 相,其余两相为负载大小相同的白炽灯,选择适当的电容 C 的值,使相同的白炽灯的亮度有明显的差别(此电路是利用三相不对称原理而设计的)。

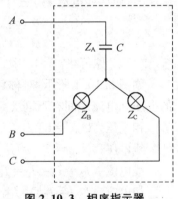

图 2.10.3　相序指示器

设三相电源电压为 $\dot{U}_A = U\angle 0°$, $\dot{U}_B = U\angle -120°$, $\dot{U}_C = U\angle 120°$,选择 $R = \dfrac{1}{\omega C}$,电源中点为 N,负载中点为 N',两中点电压为:

$$\dot{U}_{NN'} = \frac{j\omega C\,\dot{U}_A + (\dot{U}_B/R) + (\dot{U}_C/R)}{j\omega C + (1/R) + (1/R)} = \frac{jU\angle 0° + U\angle -120° + U\angle 120°}{j + 2} = (-0.2 + j0.6)U$$

B 相负载的相电压为:

$$\dot{U}_{BN'} = \dot{U}_B - \dot{U}_{NN'} = U\angle -120° - (-0.2 + j0.6)U = (-0.3 - j1.47)U = 1.5U\angle -101.5°$$

C 相负载的相电压为:

$$\dot{U}_{CN'} = \dot{U}_C - \dot{U}_{NN'} = U\angle 120° - (-0.2 + j0.6)U = (-0.3 - j0.266)U = 0.4U\angle -138.4°$$

由计算可知,B 相电压较 C 相电压高 3.8 倍,所以 B 相灯泡较 C 相亮,亦即灯亮的一相,电源相序就可确定了。

2.10.4　预习要求

（1）了解三相电路星形连接和三角形连接中线电压与相电压、线电流与相电流之间的关系;

（2）了解不对称负载星形连接时的中线作用;

（3）学习三相电源相序的判定方法。

2.10.5　实验内容

1）三相电源降压

为了防止在实验过程中出现由于连接错误而造成灯泡、保险丝烧毁,以及保证人身安全的需要,实验中把三相四线制电源(线电压 380 V、相电压 220 V)降压为线电压 220 V、相电压 127 V 的三相四线制电源。接线图如图 2.10.4 所示:

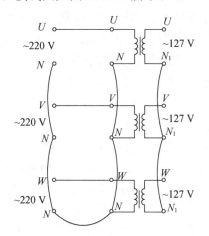

图 2.10.4　三相电源降压连接图

（1）将电源总开关拉下,确保三相电源处于断电状态;

（2）将电源总开关上的三相电插孔 U、V、W 分别与 D06 板块上的三相变压器原端(左端)的 380 V 插孔相连。然后将每一相的 N 端接到对应的变压器的 N 端。最后将三相中每一相的 N 端连接起来,构成三相四线制。

（3）将 D06 板块上三相变压器的负端(右端)的 N_1 连在一起,这样从变压器的每一相的 220 V 插孔出来的就是线电压 220 V、相电压 127 V 的三相四线制电源。

2）三相电源的相序判断

由原理可知,应在一相上接一电容,其他两相接灯泡,观察亮暗。接线图如图 2.10.5 所示:

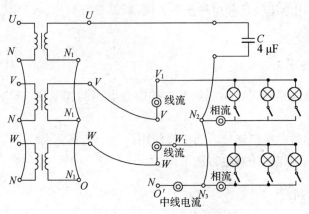

图 2.10.5 三相电源相序判别连接图

（1）在第一相中接电容：将第一相（即 D06 板块上的第一个三相变压器的负端的 220 V 的 U 孔）接到 D06 板块上的电容两端的一个插孔中，然后将 4 μF 电容相连的开关拨到右边，其余开关拨到左边，这时使用的是 4 μF 的电容，其余的不使用。

（2）在第二相和第三相上接入灯泡：将第二相（即 D06 板块上的第二个三相变压器的负端的 220 V 的 V 孔）接到 D05 板块的第二组灯泡的 V 插孔上，将第三相（即 D06 板块上的第三个三相变压器的负端的 220 V 的 W 孔）接到 D05 板块的第三组灯泡的 W 插孔上。

（3）将三相负载接成星形：将电容的另一端与第二组灯泡的 N_2 端、第三组灯泡的 N_3 端相连。

（4）通电测试，观察灯泡亮暗并判断相序。

3）三相负载星形连接电路的电压、电流测量

将负载按照星形接法连接，测量每一相的线电压、相电压、线电流、相电流、中线电压和中线电流，接线图如图 2.10.6 所示。将数据填入表 2.10.1 中。

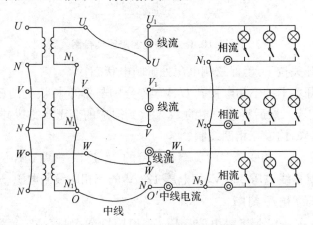

图 2.10.6 三相负载星形连接电路图

其中：当 $O(N_1)$ 与 $O'(N)$ 相连的时候，表示的是三相四线制有中线的连接；不相连的时候，表示的是三相三线制无中线的连接。

表 2.10.1　星形连接

测量值 负载状态		每相开灯数			线电压(V)			相电压(V)			线(相)电流(mA)			中线电压(V)	中线电流(mA)
		A	B	C	U_{AB}	U_{BC}	U_{CA}	$U_{AO'}$	$U_{BO'}$	$U_{CO'}$	I_A	I_B	I_C	$U_{OO'}$	I_o
负载 对称	有中线	3	3	3											
	无中线	3	3	3											
负载不 对称	有中线	3	3	1											
	无中线	3	3	1											

（1）三相负载星形连接电压的测量

在交流电压表上引出两根线，并且将量程挡位放在 250 V 上，然后检查读数锁存按钮是否弹出（弹出表示锁存关闭，这样才能测量）。

① 相电压的测量

$U_{AO'}$：将交流电压表引出的两根线分别插在 D05 板块的第一组灯泡的 U、N_1 端，则交流电压表读数为第一相的相电压，即 $U_{AO'}$。

同理，$U_{BO'}$ 为第二组灯泡的相电压，即 V、N_2 端的电压；$U_{CO'}$ 为第三组灯泡的相电压，即 W、N_3 端的电压。由于 N_1、N_2、N_3 相连，所以测量时只需要变动交流电压表的一根引出线即可。

② 线电压的测量

U_{AB}：将交流电压表引出的两根线分别插在 D05 板块的第一组灯泡的 U、第二组灯泡的 V 孔上。

U_{BC}：将交流电压表引出的两根线分别插在 D05 板块的第二组灯泡的 V、第三组灯泡的 W 孔上。

U_{CA}：将交流电压表引出的两根线分别插在 D05 板块的第三组灯泡的 W、第一组灯泡的 U 孔上。

③ 中线电压的测量

$U_{OO'}(U_{NN'})$：将交流电压表引出的两根线分别插在变压器右端的中心点 $O(N_1)$、负载中心点 $O'(N)$ 孔上。此时交流电压表显示的值即为中线电压的值。

（2）三相负载星形连接电流的测量

① 线电流的测量

将电流专用插头接交流电流表的部分接好，量程选择 200 mA。然后将另一端插入 D05 板块上对应的线电流插孔即可测量对应的线电流。

② 中线电流的测量

将电流专用插头接交流电流表的部分接好，量程选择 200 mA。然后将另一端插入 D05 板块上对应的中线电流插孔即可测量对应的线电流。

4）三相负载三角形连接电路的电压、电流测量

将负载按照三角形接法连接，测量每一相的线电压、相电压、线电流、相电流。接线图如图 2.10.7 所示：

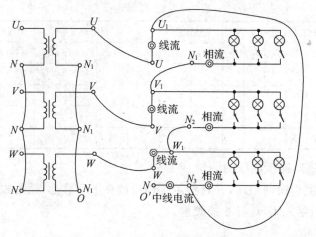

图 2.10.7　三相负载三角形连接电路图

　　三相电源输出电压不变,再按上述方法测量各线电压、线电流、相电流,并将数据填入表 2.10.2 中。

表 2.10.2　三角形连接

测量值 负载	每相开灯数			线(相)电压(V)			线电流(mA)			相电流(mA)		
	A	B	C	U_{AB}	U_{BC}	U_{CA}	I_A	I_B	I_C	I_{AB}	I_{BC}	I_{CA}
负载对称	3	3	3									
负载不对称	3	3	1									

2.10.6　实验报告要求

　　(1) 根据实验数据,验证三相负载线电压与相电压、线电流与相电流之间的关系;

　　(2) 总结中线的作用;

　　(3) 完成思考题。

2.10.7　思考题

　　(1) 在三相四线制电路中,中线是不允许接熔断器的,为什么?

　　(2) 为什么不能在负载星形连接四线制和负载三角形连接电路中短路负载? 若短接,其后果如何?

　　(3) 三相电源相序判定的原理是什么? 此时中线 O 与 O' 应断开还是连接? 为什么?

　　(4) 在测量不对称负载星形三线制连接电路中,应注意什么问题?

2.10.8　实验仪器和器材

　　本实验采用 GDDS-1C 电工实验台,使用如下部件:

　　(1) 三相电源,交流电压表,交流电流表;

　　(2) 电容:4 μF(D06 挂箱);

　　(3) 变压器模块(D06 挂箱)、三相负载电路(D05 挂箱)。

2.11　三相电路功率的测量

2.11.1　实验目的

(1) 掌握功率表的正确使用方法；
(2) 学会用三瓦计法和二瓦计法测量三相电路的有功功率；
(3) 学会测量对称三相电路无功功率的方法。

2.11.2　知识点

三相电路有功功率及无功功率的测量。

2.11.3　实验原理

1) 三相四线制供电，负载星形连接

对于三相四线制供电，负载对称或不对称均可采用三瓦计法测每相功率，如图 2.11.1 所示，三相总功率等于各相功率之和，即 $P = P_A + P_B + P_C$。如果负载对称，则 $P = 3P_A = 3P_B = 3P_C$，此时用一个单相功率表测量即可。

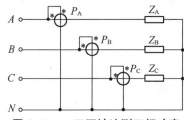
图 2.11.1　三瓦计法测三相功率

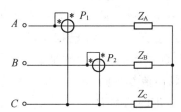
图 2.11.2　二瓦计法测三相功率

2) 三相三线制供电

对于三相三线制供电，负载不论对称与否，也不论是星形连接还是三角形连接都可采用二瓦计法来测量三相功率，如图 2.11.2 所示。

若两个功率表的读数为 P_1、P_2，则三相功率为：

$$P = P_1 + P_2 = \dot{U}_{AC}\dot{I}_A + \dot{U}_{BC}\dot{I}_B = (\dot{U}_A - \dot{U}_C)\dot{I}_A + (\dot{U}_B - \dot{U}_C)\dot{I}_B = \dot{U}_A\dot{I}_A + \dot{U}_B\dot{I}_B - \dot{U}_C(\dot{I}_A + \dot{I}_B)$$

∵

$$\dot{I}_A + \dot{I}_B + \dot{I}_C = 0$$

∴

$$\dot{I}_A + \dot{I}_B = -\dot{I}_C$$

则

$$P = P_1 + P_2 = \dot{U}_A\dot{I}_A + \dot{U}_B\dot{I}_B + \dot{U}_C\dot{I}_C$$

3) 测量三相对称负载的无功功率

对于三相三线制供电的三相对称负载，利用有功功率表并选择适当的接线方式，可测量对称三相电路中的无功功率。

(1) 利用一只功率表测量对称三相电路中的无功功率，如图 2.11.3 所示。将功率表电流线圈串接于任一线(如 A 线)，而将电压线圈并联在另外两端线之间，则功率表读数 $P =$

$U_lI_l\sin\varphi$，其中 φ 为负载的阻抗角，则三相负载的无功功率 $Q=$ $\sqrt{3}P$。

（2）应用二瓦计法测量三相负载对称的无功功率，接线方式与图 2.11.2 相同。此时，两功率表读数与三相负载的总无功功率之间的关系为 $Q=\sqrt{3}(P_1-P_2)$。

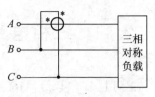

图 2.11.3　无功功率测量

2.11.4　预习要求

（1）复习三瓦计法和二瓦计法测量三相电路有功功率的原理；
（2）复习一瓦计法测量三相对称负载无功功率的原理。

2.11.5　实验内容

1）负载星形连接，用三瓦计法测量电路的有功功率

按照图 2.10.6 连接电路，功率表量程选择 500 V，0.4 A。测量方法如下，测量后将数据填入表 2.11.1 中。

方法一：

（1）将功率表中的电压表和电流表的同名端相连，电压表的非同名端接 D05 板块的第一组灯泡的 N_1，将电流专用插头接电流表的部分接好，然后将另一端插入 D05 板块上第一组灯泡的线流插孔。此时功率表显示的是第一组灯泡的功率 P_A。

（2）由于 N_1、N_2、N_3 已相连，只需将电流专用插头的一端插入 D05 板块第二组灯泡的线流插孔，此时功率表显示的是第二组灯泡的功率 P_B。

（3）将电流专用插头的一端插入 D05 板块第三组灯泡的线流插孔，此时功率表显示的是第三组灯泡的功率 P_C。

方法二：

（1）将功率表中的电压表和电流表的同名端相连，电压表的非同名端接 D05 板块的第一组灯泡的 U 孔上，将电流专用插头接电流表的部分接好，然后将另一端插入 D05 板块上第一组灯泡的相流孔，此时功率表显示的是第一组灯泡的功率 P_A。

（2）将电压表的非同名端接 D05 板块的第二组灯泡的 V 孔上，电流专用插头的一端插入第二组灯泡的相流孔，此时功率表显示的是第二组灯泡的功率 P_B。

（3）将电压表的非同名端接 D05 板块的第三组灯泡的 W 孔上，电流专用插头的一端插入第三组灯泡的相流孔，此时功率表显示的是第三组灯泡的功率 P_C。

表 2.11.1　三瓦计法

测量值 负载状态		每相开灯数			各相负载功率（W）			三相总功率（W）
		A	B	C	P_A	P_B	P_C	P
负载对称	有中线	3	3	3				
	无中线	3	3	3				
负载不对称	有中线	3	3	1				
	无中线	3	3	1				

2) 负载星形连接,用二瓦计法测量电路的有功功率

按照图 2.10.6 连接电路,功率表量程选择 500 V、0.4 A。测量方法如下,测量后将数据填入表 2.11.2 中。

(1) 将功率表中的电压表和电流表的同名端相连,电压表的非同名端接到 D05 板块的第三组灯泡的 W 孔上,将电流专用插头接电流表的部分接好,然后将另一端插入 D05 板块上第一组灯泡的线流孔,此时功率表显示功率记为 P_1。

(2) 再将电流专用插头的一端插入 D05 板块上第二组灯泡的线流孔,此时功率表显示功率记为 P_2。

表 2.11.2 二瓦计法(星形负载)

测量值 负载状态	每相开灯数			测量值(W)		三相总功率(W)
	A	B	C	P_1	P_2	P
负载对称	3	3	3			
负载不对称	3	3	1			

3) 负载三角形连接,用二瓦计法测量电路的有功功率

按照图 2.10.7 连接电路,功率表量程选择 500 V、0.4 A。测量方法同 2)并将测量数据填入表 2.11.3 中。

表 2.11.3 二瓦计法(三角形负载)

测量值 负载状态	每相开灯数			测量值(W)		三相总功率(W)
	A	B	C	P_1	P_2	P
负载对称	3	3	3			
负载不对称	3	3	1			

4) 测量三相三线制电路中对称负载的无功功率

(1) 用一瓦计法测量。

按照图 2.10.6 连接电路,无中线,测量方法如下:

将电流专用插头接功率表中电流表部分接好,然后将另一端插入 D05 板块第一组灯泡的线流孔,功率表中电压表部分分别接 D05 挂箱第二组灯泡的 V 孔和第三组灯泡的 W 孔上,此时功率表读数为 P。

三相负载的总无功功率 $Q=\sqrt{3}P$。通过计算可得。

(2) 用二瓦计法测量,方法同 2)。

通过公式 $Q=\sqrt{3}(P_1-P_2)$ 计算可得。

2.11.6 实验报告要求

(1) 整理计算表 2.11.1、表 2.11.2 中的数据,并和理论计算值相比较;

(2) 总结分析三相电路功率的测量方法。

2.11.7　思考题

（1）分析二表法测量三相有功功率的原理；

（2）分析一表法测量三相对称负载无功功率的原理；

（3）测量功率时，为什么要将功率表电压线圈和电流线圈的同名端接在一起？如若不接在一起，是否影响功率的测量？

2.11.8　实验仪器和器材

本实验采用 GDDS-1C 电工实验台，使用如下部件：

（1）三相电源，功率表；

（2）变压器模块（D06 挂箱）、三相负载电路（D05 挂箱）。

3 数字电子技术实验

3.1 常用电子仪器的使用练习

3.1.1 实验目的

（1）熟悉示波器、函数发生器、交流毫伏表和直流稳压电源等常用电子仪器面板上各控制件的名称及作用。

（2）了解电子仪器的主要技术指标、基本性能，初步掌握相关仪器的正确使用方法。

（3）熟练掌握几种典型信号的幅值、峰-峰值、有效值、周期（频率）和相位差的测量方法。

3.1.2 知识点

示波器、函数发生器、交流毫伏表、直流稳压电源、幅值、峰-峰值、有效值、周期（频率）、相位差。

3.1.3 实验原理

示波器是一种能够直接显示电信号的波形，是对电信号进行幅值、（峰值或峰-峰值、有效值）、周期（或频率）和相位差等各参数测量的仪器（详见第1.7节）。

函数发生器可输出正弦波、方波、三角波三种信号波形，其幅度、频率可调，可作为模拟电路调试时的信号源。其TTL脉冲输出是频率可调而幅值不变的脉冲信号，可作为数字电路的时钟脉冲。

交流毫伏表只能测量其工作频率范围内的正弦交流信号的有效值。

直流稳压电源主要作用是为电路提供稳定的工作电压。

3.1.4 预习要求

（1）预习常用电子仪器的工作原理及使用方法。

（2）理解峰-峰值、峰值、有效值、平均值之间的换算关系。

（3）预先写出预习报告，并画出测试表格。

3.1.5 实验内容

（1）熟悉示波器、函数发生器、交流毫伏表和直流稳压电源等常用电子仪器面板上各控制器件的名称及作用。

（2）掌握电子仪器的正确使用方法。

① DF1731S 型直流稳压电源的使用

a. 将二路可调电源独立稳压输出，调节一路输出电压为 10 V，另一路为 15 V。

b. 将稳压电源接为正负电源输出形式，输出直流电压±15 V。

c. 将电源作为稳流源使用，负载电阻为 50～100 Ω，调节输出稳定电流为 0.2 A。

d. 将两路可调电源串联使用，调节输出稳压值为 46 V。

② 示波器、函数发生器和交流毫伏表的使用

a. 示波器双踪显示，调整显示两条扫描线。注意当触发方式置于"常态"时，有无扫描线？解释触发方式置于"常态"或"自动"时有何区别？

b. 示波器校准信号的测试

用示波器显示校准信号的波形，测量该电压的峰-峰值 V_{p-p}、周期 T，并将测量结果与已知校准信号峰-峰值、周期相比较并分析误差。

c. 正弦波的测试

调整函数信号发生器输出频率为 1 kHz（由 LED 屏幕显示），有效值为 2 V（用交流毫伏表测量）的正弦波信号。用示波器显示该正弦交流信号波形，测出其周期、频率、峰-峰值并换算有效值。数据填入表 3.1.1 中。

表 3.1.1　正弦波的测试

使用仪器	正弦波			
	周期	频率	峰-峰值	有效值
函数发生器		1 kHz		
交流毫伏表				2 V
示波器				

d. 叠加有直流分量的正弦波的测试

调节函数信号发生器，产生一叠加有直流电压的正弦波。由示波器显示该信号波形并测出其直流分量为 1 V，交流分量峰-峰值为 5 V，周期为 1 ms，如图 3.1.1 所示。

再用万用表（直流电压挡）和交流毫伏表分别测出该信号的直流分量电压值和交流电压有效值，由函数发生器读出该信号的频率。将数据填入表 3.1.2。

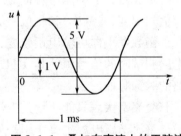

图 3.1.1　叠加在直流上的正弦波

表 3.1.2　叠加在直流上的正弦波

使用仪器	直流分量	交流分量			
		峰-峰值	有效值	周期	频率
示波器	1 V	5 V		1 ms	
万用表					
交流毫伏表					
函数发生器					

提示：测量叠加有直流分量的正弦波时，首先 Y 轴输入耦合方式置于 GND，调整 Y 轴位

移旋钮使扫描基线在适当位置,该基线即为零电平参考基线。然后将 Y 轴输入耦合方式置于 DC,方可读取直流分量值。

e. 相位差的测量

按图 3.1.2 接线,函数信号发生器输出频率为 2 kHz,有效值为 2 V(由交流毫伏表测出)正弦波信号,用示波器测量 u 与 u_C 间的相位差 φ。

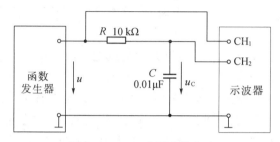

图 3.1.2　RC 串联交流电路

(3) 几种周期信号的幅值、有效值及频率的测量。

调节函数信号发生器,使其输出信号的波形分别为正弦波、方波和三角波,频率皆为 2 kHz,再调节其输出电压旋钮,由交流毫伏表分别测得其数值皆为 1 V。用示波器显示并测量波形的周期和峰值(或峰-峰值),计算其频率和有效值,数据填入表 3.1.3 中(有效值的计算参考表 3.1.4)。

表 3.1.3　几种周期信号的幅值,有效期及频率的测量

信号波形	函数发生器频率指示(kHz)	交流毫伏表指示(V)	示波器测量值		计算值	
			周期	峰值	频率	有效值
正弦波	2 kHz	1 V				
方波	2 kHz	1 V				
三角波	2 kHz	1 V				

表 3.1.4　各种信号波形有效值 $U_{有}$、平均值 $U_{平}$、峰值 $U_{峰}$ 之间的关系

信号波形	全波整流后的		
	$U_{有}/U_{平}$(波形系数)	$U_{平}/U_{峰}$	$U_{有}/U_{峰}$
正弦波	1.11	$2/\pi$	$1/\sqrt{2}$
方波	1.00	1	1
三角波	1.15	1/2	0.557

(4) 用示波器测量 TTL 脉冲(调整调节函数信号发生器输出信号频率为 2 MHz)的上升时间 t_r,脉冲宽度 t_w 和高电平 U_{OH},低电平 U_{OL} 值($f=1$ kHz 时测量)。

提示:测量高低电平值时,同 d 项,首先要确定零电平参考基线。然后将 Y 轴输入耦合方式置于 DC 测量。

3.1.6　实验报告要求

(1) 记录、整理实验数据,并填入表格。

（2）对本章末复习思考题或实验中出现的问题进行讨论。

3.1.7　思考题

（1）什么叫扫描、同步，它们的作用是什么？

（2）触发扫描和自动扫描有什么区别？

（3）用示波器测量电压的大小和周期时，垂直微调旋钮和扫描微调旋钮应置于什么位置？

（4）用示波器测量直流电压的大小与测量交流电压的大小相比较，在操作方法上有哪些不同？

（5）设已知函数发生器输出电压有效值为 10 V，此时分别按下输出衰减 20 dB、40 dB 键或同时按下 20 dB、40 dB 键，这三种情况下，函数发生器的输出电压有效值变为多少？

（6）交流毫伏表在小量程挡，输入端开路时，指针偏转很大，甚至出现打针现象，这是什么原因？应怎样避免？

（7）函数发生器输出正弦交流信号的频率为 20 kHz，能否不用交流毫伏表而用数字万用表的交流电压挡去测量其大小？为什么？

（8）在实验中，所有仪器与实验电路必须共地（所有的地接在一起），这是为什么？

（9）对于方波或三角波，交流毫伏表的指示是否是它们的有效值？如何根据交流毫伏表的指示求得方波或三角波的有效值？（提示：参考表 3.1.4，各种信号波形有效值 $U_有$、平均值 $U_平$、峰值 $U_峰$ 之间的关系。）

3.1.8　实验仪器和器材

（1）数字示波器 1 台；

（2）函数发生器 1 台；

（3）交流毫伏表 SX2172 型 1 台；

（4）直流稳压电源 DF1731S 型 1 台；

（5）电阻、电容 10 kΩ，0.01 μF 各 1 只。

3.2　TTL 集成门电路的功能测试

3.2.1　实验目的

（1）掌握数字实验箱的结构功能和使用方法。

（2）掌握 TTL 门电路的逻辑功能及其转换作用。

（3）掌握 TTL 门电路的逻辑功能的测试方法。

3.2.2　知识点

TTL、CMOS 等不同类型集成门电路的结构，原理，逻辑功能参数指标及测试方法。

3.2.3 实验原理

集成门电路按其内部有源器件,可分为:双极型晶体管集成电路和绝缘栅场效应管集成电路两大类。前者有 TTL、ECL、HTL、I²L 型,后者有 PMOS、NMOS、CMOS。其中 TTL 和 CMOS 两大类是目前应用最多的两种数字集成电路。

1) 集成门电路的基础知识

(1) 集成块管脚的识别

数字电路实验中所用到的集成芯片基本是双列直插式的,识别方法是正对集成块型号看标记:左边有一个半圆形的小缺口或小圆点,其管脚的顺序是从它的左边下方数起,逆时针从下排数到上一排,在标准型 TTL 集成电路中,电源端 V_{CC} 一般排在左上端,接地端 GND 一般排在右下端;若有引脚功能标号为 NC,表示该引脚为空脚,与内部电路不连接。如本次实验采用的 2 输入四与非门 74LS00,该集成块内含有四个互相独立的与非门,每个与非门有两个输入端和一个输出端。其引脚排列如图 3.2.1 所示。

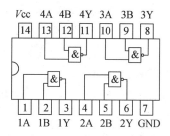

图 3.2.1 74LS00"与非"门引脚排列

(2) TTL 集成电路芯片使用时的注意事项

① TTL 集成块电源电压为 +4.5 V～+5.5 V,一般取 $V_{CC}=+5$ V。电源电压超过 5.5 V,易使器件损坏;低于 4.5 V 又易导致器件逻辑功能不正常;电源极性不允许接反。

② TTL 集成块输入端可直接接电源电压 +5 V 或串入电阻至电源的正端来获得高电平输入,但不能超过其工作电压。输入端直接接地为低电平输入。输入端通过电阻接地,电阻值的大小将直接影响电路所处的状态。若 $R \leqslant R_{off}$（680 Ω）时,输入端相当于逻辑"0"。$R \geqslant R_{on}$（4.7 kΩ）,输入端相当于逻辑"1"。对于不同系列的器件,要求的阻值不同。

③ TTL 门电路闲置输入端处理方法:与门、与非门的多余输入端通常处理方法有以下三种:a. 接高电平,通常接 V_{CC};b. 与多余的输入端并接在一起;c. 悬空:悬空相当于逻辑"1"。对于一般小规模集成电路的数据输入端,实验时允许悬空处理,但易受外界干扰,导致电路的逻辑功能不正常,对长线输入、中规模及以上集成电路和器件较多的复杂电路,不允许悬空。而或门、或非门的多余输入端通常接 300～500 Ω 隔离电阻接地或与多余的输入端并接在一起。

④ TTL 集成块输出端不允许并联使用(集电极开路门 OC 门和三态输出门电路除外),也不允许直接接 5 V 或接地,否则会使电路逻辑功能混乱,并导致器件损坏;有时为了使后级电路获得较高的输出电平,允许输出端通过电阻 R 接至 V_{CC},一般取 $R=(3\sim5.1)$kΩ。

(3) CMOS 集成电路芯片使用的注意事项

CMOS 集成电路诞生于 20 世纪 60 年代末,经过制造工艺的不断改进,在应用的广度上已与 TTL 平分秋色,它的技术参数从总体上说,已经达到或接近 TTL 的水平,其中功耗、噪声容限、扇出系数等参数优于 TTL。

① CMOS 电路允许的电源电压 V_{DD} 范围较宽,工作电压为 3～18 V。

② CMOS 电路的逻辑电平是随电源电压 V_{DD} 变化而变化的,高电平不低于 2/3 V_{DD},低

电平不高于 $1/3\,V_{DD}$。如果 CMOS 电路采用 $+5\,V$ 电源的话,可与 TTL 电路兼容,代替。例如 HCT 系列与 TTL 器件电压兼容,它的电源电压范围为 $4.5\sim5.5\,V$。它的输入电压参数为 $U_{IH}(\min)=2.0\,V;U_{IL}(\max)=0.8\,V$,与 TTL 完全相同。

③ 由于采用直接耦合,后级输入电路成为前级输出电路的负载。CMOS 电路的输入阻抗远高于 TTL 电路,CMOS 电路的扇出系数远大于 TTL 电路。

④ 空闲输入端的处理方法不同

对于与门、与非门的空闲端,CMOS 门的输入电阻高,不用的输入端必须通过隔离电阻接电源的正极,多余输入端不允许悬空,否则会使电路损坏。

对于或门、或非门的空闲输入端,CMOS 电路可直接接地。

与门、与非门、或门、或非门不用的输入端虽然可以与其他的输入端并接,但这样会加重前级输出的负载。

⑤ CMOS 电路的转换速度不高但功耗低。

⑥ 在存放和使用 CMOS 电路时,要注意静电屏蔽,由于 CMOS 集成电路具有相当高的输入阻抗,一旦输入端出现感应电荷积累,且无低阻电路相连时,容易产生高电压击穿电路。焊接时,电烙铁外壳金属部分应接地,并注意不能带电插拔集成块。

2) 集成门电路的门控作用

门电路在使用中常将某一输入端作为控制端,控制该门处于"开启"还是"关闭"状态。例如:"与非"门中定义一个输入端为 A,另一个输入端为 B;在 A 端加入一串 TTL 脉冲信号,若在 B 端加上高电平,则门开启,脉冲信号就可顺利地传输到输出端(反相)。反之,若在 B 端加上低电平,则门关闭,A 端的信号就不能传送至输出端,输出恒为高电平,B 端的这种控制作用称为门控作用,B 端称为控制端。在集成电路中,经常利用控制端来选通整个芯片,称为片选端,记作 CS(Chip Select);或称使能端,记作 EN(Enable)。

3.2.4 预习要求

(1) 了解实验箱的结构、功能及使用方法。

(2) 了解示波器的使用方法,学会如何用示波器测量一个连续脉冲波形的峰-峰值,高电平及低电平。

(3) 熟悉本实验待测集成芯片(74LS00、74LS86、74LS32)引脚的排列。

(4) 预习 74LS00、74LS86、74LS32 逻辑功能。

3.2.5 实验内容

(1) 掌握实验箱的使用方法,用万用表检测直流稳压电源固定 $+5\,V$ 输出端电压。

(2) 用示波器检测函数发生器 TTL 脉冲输出波形。

(3) TTL 集成门电路逻辑功能测试:输入接逻辑开关 L.L(拨 0 为低电平,拨 1 为高电平),输出接指示灯 L.I(灯灭为 0,低电平;灯亮为 1,高电平)用万用表测量输出电压高、低电平值。

① 与非门逻辑功能测试

a. 二输入四与非门 74LS00 逻辑功能测试

按图 3.2.2 连接,完成表 3.2.2。

表 3.2.2   与非门逻辑功能测试

输入状态		输出状态	
A	B	Y	电压值
0	0		
0	1		
1	0		
1	1		

图 3.2.2   与非门逻辑功能测试

A、B 分别接逻辑开关 L.L,Y 接逻辑指示灯 L.I,电压用数字万用表直流电压挡测量。

b. 与非门控制作用测试

74LS00 中任选一与非门,按图 3.2.2 连线,输入 A 接逻辑开关 L.L,B 接 TTL 脉冲(函数发生器 TTL 输出,$f=1$ kHz),当控制端 A 分别为 0 或 1 时,示波器双踪显示 B 端输入波形和 Y 端输出波形。观察门电路对脉冲的控制作用,并测量 TTL 脉冲高低电平的值,按时序对应画出输入输出波形。

② 或门逻辑功能测试

二输入四或门 74LS32 逻辑功能测试。

按图 3.2.3 所示连线,并完成表 3.2.3。

表 3.2.3   或门逻辑功能测试

输入状态		输出状态	
A	B	Y	电压值
0	0		
0	1		
1	0		
1	1		

图 3.2.3   或门逻辑功能测试

测试方法同①a。

③ 异或门逻辑功能测试

按图 3.2.4 所示连接,并完成表 3.2.4,并分析结果。

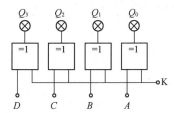

图 3.2.4   异或门逻辑功能测试

表 3.2.4　异或门逻辑功能测试

输　入（原码）				输　出							
				$K=0$				$K=1$			
D	C	B	A	Q_3	Q_2	Q_1	Q_0	Q_3	Q_2	Q_1	Q_0
0	0	0	0								
0	0	0	1								
…	…	…	…								
1	1	1	0								
1	1	1	1								
结论				（　　）码				（　　）码			

DCBA 分别接逻辑开关 L.L,K 也接逻辑开关 L.L,$Q_3 \sim Q_0$ 接逻辑指示灯 L.I。通过拨动逻辑开关,完成表 3.2.4。

（4）用与非门实现其他逻辑门电路

用与非门和非门实现或门。（画出逻辑图并列出真值表）

注意事项:

① 插接元件前应首先在逻辑图上标注接脚号码,并检查芯片接脚是否完好,不可弯曲,尽可能分色接线(如:红色接正电源,黑色接地,输入输出分色连线等)。

② 将待测的集成芯片插在面包板上,按图接线,检查无误后再接通电源,然后进行实验。实验中不允许带电插拔集成芯片,如发现集成块发热,应立即切断电源,发热的原因一般是反接了电源,或者是输出端对地短路。

3.2.6　实验报告要求

（1）画出实验逻辑电路图,整理并记录实验数据。

（2）画出观察到的波形(必须在时序上相对应)。

（3）总结 74LS00、74LS32 和 74LS86 的逻辑功能并分析结果。

3.2.7　思考题

（1）与非门的输出端能否接高电平? 为什么? 与非门、或非门多余的输入端应如何处理?

（2）简述实验中与非门对脉冲的控制作用。

（3）用非门和与非门实现异或门,要求写出设计过程,并画出逻辑电路图。

（4）通过理论分析图 3.2.4 电路的逻辑功能和应用。

3.2.8　实验仪器和器材

（1）示波器 1 台;

（2）函数发生器 1 台;

（3）实验箱 1 台;

（4）万用表 1 块;

（5）74LS00,74LS86,74LS32 各 1 片;

（6）直流稳压电源 1 台。

3.3 三态门和集电极开路门的应用

3.3.1 实验目的

（1）掌握 TTL 三态门（TS 门）的逻辑应用；

（2）掌握 TTL 集电极开路门（OC 门）的逻辑应用；

（3）熟悉 TTL 三态门、OC 门电路应用的测试方法。

3.3.2 知识点

OC 门、三态门电路的结构和功能特点。

3.3.3 实验原理

在实际应用中,常需要把几个逻辑门的输出端并接使用,实现逻辑与,称为"线与"。但普通 TTL 门电路不允许将输出端直接并接在一起,因为其输出电阻很小,只有几欧姆或几十欧姆,若把两个 TTL 门输出端连接在一起,当其中一个输出高电平,另一个输出低电平时,它们中的导通管就会在 V_{CC} 和地之间形成一个低阻串联通路,会造成以下不良后果：

（1）输出电平既不是高电平也不是低电平,逻辑功能混乱；

（2）输出电流远大于正常值,功耗剧增,发热量增大,容易烧坏器件。

集电极开路门就是为克服以上局限性而设计的一种 TTL 门电路。

1）集电极开路门（OC 门）

集电极开路门（Open-Collector Gate）简称 OC 门。所谓集电极开路是指 TTL 与非门电路的推拉式输出极中,删去电压跟随器。集电极开路与非门的电路结构与逻辑符号如图 3.3.1 所示。从图中可见集电极开路门电路与推拉式输出结构的 TTL 门电路的区别在于：当输出三极管 VT_5 截止时,OC 门的输出端 Y 处于高阻状态,而推拉式输出结构 TTL 门的输出为高电平。所以实际应用时,若希望 VT_5 管截止时 OC 门也能输出高电平,必须在输出端外接上拉电阻 R_L 至电源 E_C,如图虚线部分。

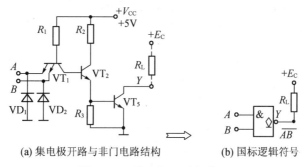

(a) 集电极开路与非门电路结构　　　(b) 国标逻辑符号

图 3.3.1　集电极开路与非门

OC门主要有以下三个方面的应用：

（1）OC门的线与应用

由两个集电极开路与非门输出端相连组成的电路如图 3.3.2 所示，输出信号 $Y=Y_A \cdot Y_B=\overline{A_1 A_2} \cdot \overline{B_1 B_2}=\overline{A_1 A_2+B_1 B_2}$，即把两个集电极开路与非门的输出相与（称为线与），完成与或非的逻辑功能。

74LS01 是常用的集电极开路两输入四与非门芯片，与之逻辑功能相同的还有 74LS00，不同之处在于 74LS01 可直接将几个逻辑门（集电极开路门）的输出端相连。这种输出直接相连，实现输出与功能的方式称为线与。普通的 TTL 与非门不能实现线与。

74LS01 管脚图如图 3.3.3 所示。

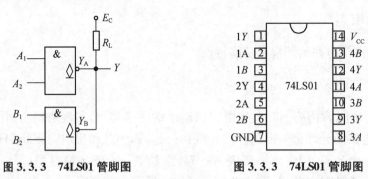

图 3.3.3　74LS01 管脚图　　　　图 3.3.3　74LS01 管脚图

（2）实现多路信号采集，使两路以上的信息共用一个传输通道（总线传输）。

（3）实现电平转换，以推动荧光数码管、继电器、MOS 器件等多种数字集成电路。

将 OC 门的输出端通过电阻与另一电源相连接，可实现电平的转换，如图 3.3.4 所示。

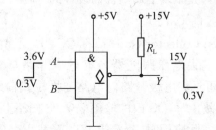

图 3.3.4　用 OC 门实现电平转换的电路

在驱动能力方面，无论是用 TTL 电路驱动 CMOS 电路还是用 CMOS 电路驱动 TTL 电路，驱动门必须能为负载门提供合乎标准的高、低电平和足够的驱动电流，即必须同时满足下列四式：

驱动门　负载门

$U_{\mathrm{OH(min)}} \geqslant U_{\mathrm{IH(min)}}$

$U_{\mathrm{OL(max)}} \leqslant U_{\mathrm{IL(max)}}$

$I_{\mathrm{OH(max)}} \geqslant I_{\mathrm{IH}}$

$I_{\mathrm{OL(max)}} \geqslant I_{\mathrm{IL}}$

式中：$U_{\mathrm{OH(min)}}$——门电路输出高电平 U_{OH} 的下限值；

$U_{\mathrm{OL(max)}}$——门电路输出低电平 U_{OL} 的上限值；

$I_{\mathrm{OH(max)}}$——门电路带拉电流负载的能力,或称放电流能力;

$I_{\mathrm{OL(max)}}$——门电路带灌电流负载的能力,或称吸电流能力;

$U_{\mathrm{IH(min)}}$——为能保证电路处于导通状态的最小输入(高)电平;

$U_{\mathrm{IL(max)}}$——为能保证电路处于截止状态的最大输入(低)电平;

I_{IH}—— 输入高电平时流入输入端的电流;

I_{IL}——输入低电平时流出输入端的电流。

例如,74 系列的 TTL 电路 $U_{\mathrm{OH(min)}}=2.4$ V,74LS 系列的 TTL 电路 $U_{\mathrm{OH(min)}}=2.7$ V,CD4000 系列的 CMOS 电路 $U_{\mathrm{IH(min)}}=3.5$ V,74HC 系列 CMOS 电路 $U_{\mathrm{IH(min)}}=3.15$ V,显然不满足 $U_{\mathrm{OH(min)}}\geqslant U_{\mathrm{IH(min)}}$。这时可在 TTL 电路的输出端与电源 E_{C} 之间接入上拉电阻,如图 3.3.5所示,从而实现电平的转换。

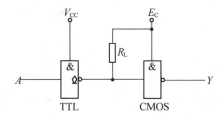

图 3.3.5 TTL(OC)门驱动 CMOS 电路的电平转换

实际应用中,有时需要将 n 个 OC 门的输出端并联"线与",负载是 m 个 TTL 与非门的输入端,为了保证 OC 门的输出电平符合逻辑要求,OC 门外接负载电阻 R_{L} 的数值应介于所规定的范围值之间。

$$R_{\mathrm{L(min)}}=\frac{E_{\mathrm{C}}-U_{\mathrm{OL(max)}}}{I_{\mathrm{OL(max)}}-mI_{\mathrm{IL}}}, \quad R_{\mathrm{L(max)}}=\frac{E_{\mathrm{C}}-U_{\mathrm{OH(min)}}}{nI_{\mathrm{CEO}}+m'I_{\mathrm{IH}}}$$

式中:I_{CEO}——OC 门输出三极管截止时的漏电流;

E_{C}—— 外接电源电压值;

m—— TTL 负载门个数;

n—— 输出短接的 OC 门个数;

m'——各负载门接到 OC 门输出端的输入端总和。

式中,R_{L} 值不能选得过大,否则 OC 门的输出高电平可能小于 $U_{\mathrm{OH(min)}}$;R_{L} 值也不能太小,否则 OC 门输出低电平时的灌电流也可能超过最大允许的负载电流 $I_{\mathrm{OL(max)}}$。通常 R_{L} 的取值在 $R_{\mathrm{L(max)}}$ 和 $R_{\mathrm{L(min)}}$ 之间,但 R_{L} 值的大小会影响到输出波形的边沿时间,在工作速度较高时,R_{L} 取值接近 $R_{\mathrm{L(min)}}$。

2) 三态门(TSL 门)

三态门(Three-state Logic)简称 TSL 门,是在普通门电路的基础上,附加使能控制端和控制电路构成的。三态门除了通常的高电平和低电平两种输出状态外,还有第三种输出状态——高阻态。高阻状态又称为禁止状态。高阻状态时,测电阻为无穷大,电路与负载之间相当于开路。

如图 3.3.6 所示为三态与非门的结构和逻辑符号,图(a)是使能端高电平有效的三态与非门,当使能端 $EN=1$ 时,电路为正常的工作状态,和普通的与非门一样,实现 $Y=\overline{AB}$;当

$EN=0$ 时,为禁止工作状态,Y 输出呈高阻状态。图(b)是使能端低电平有效的三态与非门,当 $\overline{EN}=0$ 时,电路为正常的工作状态,实现 $Y=\overline{AB}$;当 $\overline{EN}=1$ 时,电路为禁止工作状态,Y 输出呈高阻状态。

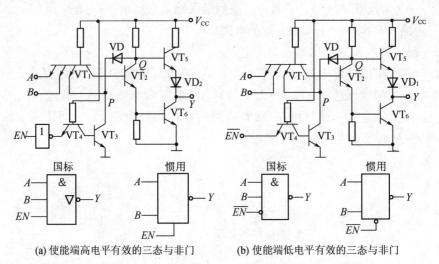

(a) 使能端高电平有效的三态与非门　　　(b) 使能端低电平有效的三态与非门

图 3.3.6　三态与非门的结构和逻辑符号

在数字系统中,为了能在同一条线路上分时传递若干个门电路的输出信号,减少各个单元电路之间的连线数目,常采用总线结构,而三态门电路用途之一就是实现总线传输。

总线传输的方式有两种:一种是单向总线,如图 3.3.7(a)所示,功能表见表 3.3.1,要求是需要传输信息的那个三态门的控制端处于使能状态($EN=1$),其余各门皆处于禁止状态($EN=0$),即可实现信号 A_1、A_2、A_3 向总线 Y 的分时传送,否则会出现与普通 TTL 门线与运用时同样的问题;另一种是双向总线,如图 3.3.7(b)所示,功能表见表 3.3.2,可实现信号的分时双向传送。

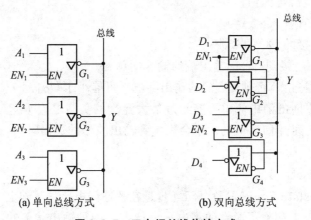

(a) 单向总线方式　　　　　　(b) 双向总线方式

图 3.3.7　三态门总线传输方式

表 3.3.1 单向总线逻辑功能

使能控制			输出 Y
EN_1	EN_2	EN_3	
1	0	0	$\overline{A_1}$
0	1	0	$\overline{A_2}$
0	0	1	$\overline{A_3}$
0	0	0	高阻

表 3.3.2 双向总线逻辑功能

使能控制		信号传输方向	
EN_1	EN_2		
1	0	$\overline{D_1} \rightarrow Y$	$\overline{Y} \rightarrow D_4$
0	1	$\overline{Y} \rightarrow D_2$	$\overline{D_3} \rightarrow Y$

74LS244 为 3 态 8 位缓冲器,它主要用于三态输出,作为地址驱动器、时钟驱动器、总线驱动器和定向发送器等。74LS244 没有锁存的功能,地址锁存器就是一个暂存器,它根据控制信号的状态,将总线上地址代码暂存起来。8086/8088 数据和地址总线采用分时复用操作方法,即用同一总线既传输数据又传输地址。

74LS244 管脚图如图 3.3.8 所示,真值表如表 3.3.3 所示。当使能端 $\overline{EN}$ 为低电平时,实现 $Y = A$ 的逻辑功能;当 $\overline{EN}$ 为高电平时为禁止状态,输出 Y 呈现高阻状态。

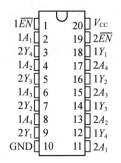

图 3.3.8 74LS244 管脚图

表 3.3.3 74LS244 真值表

$\overline{EN}$	A	Y
0	0	0
0	1	1
1	X	Z

X 表示不定状态;Z 表示高阻态。

3.3.4 预习要求

(1) 根据设计任务的要求,画出逻辑电路图,并注明管脚号。

(2) 拟出记录测量结果的表格。

3.3.5 实验内容

(1) 用三态门实现两路信号分时传送的总线结构如图 3.3.9 所示,框图及功能表如表 3.3.4 所示。

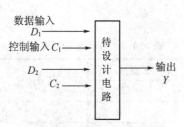

图 3.3.9   三态门总线结构

表 3.3.4   三态门功能表

控制输入		输出
C_1	C_2	Y
1	0	D_1
0	1	D_2

在实验中要求：

① 静态验证。输入端接开关,输出端接逻辑指示灯并用电压表测量输出高、低电平的电压值。

② 动态验证。输入端接 TTL 脉冲信号,用示波器对应地观察输入、输出波形。

(2) 用集电极开路(OC)"与非"门实现两路信号分时传送的总线结构,要求与实验内容1相同。

3.3.6   实验报告要求

(1) 画出示波器观察到的波形,且输入与输出波形必须对应,即在一个相位平面上比较两者的相位关系。

(2) 根据要求设计的任务应有设计过程和设计逻辑图,记录实际检测的结果,并进行分析。

3.3.7   思考题

(1) 简述 OC 门是如何实现线与功能的。并画出三个 OC 门线与的逻辑图。

(2) 几个三态门的输出端是否允许短接? 有没有条件限制? 应注意什么问题?

(3) 简述 OC 门和三态门在使用上有什么特点和区别?

3.3.8   实验仪器和器材

(1) 实验箱1台;

(2) 示波器1台;

(3) 数字万用表1块;

(4) 直流稳压电源1台;

(5) 主要器材 74LS01 1 片、74LS04 1 片、74LS244 2 片。

3.4　SSI 小规模集成电路的设计与分析

3.4.1　实验目的

（1）掌握用 SSI 设计组合逻辑电路的方法和调试方法。

（2）通过功能验证锻炼解决实际问题的能力。

（3）观察组合逻辑电路的冒险现象。

3.4.2　知识点

SSI 小规模集成电路的设计方法与分析方法。

3.4.3　实验原理

组合逻辑电路是数字系统中逻辑电路形式的一种，它的特点是：电路任何时刻的输出状态只取决于该时刻输入信号（变量）的组合，而与电路的历史状态无关。组合逻辑电路的设计是在给定问题（逻辑命题）的情况下，通过逻辑设计过程，选择合适的标准器件，搭接成实验给定问题（逻辑命题）功能的逻辑电路。

根据集成电路规模的大小，也就是每块集成电路芯片中包含的元器件数目，通常将其分为 SSI、MSI、LSI、VLSI。

小规模集成电路（Small Scale Integration，SSI）：是指每片包含 10～100 个元器件的电路，一般为一些逻辑单元电路，比如逻辑门电路或者集成触发器等。

在日常生活中，我们可以利用小规模的集成电路来设计抢答器、报警器等。

1）组合逻辑电路的设计步骤

设计的目的是根据给定的实际问题，选取合适的器件，设计出能实现其逻辑功能的电路。选择小规模集成电路器件，采用经典设计方式，设计的重要技巧是如何使芯片功能被充分利用。

（1）根据实际问题对逻辑功能的要求，定义输入/输出逻辑变量及赋值

首先，对命题的因果关系进行分析，"因"为输入，"果"为输出，即"因"为逻辑变量，"果"为逻辑函数。其次，对逻辑变量赋值，即用逻辑"0"和逻辑"1"分别表示两种不同状态。组合逻辑电路设计的关键之一，是对输入逻辑变量和输出逻辑变量做出合理的定义。在定义时，应注意以下两点：

① 只有具有二值性的命题才能定义为输入或输出逻辑变量；

② 要把变量取 1 值的含义表达清楚。

（2）根据定义的逻辑变量列出真值表

设计的要求一般是用文字来描述的，设计者很难由文字描述的逻辑命题直接写出逻辑函数表达式。由于真值表表示逻辑功能最为直观，故应先列出真值表。对命题的逻辑关系进行分析，确定有几个输入、几个输出，根据所定义的输入/输出变量，按逻辑关系列出真值表。

（3）由真值表写出逻辑函数表达式

（4）对逻辑函数进行化简

　　若由真值表写出的逻辑函数表达式不是最简式,应利用公式法或卡诺图法进行逻辑函数化简,得出最简式。这里的最简式是指所用器件的种类、个数最少,如果对所用器件有要求,还需将最简式转换成相应的形式。

　　(5) 按最简式画出逻辑电路图

　　总结组合逻辑电路设计流程图(见图 3.4.1)如下:

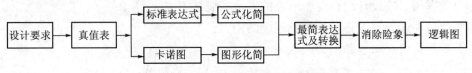

图 3.4.1　组合逻辑电路设计流程图

下面举一实例说明设计过程:

【例 3.4.1】　用与非门和异或门设计全加器并验证其逻辑功能。

　　解　① 定义输入变量为被加数 A_i、加数 B_i、低位来的进位 C_{i-1},输出变量为和 S_i、向高位的进位 C_i。

　　② 所列真值表如表 3.4.1 所示。

　　③ 卡诺图化简如图 3.4.2。

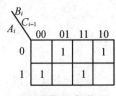

图 3.4.2　卡诺图

表 3.4.1　全加器真值表

输　入			输　出	
A_i	B_i	C_{i-1}	S_i	C_i
0	0	0	0	0
0	0	1	1	0
0	1	0	1	0
0	1	1	0	1
1	0	0	1	0
1	0	1	0	1
1	1	0	0	1
1	1	1	1	1

　　④ 由卡诺图得出逻辑表达式变换和化简得:

$$S_i = A_i \oplus B_i \oplus C_{i-1}$$

$$C_i = A_i C_{i-1} + A_i B_i + B_i C_{i-1} = \overline{\overline{A_i C_{i-1}} \cdot \overline{A_i B_i} \cdot \overline{B_i C_{i-1}}}$$

或

$$C_i = \overline{\overline{A_i B_i} \cdot \overline{(A_i \oplus B_i) \cdot C_{i-1}}}$$

　　⑤ 画出逻辑电路图,如图 3.4.3 所示。输入端 A_i、B_i、C_{i-1} 分别接三个逻辑开关,输出端 S_i 和 C_i 接逻辑电平指示灯。将测试结果与真值表对照验证。

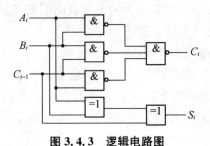

图 3.4.3　逻辑电路图

总结:输出逻辑函数表达式不一定是最简表达式,表达式的形式是由题目中所要求使用的芯片决定,先要化简为符合题目要求的最简表达式,再由表达式画出逻辑电路图。

　2) 组合逻辑电路的分析步骤

分析组合逻辑电路的目的是为了确定已知电路的逻辑功能,其步骤大致如下:

(1) 由逻辑图写出各输出端的逻辑表达式;

(2) 化简和变换各逻辑表达式;

(3) 列出真值表;

(4) 根据真值表和逻辑表达式对逻辑电路进行分析,最后确定其功能。

【例 3.4.2】 分析如图 3.4.4 所示电路的逻辑功能

解 分析步骤:

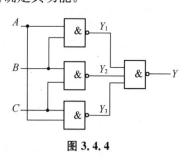

图 3.4.4

① 由逻辑图写出逻辑表达式并化简得:

$$Y_1 = \overline{AB},$$

$$Y_2 = \overline{BC},$$

$$Y_3 = \overline{AC},$$

$$Y = \overline{Y_1 Y_2 Y_3} = \overline{\overline{AB} \cdot \overline{BC} \cdot \overline{AC}} = AB + BC + AC$$

② 真值表(见表 3.4.2)

表 3.4.2　真值表

A	B	C	Y
0	0	0	0
0	0	1	0
0	1	0	0
0	1	1	1
1	0	0	0
1	0	1	1
1	1	0	1
1	1	1	1

③ 逻辑功能分析

当 3 个输入变量中有两个或两个以上为 1 时,输出为 1,否则为 0。

　3) 组合逻辑的冒险

(1) 冒险产生的原因

通常情况下的逻辑设计都是在理想情况下进行的,即假定电路中的布线及门电路都没有延迟效应。但是由于半导体参数的离散性以及电路存在过渡过程,造成信号在传输过程中通过传输线或器件都需要一个响应时间。因此,在理想情况下设计出的逻辑电路,受上述因素影响后,可能在输入信号变化的瞬间,在输出端产生一些不正确的尖峰信号,这种情况称为组合电路的冒险现象。如图 3.4.5 所示为出现冒险现象的两个例子。

图 3.4.5(a)中,输出函数 $Y_1 = A \cdot \overline{A}$,由于非门 1 有延迟时间 t_{Pd},使得 $\overline{A}$ 有一定延时

t_{Pd},造成输出 Y_2 产生一相应宽度的正向毛刺(又称静态 1 型险象)。毛刺是一种非正常输出,它对后接电路,有可能造成误动作,从而直接影响数字设备的稳定性和可靠性。图 3.4.5(b)中,输出函数 $Y_1 = A + \overline{A}$,同样产生了误动作(又称静态 0 型险象),自行分析。(注:图中输出 Y 跳变的时间是由两个逻辑门引起的)

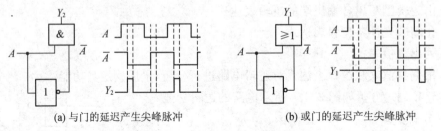

(a) 与门的延迟产生尖峰脉冲   (b) 或门的延迟产生尖峰脉冲

图 3.4.5　出现冒险现象的两个例子

(2) 消除冒险的方法

① 加封锁脉冲或选通脉冲;

② 接滤波电容;

③ 修改逻辑设计(增加冗余项)。

如果输出端门电路的两个输入信号 A 和 $\overline{A}$ 是输入变量 A 经过两个不同的传输途径而来的,如图 3.4.5(a)所示,那么当输入变量 A 的状态发生突变时输出端便有可能产生干扰脉冲。这种情况下,可以通过增加冗余项的方法,修改逻辑设计,消除冒险现象。

例如:若一电路的逻辑函数式可写为:

$$Y = AB + \overline{A}C$$

当 $B = C = 1$ 时,上式将写为:

$$Y = A + \overline{A}$$

故该电路存在冒险现象。

根据逻辑代数的常用公式可知:

$$Y = AB + \overline{A}C = AB + \overline{A}C + BC$$

从上式可知,在增加了 BC 项以后,$B = C = 1$ 时无论 A 如何改变,输出始终保持 $Y = 1$。因此,A 的状态变化不再会引起冒险现象。

组合电路的冒险现象是一个重要的实际问题。当设计出一个组合逻辑电路后,首先应进行静态测试,也就是按真值表依次改变输入变量,测得相应的输出逻辑值,验证其逻辑功能,再进行动态测试,观察是否存在冒险,然后根据不同情况分别采取措施消除险象。

4) 组合逻辑电路的测试方法

逻辑电路测试的目的是验证其逻辑功能是否符合设计要求,也就是验证其输出与输入的关系是否与真值表相符。

(1) 静态测试

静态测试是在电路静止状态下测试输出与输入的关系。将输入端分别接到逻辑电平开关上,用电平显示灯分别显示输入和输出端的状态。按真值表将输入信号一组一组地依次送入被测电路,测出相应的输出状态,与真值表相比较,借以判断此组合逻辑电路静态工作是否正常。

(2) 动态测试

动态测试是指用数字信号发生器产生一系列特定的脉冲信号,将这些信号接入组合逻辑电路的输入端,用示波器或逻辑分析仪观测各输出端的信号,并与输入波形对比,画出时序波形图,从而分析输入和输出之间的逻辑关系。

5) 实验常见故障的检测及排除

(1) 数字电路中的布线原则

① 接插芯片时,先校准两排引脚,使之与面包板上的插孔对齐,轻轻用力将芯片插上,注意芯片的方向和引脚顺序;

② 导线应粗细适当,最好分颜色接线,且导线上裸露在外的铜丝不要过长,以免相互接触影响实验;

③ 当实验电路的布线规模较大时,应注意元器件的合理布局,以便得到最佳布线。布线时,可顺带对单个元件进行功能测试。

(2) 数字电路中常见的故障检测与排除

① 静态检查法

检查设备元器件和线路是否被烧坏或者变色、脱落、松动,如果没有明显的元件损坏标志,则给电路通电再观察有无异样。用仪表测量电路中的逻辑功能是否正常,测试各输出和输入端口电压电流值,并记录。很多故障会在静态检查过程中被发现。

② 观察法

用万用表直接测量各集成块的 V_{CC} 端是否加上电源电压,输入信号、时钟脉冲等是否加到实验电路上,观察输出端有无反应。重复测试并观察故障现象,然后对某一故障状态,用万用表测量各输入和输出端的直流电压,从而判断出是否是面包板或集成块引脚等原因造成的故障。

③ 比较替换法

这个方法也是常用的方法之一,为了尽快找到故障,常将故障电路主要测试点的电压波形、电流、电压等参数和一个工作正常的相同电路对应测试点的参数进行对比,从而查出故障。若怀疑是某一芯片存在故障,可用相同的芯片进行替代使用。

3.4.4 预习要求

(1) 学习组合逻辑电路的设计方法。

(2) 熟悉本实验所用各种集成电路的型号及引脚号。

(3) 根据实验内容所给定的设计命题要求,按设计步骤写出真值表、输出函数表达式、卡诺图化简过程,并按实际要求写出最终表达式。

(4) 根据实验要求画出标有集成电路的型号及引脚号的逻辑电路图。

3.4.5 实验内容

(1) 用与非门设计一个多数表决电路,当输入变量 A、B、C 有两个或两个以上为 1 时输出 Y 为 1,否则为 0。

(2) 设计一个组合逻辑电路,它接收 1 位 8421BCD 码 $B_3B_2B_1B_0$,仅当 $2< B_3B_2B_1B_0<$ 7 时输出 Y 才为 1。

(3) 4 位数码奇偶校验电路:4 位二进制数,当输入数码中有奇数个 1 时,输出为 1(0000 为偶数个 1)。

(4) 人类有四种血型:A、B、AB 和 O 型。输血时,输血者与受血者必须符合如图 3.4.6 所示的规定,否则将有生命危险,试设计一个判别电路,判断输血者和受血者是否符合规定。(提示:输入可用两个变量的组合表示输血者血型,另外两个变量的组合代表受血者血型;输出变量表示是否符合规定。)

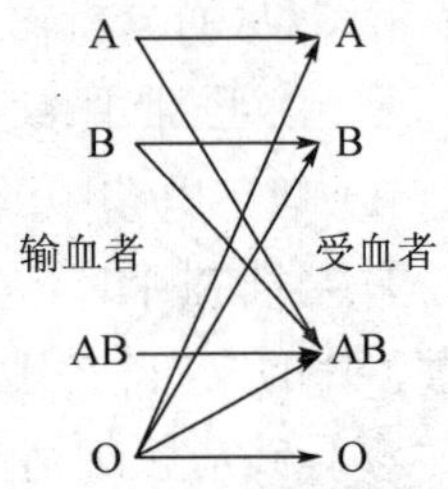

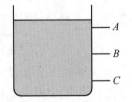

图 3.4.6 血型的配对图形

(5) 用最少的器件设计一个健身房照明灯的控制电路,该健身房有东门、南门、西门,在各个门旁边装有一个开关,每个开关都能独立控制灯的亮/暗,控制电路具有以下功能:

① 任一扇门开关接通,灯亮,开关断,灯暗;

② 当某一扇门开关接通,灯亮,接着接通另一门开关,灯暗;

③ 当三扇门开关都接通,灯亮。

3.4.6 实验报告要求

(1) 列写实验任务的设计过程,包括叙述有关设计技巧,画出设计的逻辑电路图,并注明所用集成电路的引脚号;

(2) 拟定记录测量结果的表格,并进行分析;

(3) 总结用小规模数字集成电路设计组合电路的方法。

3.4.7 思考题

(1) 某工厂有三个车间 A、B、C,有一个自备电站,站内有两台发电机 M 和 N,N 的发电能力是 M 的两倍,如果一个车间开工,启动 M 就可以满足要求;如果两个车间都开工,启动 N 就可以满足要求;如果三个车间同时开工,只有同时启动 M、N 才能满足要求。试用异或门和与非门设计一个控制电路,由车间开工情况自动控制 M 和 N 的启动。

(2) 如图 3.4.7 所示为一工业用水容器示意图,A、B、C 电极被水浸没时会有信号输出,试用与非门构成的电路来实现下述作用:水面在 A、B 间,为正常状态,亮绿灯 G;水面在 B、C 间或在 A 以上为异常状态,亮黄灯 Y;水面在 C 以下为危险状态,亮红灯 R。要求写出设计过程。

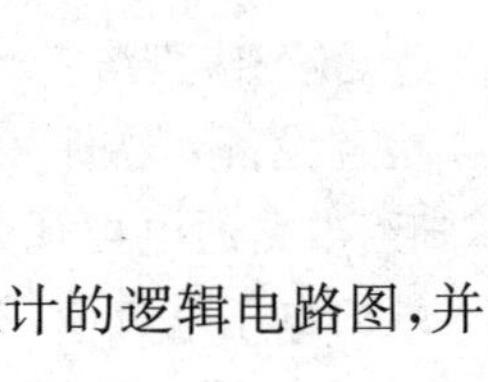

(3) 简述组合逻辑电路的设计方法。

图 3.4.7 工业用水容器图

3.4.8 实验仪器和器材

(1) 实验箱 1 台;

(2) 示波器 1 台;

（3）数字万用表 1 块；

（4）直流稳压电源 1 个；

（5）主要器材 74LS00 1 片、74LS04 1 片、74LS86 1 片。

3.5 MSI 组合功能件的应用（一）

3.5.1 实验目的

（1）掌握译码器、数据选择器等 MSI 组合功能器件的使用方法；

（2）熟悉 MSI 组合功能器件的应用。

3.5.2 知识点

中规模集成电路的设计、译码器 74LS138、数据选择器 74LS153。

3.5.3 实验原理

MSI（Medium-Scale Integration，中规模集成电路）是具有专门功能的集成功能件。常见的 MSI 组合功能件有译码器、数据选择器、数据比较器、编码器和全加器等。每一种 MSI 组合功能件都有其相应的功能表，用于表示其可实现的功能，弄清楚器件各引脚的功能就能正确的使用这些器件。MSI 在实现功能上比 SSI 强大很多，许多用 SSI 解决的问题使用 MSI 同样可以解决，而且 MSI 器件具有体积小、功耗低、速度快、抗干扰能力强等特点，且性能稳定、价格低廉，因而得到了广泛地应用。一般在较复杂的组合逻辑电路设计中，用中规模组合逻辑电路取代小规模组合逻辑电路，使逻辑电路更为简化，工作更为可靠，有事半功倍的效果。

用 MSI 设计组合逻辑电路的基本方法是对照比较法。因为 MSI 电路中输出和输入的逻辑关系已经固化，不能改变，关键在于根据需要选择和灵活运用相关功能的 MSI 器件。如何选择 MSI 器件需要根据设计者的经验和思维方式而定，因此，要求设计者对常用的 MSI 器件性能十分熟悉才能合理恰当地进行运用（见图 3.5.1）。

图 3.5.1 MSI 设计流程图

1）译码器

将二进制数码按一定规则组成代码表示一个特定对象，称为二进制编码。将输入的具有特定含义的二进制代码翻译成对应的输出信号的过程叫译码。译码器是一个多输入多输出的组合逻辑电路。常用的 MSI 集成译码器有二进制译码器和十进制译码器。其中二进制译码器是一种最简单的变量译码器，它的输出端全是最小项。本实验主要讨论通用译码器 74LS138。

二进制译码器有 n 个输入端，则最多有 2^n 个输出端，每个输出端对应输入变量函数的一个最小项，这种译码器被称为 $n-2^n$ 线译码器，也称基本译码器或唯一译码器。如 74LS138 为 3 线-8 线译码器，其中"3 线"表示其有 3 个数据输入端，"8 线"表示其有 8 个数据输出端，且只能有一个输出端为"有效电平"。74LS138 逻辑符号如图 3.5.2 所示：

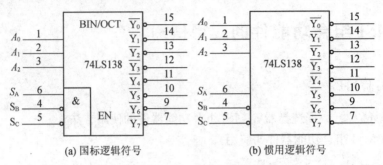

(a) 国标逻辑符号　　　　　　　　　　(b) 惯用逻辑符号

图 3.5.2　74LS138 逻辑符号

在 74LS138 芯片中，A_2、A_1、A_0 是地址输入端，S_A、$\overline{S_B}$、$\overline{S_C}$ 是使能端，$\overline{Y_0} \sim \overline{Y_7}$ 是译码输出端，分别对应着 $A_2A_1A_0$ 所有最小项的"非"。当使能端 S_A、$\overline{S_B}$、$\overline{S_C}$ 为 $H(1)$、$L(0)$、$L(0)$ 时为有效使能状态，译码器实现正常的译码功能；当使能端 S_A、$\overline{S_B}$、$\overline{S_C}$ 为不是 $H(1)$、$L(0)$、$L(0)$ 的其他状态时就不实现译码，不论 A_2、A_1、A_0 输入为何值，8 个输出端 $\overline{Y_0} \sim \overline{Y_7}$ 输出都为高电平 H。74LS138 功能表见表 3.5.1。

表 3.5.1　74LS138 功能表

输　入					输　出							
S_A	$\overline{S_B}+\overline{S_C}$	A_2	A_1	A_0	$\overline{Y_0}$	$\overline{Y_1}$	$\overline{Y_2}$	$\overline{Y_3}$	$\overline{Y_4}$	$\overline{Y_5}$	$\overline{Y_6}$	$\overline{Y_7}$
1	0	0	0	0	0	1	1	1	1	1	1	1
1	0	0	0	1	1	0	1	1	1	1	1	1
1	0	0	1	0	1	1	0	1	1	1	1	1
1	0	0	1	1	1	1	1	0	1	1	1	1
1	0	1	0	0	1	1	1	1	0	1	1	1
1	0	1	0	1	1	1	1	1	1	0	1	1
1	0	1	1	0	1	1	1	1	1	1	0	1
1	0	1	1	1	1	1	1	1	1	1	1	0
0	×	×	×	×	1	1	1	1	1	1	1	1
×	1	×	×	×	1	1	1	1	1	1	1	1

74LS138 有三个附加的控制端，这三个控制端为译码器的扩展和灵活应用提供了方便，如将两片 3—8 译码器扩展为 4—16 译码器。

74LS138 还可作为数据分配器使用，数据分配就是将一个数据源的数据根据需要送到多个通道上去，74LS138 作为数据分配器使用时的功能表如表 3.5.2 所示：

表 3.5.2　74LS138 作为数据分配器功能表

| 输 入 | | | | | | 输 出 | | | | | | | |
S_A	$\overline{S_B}$	$\overline{S_C}$	A_2	A_1	A_0	$\overline{Y_0}$	$\overline{Y_1}$	$\overline{Y_2}$	$\overline{Y_3}$	$\overline{Y_4}$	$\overline{Y_5}$	$\overline{Y_6}$	$\overline{Y_7}$
1	D	0	0	0	0	D	1	1	1	1	1	1	1
1	D	0	0	0	1	1	D	1	1	1	1	1	1
1	D	0	0	1	0	1	1	D	1	1	1	1	1
1	D	0	0	1	1	1	1	1	D	1	1	1	1
1	D	0	1	0	0	1	1	1	1	D	1	1	1
1	D	0	1	0	1	1	1	1	1	1	D	1	1
1	D	0	1	1	0	1	1	1	1	1	1	D	1
1	D	0	1	1	1	1	1	1	1	1	1	1	D
0	$\times$	0	$\times$	$\times$	$\times$	1	1	1	1	1	1	1	1

74LS138 作为数据分配器来使用时,需要用到一个使能端来进行数据输入,可以从 S_A 端来输入数据,也可从 $\overline{S_B}$ 端来输入数据,当从 S_A 端输入数据时,需 $\overline{S_B}=\overline{S_C}=0$,输出结果是 S_A 输入数据的反码;当从 $\overline{S_B}$ 端输入数据时,需 $S_A=1$,$\overline{S_C}=0$,输出结果为 $\overline{S_B}$ 的输入数据。

根据输入地址的不同组合,译出唯一地址,故可用做地址译码器。接成多路分配器,可将一个信号源的数据信号传输到不同的地点。

译码器的每一路输出,其实是各地址变量组成函数的一个最小项的反变量,即 $\overline{Y_0}=\overline{\overline{A_2}\ \overline{A_1}\ \overline{A_0}}$,$\overline{Y_1}=\overline{\overline{A_2}\ \overline{A_1}\ A_0}$,$\overline{Y_2}=\overline{\overline{A_2}A_1\overline{A_0}}$,$\overline{Y_3}=\overline{\overline{A_2}A_1A_0}$,$\overline{Y_4}=\overline{A_2\ \overline{A_1}\ \overline{A_0}}$,$\overline{Y_5}=\overline{A_2\ \overline{A_1}A_0}$,$\overline{Y_6}=\overline{A_2A_1\ \overline{A_0}}$,$\overline{Y_7}=\overline{A_2\ A_1A_0}$,利用一部分输出端输出的与非关系,可以方便地实现用与或表达式的逻辑函数电路。

【例 3.5.1】 试用一片 3 - 8 译码器 74LS138 和两个四输入与非门设计 1 位全加器。

解:① 定义输入变量为被加数 A_i、加数 B_i、低位来的进位 C_{i-1},输出变量为和 S_i、向高位的进位 C_i。

② 列出真值表如表 3.5.3 所示。

③ 由真值表写出逻辑表达式:

$$S_i =\overline{A_i}\ \overline{B_i}C_{i-1}+\overline{A_i}B_i\ \overline{C_{i-1}}+A_i\ \overline{B_i}\ \overline{C_{i-1}}+A_iB_iC_{i-1}$$
$$=\overline{\overline{Y_1}\cdot\overline{Y_2}\cdot\overline{Y_4}\cdot\overline{Y_7}}$$

$$C_i =\overline{A_i}B_iC_{i-1}+A_i\ \overline{B_i}C_{i-1}+A_iB_i\ \overline{C_{i-1}}+A_iB_iC_{i-1}$$
$$=\overline{\overline{Y_3}\cdot\overline{Y_5}\cdot\overline{Y_6}\cdot\overline{Y_7}}$$

表 3.5.3　例 3.5.1 真值表

| 输 入 | | | 输 出 | |
A_i	B_i	C_{i-1}	S_i	C_i
0	0	0	0	0
0	0	1	1	0
0	1	0	1	0
0	1	1	0	1
1	0	0	1	0
1	0	1	0	1
1	1	0	0	1
1	1	1	1	1

④ 逻辑电路图如图 3.5.3 所示。

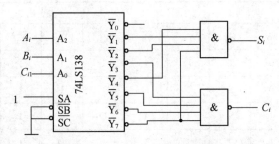

图 3.5.3　例 3.5.1 逻辑电路图

【**例 3.5.2**】　设计用三个开关控制一个电灯的逻辑电路,要求改变任何一个开关的状态都能控制电灯由亮变灭或由灭变亮。要求用芯片 74LS138 和与非门来实现。

解:① 用 A、B、C 表示三个开关,0 表示关,1 表示开;用 Y 表示灯的状态,1 表示亮,0 表示灭。

② 列出真值表如表 3.5.4 所示。

③ 从真值表写出逻辑表达式:

$$Y=\overline{A}\,\overline{B}C+\overline{A}B\overline{C}+A\overline{B}\,\overline{C}+ABC=\overline{\overline{Y_1}\cdot\overline{Y_2}\cdot\overline{Y_4}\cdot\overline{Y_7}}$$

表 3.5.4　例 3.5.2 真值表

A	B	C	Y
0	0	0	0
0	0	1	1
0	1	0	1
0	1	1	0
1	0	0	1
1	0	1	0
1	1	0	0
1	1	1	1

④ 逻辑电路图如图 3.5.4 所示。

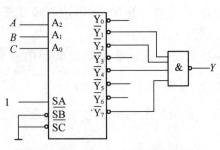

图 3.5.4　例 3.5.2 逻辑电路图

总结:74LS138 的设计不需要将表达式化简,只需把函数式化为最小项之和的形式,再附加必要的门(或门或者与非门),画出逻辑电路图即可。

2) 数据选择器

数据选择器是实现数据选择功能的逻辑电路。数据选择是指多个通道的数据经过选择传送到唯一的公共数据通道上去,它相当于一个多路开关。常用的有 2 选 1,4 选 1,8 选 1 和 16 选 1,若需更多则由上述扩展。本实验主要讨论 4 选 1 数据选择器 74LS153。

74LS153 是一个 4 选 1 数据选择器,其由一个数据选通输入端 ST(低电平有效)、两个选择输入端 A_1、A_0,四个数据输入端 $D_0D_1D_2D_3$ 和数据输出端 Y 组成。在 74LS153 芯片中有两个 4 选 1 数据选择器,共用相同的选择输入端 A_1、A_0,各拥有一个数据选通端 $\overline{ST}$ 来进行控制。74LS153 的逻辑图如图 3.5.5 所示。74LS153 功能表如表 3.5.5 所示。

表 3.5.5　74LS153 功能表

输　入							输　出
$\overline{ST}$	A_1	A_0	D_0	D_1	D_2	D_3	Y
1	×	×	×	×	×	×	0
0	0	0	0	×	×	×	0
0	0	0	1	×	×	×	1
0	0	1	×	0	×	×	0
0	0	1	×	1	×	×	1
0	1	0	×	×	0	×	0
0	1	0	×	×	1	×	1
0	1	1	×	×	×	0	0
0	1	1	×	×	×	1	1

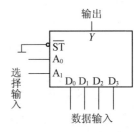

图 3.5.5　74LS153 逻辑图

由 74LS153 功能表可以得出数据输出 Y 的表达式为：

$$Y=ST[D_0(\overline{A_1}\ \overline{A_0})+D_1(\overline{A_1}A_0)+D_2(A_1\overline{A_0})+D_3(A_1A_0)]$$

当 $\overline{ST}=0$ 时，$ST=1$，此时 Y 的结果由选择输入端 A_1、A_0 确定，当 A_1、A_0 为 00、01、10、11 时，Y 输出的结果分别为 D_0、D_1、D_2、D_3 上的数据。当 $\overline{ST}=1$ 时，$ST=0$，此时输出 Y 恒为 0。

使用数据选择器进行电路设计时要合理地选择地址变量，通过对函数的运算，确定各数据输入端的输入方程。例如，使用 4 选 1 数据选择器实现以下的函数：

$$Y=\overline{A}\overline{B}C+\overline{A}B\overline{C}+A\overline{B}D+ABD$$

由表达式可以发现表达式中的四项都有 A、B 两个变量存在，将表达式和 74LS153 的表达式相比较，假设 $A=A_1$，$B=A_0$，可得出 $D_0=C$、$D_1=\overline{C}$、$D_2=D$、$D_3=D$，由表达式得到的电路图如图 3.5.6 所示。

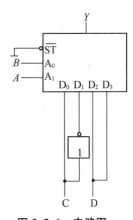

图 3.5.6　电路图

遇到更复杂的表达式时，如符合数据选择器表达式形式，可以先化简，再画出电路图。

数据选择器也可实现将一组并行输入数据转换为串行输出。例如在图 3.5.6 中，$D_0\sim D_3$ 四个并行数据为 1011，Y 为数据输出，使能端 $\overline{ST}=0$ 时 A_1A_0 送入的 2 位地址码由 00~11 循环变化，则在 Y 可得到周期变化的串行数据输出。该电路实现了 4 位并行数据串行输送功能。当 1011 为固定值时，此电路即成为 4 位序列脉冲发生器。可见利用数据选择器能灵活简便地实现多位序列脉冲发生器。

【例 3.5.3】　设计用三个开关控制一个电灯的逻辑电路，要求改变任何一个开关的状态都能控制电灯由亮变灭或由灭变亮。要求用数据选择器来实现。

解： ① 用 A、B、C 表示三个开关，0 表示关，1 表示开；用 Y 表示灯的状态，1 表示亮，0 表示灭。

② 列出真值表如表 3.5.6 所示。

表 3.5.6　例 3.5.3 真值表

A	B	C	Y
0	0	0	0
0	0	1	1
0	1	0	1
0	1	1	0
1	0	0	1
1	0	1	0
1	1	0	0
1	1	1	1

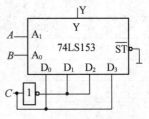

图 3.5.7　例 3.5.3 逻辑电路图

③ 由真值表写出逻辑表达式：

$$Y=\overline{A}\,\overline{B}C+\overline{A}B\overline{C}+A\overline{B}\,\overline{C}+ABC$$

令 $A_1=A$，$A_0=B$，则 $D_0=D_3=C$，$D_1=D_2=\overline{C}$

④ 逻辑电路图如图 3.5.7 所示。

【例 3.5.4】　试用一片数据选择器 74LS153 设计一位全加器。

解：① 定义输入变量为被加数 A_i、加数 B_i、低位来的进位 C_{i-1}，输出变量为和 S_i、向高位的进位 C_i。

② 列出真值表如表 3.5.7 所示。

表 3.5.7　例 3.5.4 真值表

输　入			输　出	
A_i	B_i	C_{i-1}	S_i	C_i
0	0	0	0	0
0	0	1	1	0
0	1	0	1	0
0	1	1	0	1
1	0	0	1	0
1	0	1	0	1
1	1	0	0	1
1	1	1	1	1

③ 由真值表写出逻辑表达式：

$$S_i=\overline{A_i}\,\overline{B_i}\,C_{i-1}+\overline{A_i}B_i\,\overline{C_{i-1}}+A_i\,\overline{B_i}\,\overline{C_{i-1}}+A_iB_iC_{i-1}$$

所以

$$1D_0=C_{i-1},\ 1D_1=\overline{C_{i-1}},\ 1D_2=\overline{C_{i-1}},\ 1D_3=C_{i-1}$$

$$C_i=\overline{A_i}B_iC_{i-1}+A_i\overline{B_i}C_{i-1}+A_iB_i\overline{C_{i-1}}+A_iB_iC_{i-1}$$

所以

$$2D_0=0,\ 2D_1=C_{i-1},\ 2D_2=C_{i-1},\ 2D_3=1$$

④ 逻辑电路图如图 3.5.8 所示。

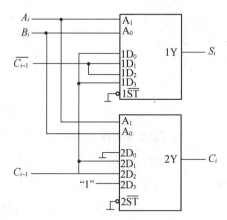

图 3.5.8　例 3.5.4 逻辑电路图

总结:用数据选择器设计组合逻辑电路有以下注意点:

① 按照数据选择器通用函数式的格式写出相应表达式;

② 搞清函数变量与选择输入端以及数据输入端的对应关系;

③ 附加必要的逻辑门,画出逻辑图。

综上可知,许多用 SSI 可以解决的问题使用 MSI 同样可以解决,而且通常都会使问题简化,因此在使用时可根据具体情况进行选择。在 MSI 的设计过程中,逻辑函数表达式的书写方式应根据所选用的芯片来确定,不同芯片的表达式书写也不同,芯片的具体功能可通过功能表进行了解。

3) BCD 七段数码管显示译码器电路

发光二极管(LED)由特殊的半导体材料砷化镓、磷砷化镓等制成,它可以单独使用,也可以组装成分段式或点阵式 LED 显示器件(半导体显示器)。分段式显示器(LED 数码管)由 7 条线段围成 8 形,每一段包含一个或数个发光二极管。外加正向电压时二极管导通,发出清晰的光,有红、黄、绿等颜色。只要按规律控制各发光段的亮、灭,就可以显示各种字形或符号。

七段数码管又分共阴和共阳两种结构。如果把 7 段数码管的每一段都等效成发光二极管的正负两个极,那共阴就是把 $abcdefg$ 这 7 个发光二极管的负极连接在一起并接地。

图 3.5.9(a)是共阴式 LED 数码管的原理图,图 3.5.9(b)是其表示符号。使用时,公共阴极接地,7 个阳极 $a\sim g$ 经限流电阻接高电平,应选用高电平有效的七段译码器来驱动,如 7448、7447,如图 3.5.9(c)所示。同理,当选用共阳极 LED 数码管时,阳极接公共电源正极,各发光二极管阴极分别接限流电阻 R 和译码器的 $a\sim g$,应选用低电平有效的七段译码器来驱动,如 7446。

通常 1 英寸(1 英寸=2.54 厘米)以上数码管的每个发光段由多个二极管复联组成,需较大驱动电压和电流,由于 TTL 集成电路的低电平推动能力比高电平推动能力大得多,故选用低电平有效的 OC 门输出的七段译码器。

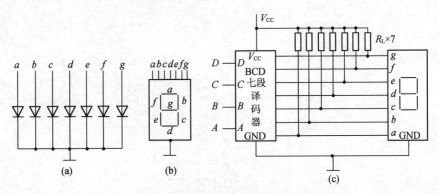

图 3.5.9　数字显示译码器(共阴极 LED 数码管)

BCD 七段译码器的输入是 1 位 BCD 码(以 D、C、B、A 表示),输出是数码管各段的驱动信号(以 $F_a \sim F_g$ 表示),也称 4—7 译码器。若用它驱动共阴 LED 数码管,则输出应为高电平有效,即输出为高(1) 时,相应显示段发光。例如,当输入 8421 码 DCBA=0100 时,应显示"4",即要求同时点亮 b、c、f、g 段,熄灭 a、d、e 段,故译码器的输出应为 $F_a \sim F_g$ =0110011,这也是一组代码,常称为段码。同理,根据组成 0~9 这 10 个字形的要求可以列出 8421BCD 七段译码器的真值表 3.5.8。

表 3.5.8　七段译码器真值表

输　入				输　出							字　形
D	C	B	A	F_a	F_b	F_c	F_d	F_e	F_f	F_g	
0	0	0	0	1	1	1	1	1	1	0	
0	0	0	1	0	1	1	0	0	0	0	
0	0	1	0	1	1	0	1	1	0	1	
0	0	1	1	1	1	1	1	0	0	1	
0	1	0	0	0	1	1	0	0	1	1	
0	1	0	1	1	0	1	1	0	1	1	
0	1	1	0	1	0	1	1	1	1	1	
0	1	1	1	1	1	1	0	0	0	0	
1	0	0	0	1	1	1	1	1	1	1	
1	0	0	1	1	1	1	1	0	1	1	

这一类集成译码器产品很多,类型各异,它们的输出结构也各不相同,因而使用时要予以注意。图 3.5.9(c)中的电阻是上拉电阻,也称限流电阻,当译码器内部带有上拉电阻时,则可省去。现已有将计数器、锁存器、译码驱动电路集于一体的集成器件,还有连同数码显示器也集成在一起的电路可供选用。

3.5.4 预习要求

了解实验所用芯片的功能,根据实验内容要求,画出真值表、表达式和逻辑电路图。

3.5.5 实验内容

(1) 某汽车驾驶员驾照考试,有三名考官,其中 A 为主考官,B、C 为副考官,评判时,按照少数服从多数的原则,但若主考官认为合格也可以通过。利用 74LS138 和与非门实现此功能的逻辑电路,画出逻辑图。

(2) 利用 74LS153 数据选择器完成上次实验中的血型配对电路的设计,画出逻辑图。

(3) 用译码器 74LS138 和门电路设计 1 位二进制全减电路,输入为被减数、减数和来自低位的借位;输出为两位之差及向高位的借位。

3.5.6 实验报告要求

每一个实验都必须写出设计过程和步骤,画出设计逻辑图,对实验结果进行记录并分析。

3.5.7 思考题

(1) 怎样利用两个 4 选 1 数据选择器实现 8 选 1 数据选择器功能?(提示:将使能端连接作为最高位输入,只能有一个信号输出端)

(2) 怎样利用两个 3－8 线译码器实现 4－16 线译码器的功能?

(3) 用数据选择器 74LS153 和门电路设计 1 位二进制全减器电路。(提示:输入为被减数、减数和来自低位的借位;输出为两位之差及向高位的借位)

3.5.8 实验仪器和器材

(1) 实验箱 1 台;

(2) 示波器 1 台;

(3) 数字万用表 1 块;

(4) 直流稳压电源 1 台;

(5) 主要器材:74LS00 1 片、74LS138 1 片、74LS153 1 片。

*3.6　MSI 组合功能件的应用(二)

3.6.1　实验目的

(1) 掌握全加器、数据比较器等 MSI 组合功能器件的使用方法;

(2) 进一步熟悉 MSI 组合功能器件的应用。

3.6.2　知识点

全加器 74LS283、数值比较器 74LS85。

3.6.3　实验原理

1) 全加器

数字运算是数字系统基本功能之一,加法器是执行算术运算的重要逻辑部件,在数字系统和计算机中,二进制的加、减、乘、除等运算都可以转换为若干步加法运算。

为了提高运算速度,通常使用超前进位全加器。其提高运算速度的关键在于进位信号不再是逐级传递,而是采用超前进位技术,每位的进位只由加数、被加数和最低进位信号 CI 决定,改善了串行进位加法器的速度受到进位信号的限制的缺点。不过,运算速度的提高是靠增加电路的复杂程度换取的,而且,位数越多,电路越复杂。目前中规模集成超前进位全加器多为 4 位。

74LS283 就是一个 4 位二进制超前进位加法器。74LS283 由 $A_4A_3A_2A_1$ 和 $B_4B_3B_2B_1$ 的被加数与加数、低位器件向本器件的进位 CI、本器件向高位器件的进位 CO 以及和数 $S_3S_2S_1S_0$ 组成,74LS283 逻辑如图 3.6.1 所示。

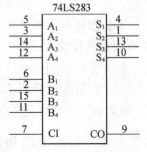

图 3.6.1　74LS283 逻辑图

二进制加法器可以进行多位连接使用,也可以根据二进制码的特性,利用原码、反码和补码之间的转化关系做成全减器、补码器以及构成乘法器、除法器等多种逻辑关系的电路。

利用 74LS283 超前进位加法器可以直接进行十六进制加法的运算,因为 4 位二进制码是逢十六进一的,同时,也可以用它来做十进制的加法,即 NBCD 码的加法运算。但是在进行十进制加法时,其进位数和十六进制相差六,所以需要再搭建一个校正网络来实现转换,在和数不大于 1001 时,校正网络不工作,当和数大于 1001 时,校正网络工作,使其结果加上 0110,从而实现十进制的加法运算。

【例】 试用 4 位并行加法器 74LS283 设计一个加/减运算电路。当控制信号 $M=0$ 时两个输入的 4 位二进制数相加,当 $M=1$ 时,两个输入的 4 位二进制数相减。

解　令两个输入 4 位二进制数分别为 P、Q,输出 4 位二进制数为 S。

① 加法运算:因为 74LS283 本身就是一个 4 位二进制加法器,所以 $P+Q$ 可以直接实现。

② 减法运算:差等于被减数加上减数的补码,其中补码为 Q 的反码加 1,即 $S=P-Q=$

$P+Q_\text{补}-2^n=P+Q_\text{反}+1-2^n$。由上可知用四个反相器将 Q 反相即可得 $Q_\text{反}$，将进位输入端 CI 接 1 可实现加 1，由此得到 $Q_\text{补}$，显然只能由高位的进位信号与 2^n 相减。当最高位的进位信号为 1 时，差为 0；当最高位的进位信号为 0 时，差为 1，同时发生借位。因此，只要将高位的进位信号反相即能实现减 2^n 的运算。

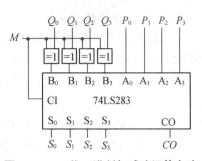

图 3.6.2 为 4 位二进制加减法运算电路。当 M 接低电平 0 时，为加法电路，实现 $P+Q$ 的功能；当 M 接高电平 1 时，为减法电路，实现 $P-Q$ 的功能，该图中实现减法功能时没有考虑高位进位信号的反相。

图 3.6.2　4 位二进制加减法运算电路

2）数据比较器

在数字系统和计算机中，经常需要比较两个数的大小或是是否相等，完成这一功能的逻辑电路称为数值比较电路，相应的器件称为比较器。常见的数值比较器有 74LS85 等。

74LS85 是一个 4 位数据比较器，它由比较数 A 和 B、级联输入 $I_{A>B}$、$I_{A<B}$、$I_{A=B}$ 以及输出 $F_{A>B}$、$F_{A<B}$、$F_{A=B}$ 组成，其逻辑图如图 3.6.3 所示。

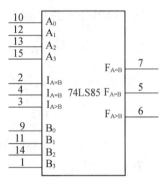

图 3.6.3　74LS85 逻辑图

74LS85 功能表如表 3.6.1 所示。

表 3.6.1　74LS85 功能表

输　　入							输　　出		
$A_3 B_3$	$A_2 B_2$	$A_1 B_1$	$A_0 B_0$	$I_{A>B}$	$I_{A<B}$	$I_{A=B}$	$F_{A>B}$	$F_{A<B}$	$F_{A=B}$
$A_3>B_3$	×	×	×	×	×	×	H	L	L
$A_3<B_3$	×	×	×	×	×	×	L	H	L
$A_3=B_3$	$A_2>B_2$	×	×	×	×	×	H	L	L
$A_3=B_3$	$A_2<B_2$	×	×	×	×	×	L	H	L
$A_3=B_3$	$A_2=B_2$	$A_1>B_1$	×	×	×	×	H	L	L
$A_3=B_3$	$A_2=B_2$	$A_2<B_1$	×	×	×	×	L	H	L
$A_3=B_3$	$A_2=B_2$	$A_1=B_1$	$A_0>B_0$	×	×	×	H	L	L
$A_3=B_3$	$A_2=B_2$	$A_1=B_1$	$A_0<B_0$	×	×	×	L	H	L
$A_3=B_3$	$A_2=B_2$	$A_1=B_1$	$A_0=B_0$	H	L	L	H	L	L
$A_3=B_3$	$A_2=B_2$	$A_1=B_1$	$A_0=B_0$	L	H	L	L	H	L
$A_3=B_3$	$A_2=B_2$	$A_1=B_1$	$A_0=B_0$	×	×	H	L	L	H
$A_3=B_3$	$A_2=B_2$	$A_1=B_1$	$A_0=B_0$	H	H	L	L	L	L
$A_3=B_3$	$A_2=B_2$	$A_1=B_1$	$A_0=B_0$	L	L	L	H	H	L

由功能表可以看出数据比较器的比较原理，两个比较数由 $A_3A_2A_1A_0$ 和 $B_3B_2B_1B_0$ 组成，当两个 4 位数比较时，先比较最高位，最高位相同时，比较次高位：当 $A_3>B_3$ 时，必有输出 $F_{A>B}=1$；当 $A_3=B_3$，$A_2>B_2$ 时，必有输出 $F_{A>B}=1$；当 $A_3=B_3$、$A_2=B_2$、$A_1>B_1$ 时，

必有输出 $F_{A>B}=1$，依此类推。

功能表中的最下面五行表示比较输出还与级联输入有关。在进行 4 位数比较时，必须将级联输入 $I_{A>B}$，$I_{A<B}$ 接地，$I_{A=B}$ 接高电平。

数据比较器在使用时如果比较数值大于 4 位还可进行位数扩展，扩展方式有串联和并联两种。

3) 中规模组合逻辑电路的分析

由于 MSI 器件的多样性和复杂性，前面介绍的门级电路的分析方法显然已不适用。在分析中规模集成电路时，首先要根据电路的复杂程度和器件的类型，将电路划分为一个或多个逻辑功能块；利用前面所学的常用功能电路的知识，分析各功能块的逻辑功能；在对个别功能块电路分析的基础上，最后对整个电路进行整体功能的分析。

3.6.4　预习要求

熟悉 74LS283 芯片的工作原理，设计实验电路并画出电路图。

3.6.5　实验内容

(1) 利用 74LS283 设计一个 4 位二进制码加、减法器，画出电路图，检测电路功能，记录于表 3.6.2 中。

表 3.6.2　实验数值表

运算	被加(减)数				加(减)数				和(差)			
	输　入								输　出			
	B_3	B_2	B_1	B_0	A_3	A_2	A_1	A_0	S_3	S_2	S_1	S_0
＋	0	1	1	0	0	0	0	1				
－	0	1	1	0	0	0	0	1				
＋	0	1	0	0	0	0	1	1				
－	0	1	0	0	0	0	1	1				
＋	1	0	0	0	0	0	0	1				
－	1	0	0	0	0	0	1	1				
＋	1	1	1	1	0	0	0	0				
－	1	1	1	1	0	0	0	1				

(2) 利用 74LS283 设计一电路，使其实现 8421 码转换余三码的电路，画出电路图，自拟表格记录实验结果。

(3) 利用 74LS283 设计实现二—十进制加法器电路，设计电路并画出逻辑电路图。(提示：74LS283 是 4 位二进制加法器，可从 0 计数到 15。1 位十进制加法中结果为 0～18，结果为 0～9 与二进制加法器一致，结果为 10 时十进制进位，而加法器到 16 才进位，此时应给加法器加上 6，使其进位。另外，17、18 也应做相应的处理。)

(4) 验证 74LS85 比较器的功能，自拟表格记录实验结果。

3.6.6 实验报告要求

每一个实验内容都必须写出设计过程,画出设计逻辑图,标注功能符号,对实验结果进行记录并分析。

3.6.7 思考题

(1) 试选择 MSI 器件,设计一个将余三码转换成 BCD 码的电路。

3.6.8 实验仪器和器材

(1) 实验箱 1 台;
(2) 数字万用表 1 块;
(3) 直流稳压电源 1 台;
(4) 主要器材:74LS86 1 片、74LS283 1 片。

3.7 触发器及其应用

3.7.1 实验目的

(1) 掌握触发器的原理和逻辑功能;
(2) 掌握触发器的使用方法和测试方法;
(3) 熟悉各个触发器不同逻辑功能之间相互转换的原理和方法。

3.7.2 知识点

触发器的功能、结构、类型、触发方式。

3.7.3 实验原理

能够储存 1 位二值信息的单元电路称为触发器(Flip-Flop,简称 FF),它是构成时序逻辑电路的基本逻辑部件,主要特点是具有记忆功能,能够存储前一时刻的输出状态,在数字信号的产生、变换、存储等方面应用广泛。

触发器的基本特点是:

(1) 有两个自行保持的稳定状态,分别表示逻辑状态"1"和"0"或表示二进制数"1"和"0"。

(2) 在一定的外界信号作用下,可以从一个稳定状态翻转到另一个稳定状态,外界信号消失后,已转换的稳定状态不变。

每个双稳态元件都有两个互反的输出端 Q 和 $\bar{Q}$。它的两个稳态分别称为 0 状态($Q=0$,$\bar{Q}=1$)和 1 状态($Q=1$,$\bar{Q}=0$)。触发器或者锁存器翻转前的状态称为现态,用 Q^n(或简记为 Q)表示;翻转后的状态称为次态,用 Q^{n+1} 表示。

触发器的分类方法:按逻辑功能可分为 RS 触发器、JK 触发器、D 触发器和 T 触发器;

按触发方式可分为电平触发方式和边沿触发方式；按制造材料分类，常用的有 TTL 和 CMOS 两类，二者在电路结构上有差别，但在逻辑功能上基本相同。

1）基本 RS 触发器

基本 RS 触发器是由两个与非门交叉反馈构成的，它是无时钟控制而由低电平直接触发的触发器。

基本 RS 触发器也可以用两个"或非门"组成，此时为高电平触发有效。

2）JK 触发器

JK 触发器是一种逻辑功能完善、使用灵活和通用性强的集成触发器。JK 触发器常被用作设计缓冲存储器、移位寄存器和计数器。在结构上可分为主从型和边沿型。本实验中采用 74LS112 双 JK 触发器（见图 3.7.1）是下降沿触发的边沿触发器。

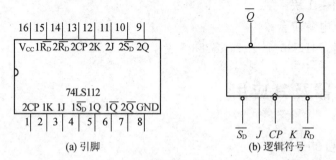

图 3.7.1　74LS112 双 JK 触发器引脚排列及逻辑符号

JK 触发器的状态方程为：$Q^{n+1}=J\bar{Q}^n+\bar{K}Q^n$。

注意：当触发器初态预置完成后，$\bar{S}_D$ 和 $\bar{R}_D$ 都应该同时置高电平，不可悬空。下降沿触发 JK 触发器的功能如表 3.7.1 所示。

表 3.7.1　JK 触发器功能表

输　入					输　出		
$\bar{S}_D$	$\bar{R}_D$	CP	J	K	Q^n	Q^{n+1}	说明
0	1	×	×	×	1	1	置1
1	0	×	×	×	0	0	置0
0	0	×	×	×	状态不定	状态不定	状态不定
1	1	↓	0	0	0	0	$Q^{n+1}=Q^n$
					1	1	状态不变
1	1	↓	0	1	0	0	$Q^{n+1}=0$
					1	0	状态同 J
1	1	↓	1	0	0	1	$Q^{n+1}=1$
					1	1	状态同 J
1	1	↓	1	1	0	1	$Q^{n+1}=\bar{Q}^n$
					1	0	翻转

3）D 触发器

D 触发器的基本结构多为维持阻塞型,且维持阻塞型 D 触发器具有 CP 脉冲的上升沿触发的特点,故又称为上升沿触发的边沿触发器。D 触发器的输出状态取决于 CP 时钟脉冲到来之前 D 端的状态。

D 触发器的状态方程为:$Q^{n+1}=D$。

D 触发器的应用很广,可用作数字信号的寄存、移位寄存、分频和波形发生等。D 触发器的产品种类较多,本实验采用双 D 触发器 74LS74(见图 3.7.2),是上升沿触发的边沿触发器。其功能如表 3.7.2 所示。

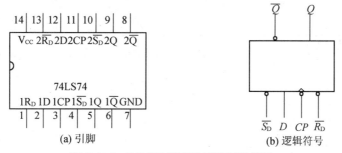

图 3.7.2 74LS74 引脚排列及逻辑符号

表 3.7.2 D 触发器逻辑功能表

输 入				输 出		
$\bar{S}_D$	$\bar{R}_D$	CP	D	Q^n	Q^{n+1}	说 明
0	1	×	×	1	1	置1
1	0	×	×	0	0	置0
0	0	×	×	状态不定	状态不定	状态不定
1	1	↑	0	0	0	$Q^{n+1}=D$
				1	0	
1	1	↑	1	0	1	$Q^{n+1}=D$
				1	1	

4）触发器之间逻辑功能的转换

在集成触发器的产品中,虽然每一种触发器都有固定的逻辑功能,但根据实际需要,可以将某种逻辑功能的触发器经过改装或附加一些门电路后,转换成另一种触发器。例如 JK 触发器的逻辑功能转换成 D 触发器、T 触发器或 T′触发器;D 触发器转换成 T′触发器等。T 触发器和 T′触发器广泛应用于计算机电路中,值得注意的是转换后触发器的触发方式仍然不变。

JK 触发器的 J、K 两端连在一起,并设为 T 端,就得到所需的 T 触发器,如图3.7.3(a)所示,其状态方程为:$Q^{n+1}=\bar{T}Q^n+T^n=T\oplus Q^n$。T 触发器的功能表如表 3.7.3 所示。

由功能表可见,当 $T=0$ 时,时钟脉冲作用后,其状态保持不变;当 $T=1$ 时,时钟脉冲作用后,触发器状态翻转。所以,若将 T 触发器的 T 端置"1",如图 3.7.3(b)所示,即得 T′触发器。在 T′触发器的 CP 端每来一个 CP 脉冲信号,触发器的状态就翻转一次,故称之为翻转触发器,它被广泛应用于计数电路中。

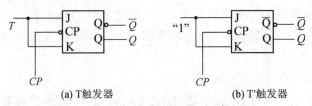

(a) T触发器　　　　　　　　　　(b) T′触发器

图 3.7.3　JK 触发器转换为 T,T′触发器

表 3.7.3　T 触发器逻辑功能表

输　入				输　出		
$\bar{S}_D$	$\bar{R}_D$	CP	T	Q^n	Q^{n+1}	说明
0	1	×	×	1	1	置1
1	0	×	×	0	0	置0
1	1	↓	0	0	0	$Q^{n+1}=Q^n$
				1	1	
1	1	↓	1	0	1	$Q^{n+1}=\bar{Q}^n$
				1	0	

同样,若将 D 触发器 $\bar{Q}$ 端和 D 端相连,便转换成 T′触发器,如图 3.7.4 所示。

JK 触发器也可转换为 D 触发器,如图 3.7.5 所示。

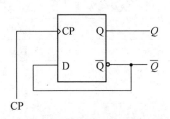

图 3.7.4　D 触发器转换为 T′触发器

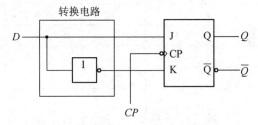

图 3.7.5　JK 触发器转换为 D 触发器

5) 使用触发器时的注意事项

(1) 根据电路设计要求,从逻辑功能、触发方式、工作频率、功耗等合理选择相关触发器。首先要考虑触发方式,对于功能相同的触发器,若触发方式选用不当,系统就可能达不到设计要求。

(2) 时钟信号引线不宜太长,机外信号应加相应接口电路以改善波形。

(3) 为防止时钟信号过冲,宜在时钟信号输入端加钳位二极管。

6) 开关抖动

本实验需使用微动开关,其结构如图 3.7.6 所示。由一个动触头和两个静触头(其中一个是常通触头,另一个是常断触头)组成,平时(即手不压按键时)动触头与常通触头接通,而与常断触头断开;当用手将按键压下后,动触头变成与常通触头断开,而与常断触头接通;而当把手放开后,又回到"平时"状态。

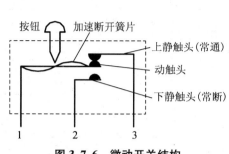

图 3.7.6 微动开关结构

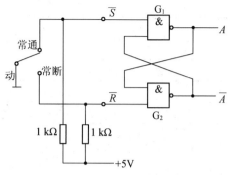

图 3.7.7 无抖动开关电路

在按压按键时,由于机械开关的接触抖动,往往在几十毫秒内电压会出现多次抖动,相当于连续出现了几个脉冲信号。显然,用这样的开关产生的信号直接作为电路的驱动信号可能导致电路产生错误动作,这在有些情况下是绝对不允许的。为了消除开关的接触抖动,可在机械开关与被驱动电路间接入一个基本 RS 触发器,如图 3.7.7 所示。

图 3.7.7 所示的状态为 $\bar{S}=0$、$\bar{R}=1$,可得出 $A=1$,$\bar{A}=0$。当按压按键时,$\bar{S}=1$,$\bar{R}=0$,可得出 $A=0$,$\bar{A}=1$,改变了输出信号 A 的状态。若由于机械开关的接触抖动,则 $\bar{R}$ 的状态会在 0 和 1 之间变化多次,若 $\bar{R}=1$,由于 $A=0$,因此 G_2 门仍然是"有低出高",不会影响输出的状态。同理,当松开按键时,$\bar{S}$ 端出现的接触抖动亦不会影响输出的状态。因此,图 3.7.7 所示的电路,开关每按压一次,A 点的输出信号就仅发生一次变化。

3.7.4 预习要求

(1) 复习有关触发器内容。

(2) 列出各触发器功能测试表格,并完成预习报告。

(3) 根据下面"实验内容"中的要求,设计出电路,画出逻辑电路图,并标出管脚号。

3.7.5 实验内容

1) JK 触发器 74112 的功能测试

(1) 按表 3.7.4 的要求,观察和记录 Q 和 $\bar{Q}$ 的状态。测试 $\bar{R}_D$、$\bar{S}_D$ 的复位、置位功能。

(2) 任取一个 JK 触发器,$\bar{R}_D$、$\bar{S}_D$、J、K 端连接开关输出,CP 端接单次脉冲源,也可接函数信号发生器(将频率调节为 2 Hz),Q、$\bar{Q}$ 端接至逻辑电平显示端(即 LED 发光二极管)。要求改变 $\bar{R}_D$、$\bar{S}_D$(J、K、CP 处于任意状态),并在 $\bar{R}_D=0$($\bar{S}_D=1$)或 $\bar{S}_D=0$($\bar{R}_D=1$)作用期间任意改变 J、K 及 CP 的状态,观察 Q、$\bar{Q}$ 状态,并记录。测试 JK 触发器的逻辑功能。

按表 3.7.4 的要求改变 J、K、CP 端状态,观察 Q 的状态变化,观察触发器状态更新是否发生在 CP 脉冲的下降沿(即 CP 由 1→0),并记录之。

表 3.7.4 JK 触发器的逻辑功能

$\bar{S}_D$	$\bar{R}_D$	CP	J	K	Q^{n+1}	
					$Q^n=0$	$Q^n=1$
0	1	×	×	×		
1	0	×	×	×		
1	1	↓	0	0		
1	1	↓	0	1		
1	1	↓	1	0		
1	1	↓	1	1		

2）D 触发器 7474 的功能测试

（1）按表 3.7.5 的要求，观察和记录 Q 和 $\bar{Q}$ 的状态。测试 $\bar{R}_D$、$\bar{S}_D$ 的复位、置位功能，测试方法同 JK 触发器 $\bar{R}_D$、$\bar{S}_D$ 复位的测试。

（2）测试 D 触发器的逻辑功能：按表 3.7.5 的要求进行测试，并观察触发器状态更新是否发生在 CP 脉冲的上升沿（即 CP 由 0→1），并记录之。

表 3.7.5 D 触发器的逻辑功能

$\bar{S}_D$	$\bar{R}_D$	CP	D	Q^{n+1}	
				$Q^n=0$	$Q^n=1$
0	1	×	×		
1	0	×	×		
1	1	↑	0		
1	1	↑	1		

3）JK 触发器转换为 T 触发器

将 JK 触发器的 J、K 端连接在一起（称为 T 端）而构成 T 触发器。如果转换成 T 触发器的 JK 触发器仅仅工作在 $T=1$ 的情况下，就称为 T' 触发器；或将 JK 触发器的 J、K 端直接接高电平，也称 T' 触发器。CP 端接入 2 Hz 的连续脉冲，用 LED 发光二极管观察 Q 端的变化。再在 CP 端接入 1 kHz 的连续脉冲，用双踪示波器观察 CP、Q 的波形，注意相位和时间的关系并描绘之。思考 Q 与 CP 两个信号的周期有何关系？

4）设计广告流水灯电路

共有 8 个灯，并始终保持 1 暗 7 亮，且暗灯循环右移，现有以下几点要求：

（1）单次脉冲观察（用指示灯）。

（2）连续脉冲观察（用示波器对应地观察时钟脉冲 CP，触发器输出端 Q_0、Q_1、Q_2 和 8 个灯的波形）。

5）设计一个 3 人智力竞赛抢答电路

具体要求如下：每个抢答人操纵一个微动开关，以控制自己的一个指示灯，抢先按动开关能使自己的指示灯亮，并同时封锁其余 2 人的动作（即其余 2 人即使再按动开关也不起作用），主持人可在最后按"主持人"微动开关使指示灯熄灭，并解除封锁。

所用的触发器可选 JK 触发器 74112 或 D 触发器 7474,也可采用"与非"门构成基本触发器。

提示:实现该任务的方法很多,这里仅举一例供参考,如图 3.7.8 所示。

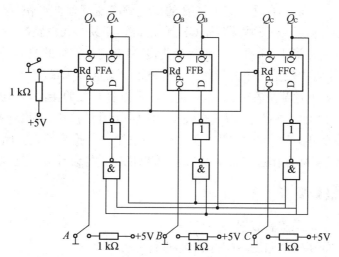

图 3.7.8 3 人智力竞赛抢答电路

图中主持人微动开关平时为"1",按下微动开关为"0";CP_A、CP_B、CP_C 是分别由 A、B、C3 人控制的微动开关,且平时为"0",按下微动开关为"1"。

分析:先清零,即主持人先按一下微动开关,使 Q_A、Q_B、Q_C 均为"0";抢答开始后,若 A 先按微动开关,即抢答,则 CP_A 有一上跳沿↑,此时 D_A 为"1",故 Q_A 为"1",$\overline{Q_A}$ 为 0,转而封锁 B 及 C,因为 D_B、D_C 被封锁为 0,故 B、C 的动作不起作用。

同理,若 B 先动作则封锁 A、C;C 先动作封锁 A、B。

注意事项:

(1) 触发器输入端不允许有悬空,如为高电平,应直接接至+5 V 电源。

(2) 触发器实现正常逻辑功能状态时,$\overline{S_D}$、$\overline{R_D}$ 应处于高电平,不允许悬空。

(3) 完成内容"4) 设计广告流水灯电路"时,要求掌握用示波器观察 CP、计数输出 Q_0、Q_1、Q_2 及 8 个灯波形的方法(见图 3.7.9)。

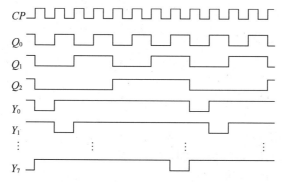

图 3.7.9 广告流水灯波形

首先,示波器置于双踪显示状态,从观察的所有波形中选择一个波形作为参考波形;然后,将该参考波形固定地送至双踪示波器主触发通道,其他波形依次送至另一通道与之比较。在换接其他波形时,示波器屏幕上的参考波形不会改变,这样 12 个波形都可以在一个相位平面上进行比较,得到对应的波形图。

选择 CP 作参考波形不合适。其一,CP 的变化频率比其他波形快,不易稳定;其二,电路中一个周期往往是好几个 CP 周期,而 CP 无始无终,不易寻找电路的一个周期的始末,故而宜在需观察的所有波形中,选择一个频率变化慢、最有定位特征的波形,如 Q_2 作为参考波形为宜,也可从 8 个灯中任选一个波形作为参考波形,以选 Y_0 为最佳。

(4) 设计 3 人智力竞赛抢答电路时,一定要注意抢答开关的接法,要与选用的触发器的触发方式相对应。如上例中 CP_A、CP_B、CP_C 给出的是上升沿接法,若设计成下降沿接法,原理上讲,A、B、C 按动开关后,谁先放开开关,才是真正第一个抢答的人。因为 D 触发器是上升沿触发,这就会给实际操作过程带来误判断,可以说这样的设计并不是成功的。

3.7.6　实验报告要求

(1) 按任务要求记录实验数据。

(2) 画出设计的逻辑电路图,并对该电路进行分析。

(3) 画出实验内容"4) 设计广告流水灯电路"要求的波形图,将选择的参考波形画在最上面,波形图必须画在方格坐标纸上,注意时序要对应。

(4) 总结观察到的波形,分析触发器的触发方式,完成实验报告。

3.7.7　思考题

(1) 触发器实现正常逻辑功能状态时,$\bar{S}_D$ 和 $\bar{R}_D$ 应处于什么状态? 悬空行不行?

(2) 设计广告流水灯,用一个 3 位二进制异步加计数器,后面再接一个 3—8 译码器,是否可行? 若可行,请画出设计电路图。

(3) 分析实验内容 5)"设计一个 3 人智力竞赛抢答电路"中抢答开关的选通方式和触发器触发脉冲的触发方式之间应满足什么样的关系才不会给实际操作带来误判断?

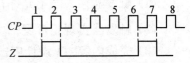

图 3.7.10　JK 触发器设计波形图

(4) 用 JK 触发器设计如图 3.7.10 所示的波形功能逻辑电路。

3.7.8　实验仪器和器材

(1) 示波器 1 台;

(2) 函数发生器 1 台;

(3) 实验箱 1 台;

(4) 直流稳压电源 1 台;

(5) 74LS74 1 片,74LS112 1 片,74LS00 2 片;

(6) 74LS20,74LS138 1 片;

(7) 微动开关 4 只。

3.8 MSI 时序功能器件设计与应用(一)

3.8.1 实验目的

(1)熟悉中规模集成电路计数器的功能及应用;

(2)掌握利用中规模集成电路计数器构成任意进制计数器的方法。

3.8.2 知识点

计数器的工作原理,时序结构,中规模 MSI 集成计数器的种类、结构、性能及设计方法。在分频、定时、数学运算、产生节拍脉冲和序列脉冲等方面的应用。

3.8.3 实验原理

计数器的基本原理和功能是记录输入脉冲的个数。其累计脉冲的最大值称为计数器的模(M)。计数器是数字系统中使用最为广泛的时序器件,除计数功能外还在分频、定时和执行数字运算以及产生节拍脉冲和脉冲序列等方面得到较广泛地应用。

计数器的种类繁多,常见分类方法如下:

(1)按时钟脉冲输入方式分:同步计数器(在时钟脉冲控制下各触发器同步翻转)和异步计数器(各触发器翻转时刻不相同)。

(2)按计数器的模(M)数,即容量分:二进制计数器、十进制计数器等。

(3)按计数器输出数码规律分:加法(递增)、减法(递减)和可逆计数器(可加可减)。

另外,根据计数器芯片集成电路的导电类型分为 TTL 和 CMOS 两大类,以及预置数和可编程功能计数器等。

中规模(MSI)集成计数器,因其体积小、功耗低、可靠性强等特点得到大量生产和应用,目前主要产品有十进制、十六进制、7 位、12 位、14 位二进制等产品。在需要其他任意进制计数器时,只能在现有 MSI 集成计数器的基础上,通过合理设计,经外电路不同连接得以实现。

1)74LS161 功能介绍

74LS161 是集成 TTL4 位二进制可预置同步加法计数器,其逻辑符号和管脚分布分别如图 3.8.1(a)、(b)所示。

从表 3.8.1 可以知道 74LS161 具有以下基本功能:

(1)在 $\overline{CR}$ 为低电平时实现异步复位(清零)功能,即复位不需要时钟信号。

(2)在复位端高电平条件下,预置端 $\overline{LD}$ 为低电平时实现同步预置功能,即需要有效时钟信号上升沿才能使输出状态 Q_A, Q_B, Q_C, Q_D 等于并行输入的预置数 A, B, C, D。

(3)在复位和预置端都为高电平时,两计数使能端输入使能信号 $T(S_2) \cdot P(S_1) = 1$,74LS161 实现模 16 加法计数功能,Q_A^{n+1}, Q_B^{n+1}, Q_C^{n+1}, $Q_D^{n+1} = Q_A^n$, Q_B^n, Q_C^n, $Q_D^n + 1$;

(4)在复位和预置端都为高电平时,两计数使能端输入禁止信号,$T(S_2) \cdot P(S_1) = 0$,集成计数器实现状态保持功能,Q_A^{n+1}, Q_B^{n+1}, Q_C^{n+1}, $Q_D^{n+1} = Q_A^n$, Q_B^n, Q_C^n, Q_D^n。

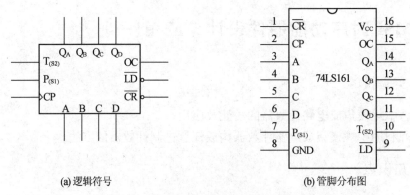

(a) 逻辑符号　　　　　　　　　　　　　(b) 管脚分布图

图 3.8.1　74LS161 具有异步清零功能的可预置同步加法计数器

此外,在 $Q_A^n,Q_B^n,Q_C^n,Q_D^n=1111$ 时,进位输出端 $OC=1$。

表 3.8.1　74LS161 的功能表

$\overline{CR}$	$\overline{LD}$	$P(S_1)$	$T(S_2)$	CP	A	B	C	D	Q_A	Q_B	Q_C	Q_D
0	×	×	×	×	×	×	×	×	0	0	0	0
1	0	×	×	↑	A	B	C	D	A	B	C	D
1	1	0	×	×	×	×	×	×	保持			
1	1	×	0	×	×	×	×	×	保持			
1	1	1	1	↑	×	×	×	×	计数			

2) 74LS160 功能介绍

74LS160 是集成 TTL 十进制可预置同步加计数器,其逻辑符号和管脚分布分别如图 3.8.2(a)、(b)所示。

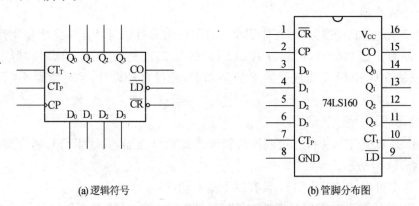

(a) 逻辑符号　　　　　　　　　　　　　(b) 管脚分布图

图 3.8.2　74LS160 具有异步清零功能的可预置同步加法计数器

从表 3.8.2 可以知道 74LS160 具有以下基本功能:

(1) 异步清零功能:在 $\overline{CR}$ 为低电平时实现异步复位清零功能,即复位不需要时钟信号。

(2) 同步并行置数功能:在复位端 $\overline{CR}$ 为高电平条件下,预置端 $\overline{LD}$ 为低电平时实现同步预置功能,即需要有效时钟信号才能使输出状态 $Q_0Q_1Q_2Q_3$ 等于并行输入预置数 $d_0d_1d_2d_3$。

(3) 同步十进制加计数功能:复位端 $\overline{CR}$ 和预置端 $\overline{LD}$ 都为高电平时,两计数使能端输入

使能信号 $CT_P = CT_T = 1$,则对计数脉冲 CP 实现同步十进制加计数。

（4）在复位端 $\overline{CR}$ 和预置端 $\overline{LD}$ 都为高电平时,两计数使能端输入使能信号 $CT_P = CT_T = 0$,不管脉冲 CP 如何,则计数器实现状态保持功能。

表 3.8.2　74LS160 的功能表

输　入									输　出			
$\overline{CR}$	$\overline{LD}$	CT_P	CT_T	CP	D_0	D_1	D_2	D_3	Q_0	Q_1	Q_2	Q_3
0	×	×	×	×	×	×	×	×	0	0	0	0
1	0	×	×	↑	d_0	d_1	d_2	d_3	d_0	d_1	d_2	d_3
1	1	1	1	↑	×	×	×	×	计数			
1	1	0	×	×	×	×	×	×	保持			
1	1	×	0	×	×	×	×	×	保持			

注:$CO = CT_T \cdot Q_0 \cdot \overline{Q_1} \cdot \overline{Q_2} \cdot Q_3$。

此外,进位输出端 $CO = CT_T \cdot Q_0 \cdot \overline{Q_1} \cdot \overline{Q_2} \cdot Q_3$,表明进位输出通常为 0,仅当计数控制端 $CT_T = 1$ 且计数器状态为 9 时,它才为 1。

3）CD4518 功能介绍

CD4518 是集成 CMOS 双十进制(8421 编码)同步加计数器,内含两个单元的十进制加计数器,其管脚分布图、功能表和工作波形图(时序图)分别如图 3.8.3、表 3.8.3 和图 3.8.4 所示。

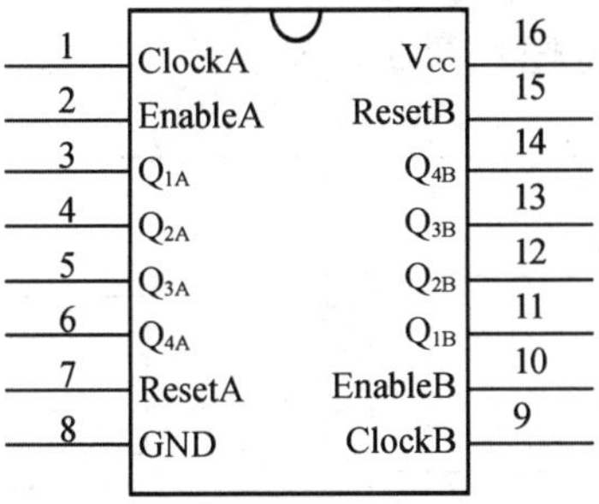

图 3.8.3　CD4518 管脚分布图

表 3.8.3　CD4518 功能表

CLOCK	ENABLE	RESET	功　能
↑	1	0	加计数器
0	↓	0	加计数器
↓	×	0	保持
×	↑	0	保持
↑	0	0	保持
1	↓	0	保持
×	×	1	清零

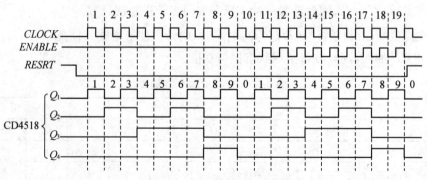

图 3.8.4　CD4518 工作波形图

从图 3.8.4 中可以看出，每个单元有两个时钟输入端 *CLOCK* 和 *ENABLE*，可用时钟脉冲的上升沿或下降沿触发。由表可知，若用 *ENABLE* 信号下降沿触发，触发信号由 *EN* 端输入，*CLOCK* 端置"0"；若用 *CLOCK* 信号上升沿触发，触发信号由 *CLOCK* 端输入，*ENABLE* 端置"1"。*RESET* 端是清零端，*RESET* 端置高电平时，计数器输出端 $Q_1 \sim Q_4$ 均为"0"，注意它是高电平清零，只有 *RESET* 端置低电平时，CD4518 才开始计数。

4）实现任意进制计数器的设计方法——反馈清零法和反馈置数法

（1）反馈清零法

反馈清零法适用于有清零输入端的集成计数器。利用反馈电路产生一个给集成计数器的复位信号，使计数器各输出端为零（清零）。反馈电路一般是组合逻辑电路，计数器输出部分或全部作为其输入，在计数器一定的输出状态下即时产生复位信号，使计数电路同步或异步地复位。反馈清零法的逻辑框图见图 3.8.5。

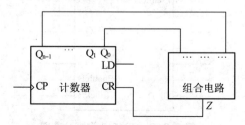

图 3.8.5　反馈清零法框图

设计 N 进制计数器的具体步骤如下：

设 M 为 MSI 集成计数器的模值，当 $M > N$ 时，只需一片集成计数器；当 $M < N$ 时，则需多片集成计数器来实现，并要考虑正确合理地连接级间进位信号。

① 写出 N 进制计数器 S_n 状态的编码。

② 求反馈逻辑 $F = \begin{cases} \prod Q^1 & \text{控制端高电平有效；} \\ \overline{\prod Q^1} & \text{控制端低电平有效。} \end{cases}$

式中：$\prod Q^1$ 是指 S_n 状态编码中值为 1 的各 Q 之"与"。例如 CD4518 为高电平清零；$\overline{\prod Q^1}$ 是指 S_n 状态编码中值为 1 的各 Q 之"与非"。例如 74160、74161、74293、74193 等为低电平清零。

③ 画逻辑图。

下面以 CD4518 为例,介绍反馈清零法。

【例】　用 CD4518 构成七进制计数器。

解:构成 $N=7$ 的计数器,因 $M>N$,仅用一片 CD4518 即可,具体步骤如下:

(1) $N=7$, $S_n=0111$;

(2) 反馈逻辑 $F=\prod Q^1=Q_3Q_2Q_1$(因为它是控制端高电平有效);

(3) 画逻辑图,如图 3.8.6 所示。

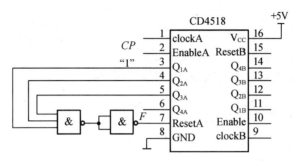

图 3.8.6　CD4518 构成七进制计数器逻辑电路图

(2) 反馈置数法

反馈置数法仅适用于具有置数输入的集成计数器。将反馈逻辑电路产生的信号送到计数电路的置位端,在满足条件时,计数电路输出状态为给定的二进制码。反馈置数法的逻辑框图如图 3.8.7 所示。

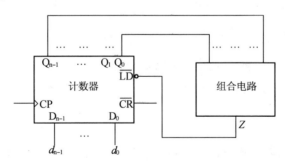

图 3.8.7　反馈置数法框图

3.8.4　预习要求

熟悉集成电路的逻辑功能表,根据实验内容要求预先设计电路,画出逻辑电路图,并标注接脚号码和功能符号。

3.8.5　实验内容

(1) 用 CD4518 设计简易数字电子钟,设计二十四进制("时"显示 0~23)、60 进制("分"显示 0~59)。

(2) 用单次脉冲观察译码显示。

(3) CP 输入 1 kHz 脉冲信号时用示波器观察 CP 端、输出端 $Q_{1A}Q_{2A}Q_{3A}Q_{4A}$ 波形。

(4) 用 74LS160 设计一个以 4 开始的四进制计数器。（试分析哪种设计方法可行）

(5) 用一片 CD4518 和一片 74LS153 设计一个产生 01010111 脉冲系列发生器。

3.8.6　实验报告要求

(1) 画出逻辑电路图，记录实验结果及波形。

(2) 对实验中出现的问题进行讨论。

3.8.7　思考题

(1) 用 CD4518 设计一十二进制计数器。

(2) 简述设计时序逻辑电路的两种方法。

(3) 分别用两种方法用 74160 实现十二进制计数器。

3.8.8　实验仪器和器材

(1) 示波器 1 台；

(2) 直流稳压电源 1 台；

(3) 实验箱 1 台；

(4) CD4518,74LS00 若干。

3.9　MSI 时序功能器件设计与应用(二)

3.9.1　实验目的

(1) 掌握双向移位寄存器 74LS194 的使用方法。

(2) 熟悉 MSI 时序功能器件的应用。

3.9.2　知识点

寄存器、移位寄存器、中规模(MSI)集成移位寄存器的原理、结构、功能、应用及应用中规模(MSI)集成移位寄存器实现时序电路的设计方法。

3.9.3　实验原理

数字电路中用来存放二进制数据和代码信息的电路称为寄存器，移位寄存器是一个具有移动功能的寄存器，其功能就是指寄存器中所存的二进制代码和信息能在移位时钟脉冲的作用下依次实现左移和右移。它是实现移位和寄存功能的时序逻辑器件，通常由 N 级触发器串联组成。能将代码进行左或右移动，可实现串入串出，串入并出，并入串出，并入并出等功能。

移位是数字系统中重要的基本操作，因而移位寄存器的应用很广泛。用于构成移位寄存器型计数器、顺序脉冲发生器、串行/并行代码转换电路、随机码发生器、延时电路等。

1) 中规模(MSI)集成双向移位寄存器 74LS194(CC40194)

74LS194 是一个 4 位双向移位寄存器,具有送数、保持、左移、右移、清零五种操作功能。其逻辑符号和引脚排列如图 3.9.1 所示。其功能表如表 3.9.1 所示,其中 $D_0 D_1 D_2 D_3$ 为并行数据输入端;$Q_0 Q_1 Q_2 Q_3$ 为对应的数据输出端;$S_1 S_0$ 为工作状态控制端;D_{SR} 为右移串行数据输入端,D_{SL} 为左移串行数据输入端;CP 为时钟脉冲输入端;$\overline{CR}$ 为直接清零端。

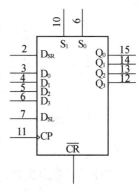

图 3.9.1 74LS194 逻辑图

其中控制端 S_1 和 S_0 共有右移(01)、左移(10)、送数(11)、保持(00)四种状态,需要注意的是右移($S_1 S_0 = 01$)、左移($S_1 S_0 = 10$)、送数($S_1 S_0 = 11$)三种控制方式是在时钟脉冲 CP 的有效沿(即上升沿)的作用下实现其功能的。

表 3.9.1 74LS194 功能表

功能	输 入										输 出			
	$\overline{CR}$	S_1	S_0	CP	D_{SL}	D_{SR}	D_0	D_1	D_2	D_3	Q_0^{n+1}	Q_1^{n+1}	Q_2^{n+1}	Q_3^{n+1}
清除	0	×	×	×	×	×	×	×	×	×	0	0	0	0
保持	1	×	×	0	×	×	×	×	×	×	保 持			
	1	0	0	×	×	×	×	×	×	×				
送数	1	1	1	↑	×	×	D_0	D_1	D_2	D_3	D_0	D_1	D_2	D_3
右移	1	0	1	↑	×	1	×	×	×	×	1	Q_0^n	Q_1^n	Q_2^n
	1	0	1	↑	×	0	×	×	×	×	0	Q_0^n	Q_1^n	Q_2^n
左移	1	1	0	↑	1	×	×	×	×	×	Q_1^n	Q_2^n	Q_3^n	1
	1	1	0	↑	0	×	×	×	×	×	Q_1^n	Q_2^n	Q_3^n	0

2) 环形计数器

把移位寄存器最后一级输出反馈到第一级串行输入端即构成环形计数器。

如图 3.9.2 所示,是由一片 74LS194 构成的 4 位环形计数器。把 Q_3 连接到右移串行输入端 D_{SR}。使用时,要先把初始态 $Q_0 Q_1 Q_2 Q_3 = 0001$ 给予置数:即 $S_1 S_0 = 11$,为同步置数方式,在数据输入端 $D_0 D_1 D_2 D_3$ 输入数据 0001,此时在 CP 脉冲上升沿作用下置入,输出端即为 0001。随之再使 $S_1 = 0$,进入右移工作状态,在 CP 脉冲有序作用下,$Q_0 Q_1 Q_2 Q_3$ 将依次右移为 1000→0100→0010→0001 实现循环计数功能。其波形如图 3.9.3 所示。它有 4 个有效状态,可见环形计数器的特点是:计数器的模与移位寄存器的位数相同。

环形计数器各输出端 $Q_0 \sim Q_3$,在输出时间上有先后顺序的规律,因此,在工程应用上,也可作为顺序脉冲发生器使用。

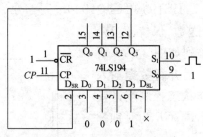

图 3.9.2　环形计数器电路图

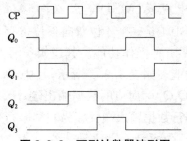

图 3.9.3　环形计数器波形图

3）扭环形计数器

扭环形计数器又称约翰逊计数器。它是将移位寄存器最后一级输出端的反变量连接到第一级串行输入端所构成，如图 3.9.4 所示。其特点是：① 计数器的模 M 与环形计数器位数 N 的关系为 $M=2N$；② 工作状态转换时，相邻状态之间只有一位发生变化，避免了功能冒险。其波形如图 3.9.5 所示。

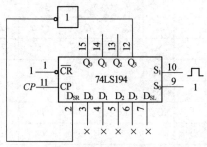

图 3.9.4　扭环形计数器电路图

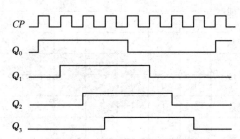

图 3.9.5　扭环形计数器波形图

4）移位寄存器的自启动

用移位寄存器构成的计数器，当受到外界干扰等因素使电路处于非工作状态后，将无法恢复正常工作。如上例环形计数器是循环出 1，若启动前或运行中受干扰，使输出全为 0 时，则下一个工作状态仍会是非工作状态全 0。因此，此类计数器需要具备自启动功能。

实现自启动功能的方法：① 利用预置功能实现自启动；② 采用附加电路加入启动信号。

5）MSI 移位寄存器串并行转化

MSI 移位寄存器具有串行输入—串行输出，串行输入—并行输出，并行输入—串行输出，并行输入—并行输出的特点。可以方便地设计构成多种串行、并行之间的数据转换电路。

如图 3.9.6 所示为两片 74LS194 4 位双向移位寄存器组成的 7 位串行/并行数据转换电路。

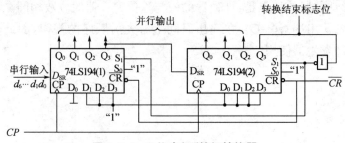

图 3.9.6　7 位串行/并行转换器

串行/并行转换过程如下：

转换前，$\overline{CR}$端加低电平，使第一片和第二片 74LS194 同时清零，此时 $S_1S_0=11$，寄存器实现送数功能。当第一个 CP 脉冲到来后，寄存器输出状态 $Q_0 \sim Q_7$ 为 01111111，同时 S_1S_0 变为 01，寄存器实现右移的功能，转换电路执行串行输入右移工作方式，串行输入的数据由一片的 D_{SR} 端送入。CP 脉冲依次加入后，输出状态如表 3.9.2 所示。

表 3.9.2 串行/并行转换器功能表

CP	Q_0	Q_1	Q_2	Q_3	Q_4	Q_5	Q_6	Q_7	功　能
0	0	0	0	0	0	0	0	0	清零
1	0	1	1	1	1	1	1	1	送数
2	d_0	0	1	1	1	1	1	1	右移 1 次
3	d_1	d_0	0	1	1	1	1	1	右移 2 次
4	d_2	d_1	d_0	0	1	1	1	1	右移 3 次
5	d_3	d_2	d_1	d_0	0	1	1	1	右移 4 次
6	d_4	d_3	d_2	d_1	d_0	0	1	1	右移 5 次
7	d_5	d_4	d_3	d_2	d_1	d_0	0	1	右移 6 次
8	d_6	d_5	d_4	d_3	d_2	d_1	d_0	0	右移 7 次
9	0	1	1	1	1	1	1	1	送数

由表 3.9.2 可见，右移操作 7 次后，完成一次串行/并行转换，Q_7 变为 0，表示转换结束，$S_1S_0=11$，为下次转换做准备。

3.9.4　预习要求

熟悉 74LS194 芯片的工作原理，设计实验电路并画出电路图。

3.9.5　实验内容

（1）使用 74LS194 设计一个流水灯，要求一亮三暗，且循环右移；利用示波器观察记录 CP、Q_0、Q_1、Q_2、Q_3 的输出波形。

（2）使用 74LS194 设计扭环形计数器，验证其功能，并观察记录 CP、Q_0、Q_1、Q_2、Q_3 的输出波形。

（3）实现数据的串行/并行转化

设计一个串行/并行转化器，实现串行输入，并行输出。要求用左移的方式实现并行输出。自拟表格，记录转换过程。

注意事项：

使用移位功能时，需注意移位信号接入 D_{SR} 和 D_{SL} 时，控制信号 S_1S_0 必须在相应的状态上，否则无法实现移位操作。

3.9.6　实验报告要求

每一个实验内容都必须写出设计过程，画出设计逻辑图，对实验结果进行记录并分析。

3.9.7　思考题

（1）利用 74LS194 设计一个 8 位流水灯，要求一暗七亮，并循环右移。设计电路并画出逻辑电路图。

(2) 用 74LS194 设计一个 7 位并行/串行数据转换电路。即把 7 位并行输入数据经转换电路后变成串行数据输出。

3.9.8　实验仪器和器材

(1) 实验箱 1 台；

(2) 直流稳压电源 1 台；

(3) 示波器 1 台；

(4) 74LS194　1 片；

(5) 与非门和非门等基本门电路若干。

*3.10　D/A 转换器原理及应用

3.10.1　实验目的

(1) 了解 D/A 转换器的基本工作原理和内部结构；

(2) 掌握大规模集成 D/A 转换器的外部工作参数及与外部电路的连接；

(3) 掌握大规模集成 D/A 转换器的典型应用。

3.10.2　知识点

DAC0832 是 8 位分辨率的 D/A 转换集成芯片，与微处理器完全兼容。这个 D/A 芯片以其价格低廉、接口简单、转换控制容易等优点，在单片机应用系统、计算机、函数发生器、计算机图形显示以及与 A/D 转换器相配合的控制系统中得到广泛的应用。

3.10.3　实验原理

将数字信号转换为模拟信号的电路称为数模转换器，简称 D/A 转换器或 DAC，英文全称是 Digital to Analog Converter。D/A 转换电路的设计，其实质是 D/A 转换电路与微机、单片机或其他数字电路的接口电路，在不同的应用环境下，选择更适合的 D/A 转换器可以更好的提高电路的工作效率，D/A 转换器的主要特性指标包括以下几方面：

(1) 分辨率

指最小输出电压（对应的输入数字量只有最低有效位为"1"）与最大输出电压（对应的输入数字量所有有效位全为"1"）之比。如 n 位 D/A 转换器，其分辨率为 $1/(2^{n-1})$。在实际使用中，表示分辨率大小的方法也用输入数字量的位数来表示。

(2) 线性度和非线性误差

用非线性误差的大小表示 D/A 转换的线性度，D/A 转换器的非线性误差为实际转换特性曲线与理想特性曲线之间的最大偏差，并以该偏差相对于满量程的百分数度量。在转换器电路设计中，一般要求非线性误差不大于 $\pm(1/2)$LSB。

（3）转换精度

D/A 转换器的转换精度与 D/A 转换器的集成芯片的结构和接口电路配置有关。如果不考虑其他 D/A 转换误差时，D/A 的转换精度就是分辨率的大小，因此要获得高精度的 D/A转换结果，首先要保证选择有足够分辨率的 D/A 转换器。同时 D/A 转换精度还与外接电路的配置有关，当外部电路器件或电源误差较大时，会造成较大的 D/A 转换误差，当这些误差超过一定程度时，D/A 转换就产生错误。

在 D/A 转换过程中，影响转换精度的主要因素有失调误差、增益误差、非线性误差和微分非线性误差。

（4）温度系数和工作温度范围

在满刻度输出的条件下，将温度每升高 1 ℃，输出变化的百分数定义为温度系数。

一般情况下，影响 D/A 转换精度的主要环境因素和工作条件因素是温度和电源电压的变化。由于工作温度会对运算放大器加权电阻网络等产生影响，所以只有在一定的工作温度范围内才能保证额定精度指标。

较好的 D/A 转换器的工作温度范围在 −40～85 ℃ 之间，较差的 D/A 转换器的工作温度范围在 0～70 ℃ 之间。多数器件的静、动态指标都是在 25 ℃ 的工作温度下测得的，工作温度对各项精度指标的影响用温度系数来描述，如失调温度系数、增益温度系数、微分线性误差温度系数等。

（5）失调误差

数字输入全为 0 码时，其模拟输出值与理想输出值之偏差值称为失调误差（或称零点误差）。对于单极性 D/A 转换，模拟输出的理想值为 0 伏。对于双极性 D/A 转换，理想值为负域满量程。偏差值的大小一般用 LSB 的份数或用偏差值相对满量程的百分数来表示。

（6）增益误差

D/A 转换器的输入与输出传递特性曲线的斜率称为 D/A 转换增益或标度系数，实际转换的增益与理想增益之间的偏差称为增益误差（或称标度误差）。

本实验中，以常见的 DAC0832 为例来对 D/A 转换器的基本原理和结构功能进行简单的介绍。

DAC0832 是单片电流输出型 8 位数/模转换器，采用 CMOS 工艺制成，由一个 8 位输入寄存器、一个 8 位 DAC 寄存器和一个 8 位数模转换器组成。如图 3.10.1 所示，它由倒 T 形 $R\text{-}2R$ 电阻网络、模拟开关、运算放大器和参考电压 U_{REF} 四大部分组成。

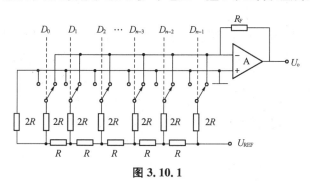

图 3.10.1

运算放大器输出的模拟量 U_o 为：

$$U_o = -\frac{U_{REF} \cdot R_f}{2^n R}(D_{n-1} \cdot 2^{n-1} + D_{n-2} \cdot 2^{n-2} + \cdots + D_0 \cdot 2^0)$$

由上式可见,输出的模拟量与输入的数字量($D_{n-1} \cdot 2^{n-1} + \cdots + D_0 \cdot 2^n$)成正比,这就实现了从数字量到模拟量的转换。

DAC0832 有 8 个输入端(其中每个输入端是 8 位二进制数的一位),一个模拟输出端。输入可有 $2^8 = 256$ 个不同的二进制组态,输出为 256 个电压之一,即输出电压不是整个电压范围内的任意值,而只能是 256 个可能值。DAC0832 逻辑框图与引脚排列图如图 3.10.2 所示。

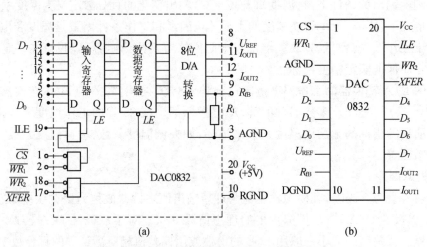

(a)　　　　　　　　　　　　(b)

图 3.10.2　DAC0832 逻辑框图与引脚排列图

DAC0832 各引脚含义如下：

$\overline{CS}$:片选信号输入线(选通数据锁存器),低电平有效。

$\overline{WR_1}$:数据锁存器写选通输入线,负脉冲(脉宽应大于 500 ns)有效。由 ILE、$\overline{CS}$、$\overline{WR_1}$ 的逻辑组合产生 LE_1,当 LE_1 为高电平时,数据锁存器状态随输入数据线变换,LE_1 负跳变时将输入数据锁存。

ILE:数据锁存允许控制信号输入线,高电平有效。

$D_0 \sim D_7$:8 位数据输入线,TTL 电平,有效时间应大于 90 ns(否则锁存器的数据会出错)。

$\overline{XFER}$:数据传输控制信号输入线,低电平有效,负脉冲(脉宽应大于 500 ns)有效。

$\overline{WR_2}$:DAC 寄存器选通输入线,负脉冲(脉宽应大于 500 ns)有效。由 $\overline{WR_2}$、$\overline{XFER}$ 的逻辑组合产生 LE_2,当 LE_2 为高电平时,DAC 寄存器的输出随寄存器的输入而变化,LE_2 负跳变时将数据锁存器的内容打入 DAC 寄存器并开始 D/A 转换。

I_{OUT1}:电流输出端 1,其值随 DAC 寄存器的内容线性变化。

I_{OUT2}:电流输出端 2,其值与 I_{OUT1} 值之和为一常数。

R_{FB}:反馈信号输入线,改变 R_{FB} 端外接电阻值可调整转换满量程精度。

V_{CC}:电源输入端,V_{CC} 的范围为($+5 \sim +15$)V。

U_{REF}：基准电压输入线，U_{REF}的范围为$(-10\sim+10)$V。

AGND：模拟信号地。

DGND：数字信号地。

AGND 和 DGND 可接在一起使用。

DAC0832 进行 D/A 转换，可以采用两种方法对数据进行锁存。

第一种方法是使输入寄存器工作在锁存状态，而 DAC 寄存器工作在直通状态。即 $\overline{WR_2}$ 和 $\overline{XFER}$ 都为低电平，使 DAC 寄存器的锁存选通端得不到有效电平而直通；此外，使输入寄存器的控制信号 ILE 处于高电平、$\overline{CS}$ 处于低电平，这样，当 $\overline{WR_1}$ 端来一个负脉冲时，就可以完成 1 次转换。

第二种方法是使输入寄存器工作在直通状态，而 DAC 寄存器工作在锁存状态。就是使 $\overline{WR_1}$ 和 $\overline{CS}$ 为低电平，ILE 为高电平，这样，输入寄存器的锁存选通信号处于无效状态而直通；当 $\overline{WR_2}$ 和 $\overline{XFER}$ 端输入 1 个负脉冲时，使得 DAC 寄存器工作在锁存状态，提供锁存数据进行转换。

根据上述对 DAC0832 的输入寄存器和 DAC 寄存器不同的控制方法，DAC0832 有如下三种工作方式：

（1）单缓冲方式。单缓冲方式是控制输入寄存器和 DAC 寄存器同时接收数据，或者只用输入寄存器而把 DAC 寄存器接成直通方式。此方式适用于只有一路模拟量输出或几路模拟量异步输出的情形。

（2）双缓冲方式。双缓冲方式是先使输入寄存器接收数据，再控制输入寄存器的输出数据到 DAC 寄存器，即分两次锁存输入数据。此方式适用于多个 D/A 转换同步输出的情形。

（3）直通方式。直通方式是数据不经两级锁存器锁存，即 $\overline{CS}$、$\overline{WR_1}$、$\overline{WR_2}$、$\overline{XFER}$ 均接地，ILE 接高电平。此方式适用于连续反馈控制线路，不过在使用时，必须通过另加 I/O 接口与 CPU 连接，以匹配 CPU 与 D/A 转换。

3.10.4　预习要求

（1）掌握 D/A 转换器的工作原理。

（2）熟悉 DAC0832 的功能和各引脚的作用。

（3）画好完整实验电路以及绘制实验数据表格。

3.10.5　实验内容

DAC0832 功能测试：

DAC0832 输出的是电流，一般要求输出是电压，所以还必须经过一个外接的运算放大器转换成电压。实验电路如图 3.10.3 所示。

如图 3.10.3 接线，电路接成直通方式，即 $\overline{CS}$、$\overline{WR_1}$、$\overline{WR_2}$、$\overline{XEFR}$ 接地，ILE 接高电平（+5 V）。V_{CC}、U_{REF} 接+5 V，运放电源接±15 V，$D_0\sim D_7$ 接数字逻辑开关，输出端 U_o 接数字万用表。

接线完成后，使输入端 $D_0\sim D_7$ 输入全为 0，调节运放电位器使运放 μA741 输出为 0。

对照如表 3.10.1 中所列数据，输入相应数值，测量输出结果，并将结果填入表中，与理论值进行比较。

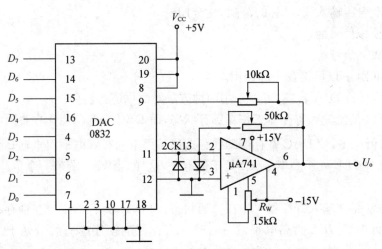

图 3.10.3 DAC0832 电路

表 3.10.1 DAC0832 功能测试

输入数字量								输出模拟量 U_o
D_7	D_6	D_5	D_4	D_3	D_2	D_1	D_0	$V_{CC}=+5\,V$
0	0	0	0	0	0	0	0	
0	0	0	0	0	0	0	1	
0	0	0	0	0	0	1	0	
0	0	0	0	0	1	0	0	
0	0	0	0	1	0	0	0	
0	0	0	1	0	0	0	0	
0	0	1	0	0	0	0	0	
0	1	0	0	0	0	0	0	
1	0	0	0	0	0	0	0	
1	1	1	1	1	1	1	1	

3.10.6 实验报告要求

(1) 整理实验数据,分析实验结果。

(2) 和理论值进行比较,并进行误差分析。

3.10.7 思考题

(1) 如在测试结果中,测试值比理论值始终大一个固定值,问题可能出在哪里?

(2) 在实验时,每当 $D_7 \sim D_0$ 的数据变化 1,模拟量输出变化多少?

3.10.8　实验仪器和器材

（1）D/A 转换器 DAC0832 1 片；

（2）μA741 运放 1 片；

（3）实验箱 1 台；

（4）直流稳压源 1 台；

（5）数字万用表 1 块。

*3.11　A/D 转换器原理及应用

3.11.1　实验目的

（1）了解 A/D 转换器的基本工作原理和内部结构；

（2）掌握大规模集成 A/D 转换器的外部工作参数及与外部电路的连接；

（3）掌握大规模集成 A/D 转换器的典型应用。

3.11.2　知识点

ADC0809 是 CMOS 工艺的 8 通道、8 位逐次逼近式 A/D 模数转换器。其内部有一个 8 通道多路开关，它可以根据地址码锁存译码后的信号，只选通 8 路模拟输入信号中的一个进行 A/D 转换。ADC0809 是目前国内应用最广泛的 8 位通用 A/D 芯片，可以和单片机直接连接。

3.11.3　实验原理

将模拟信号转换为数字信号的电路称为模数转换器，简称 A/D 转换器或 ADC，英文全称是 Analog to Digital Converter。根据基本原理及特点，A/D 转换器可以分为积分型、逐次逼近型、并行比较型/串并行型、$\Sigma-\Delta$ 调制型、电容阵列逐次比较型及压频变换型等。

ADC0809 是 8 通道、8 位逐次逼近式 A/D 模数转换器，由一个 8 路模拟开关、一个地址锁存与译码器、一个 A/D 转换器和一个三态输出锁存器组成。多路开关可选通 8 个模拟通道，允许 8 路模拟量分时输入，共用 A/D 转换器进行转换。三态输出锁存器用于锁存 A/D 转换完的数字量，当 OE 端为高电平时，才可以从三态输出锁存器取走转换完的数据。

ADC0809 主要特性有：

（1）8 路输入通道，8 位 A/D 转换器，即分辨率为 8 位；

（2）具有转换起停控制端；

（3）转换时间为 100 μs（时钟为 640 kHz 时），130 μs（时钟为 500 kHz 时）；

（4）+5 V 电源供电；

（5）模拟输入电压范围 0～+5 V，不需零点和满刻度校准；

（6）工作温度范围为 −40～85 ℃；

（7）低功耗，约 15 mW。

ADC0809 逻辑框图与引脚排列图如图 3.11.1 所示:

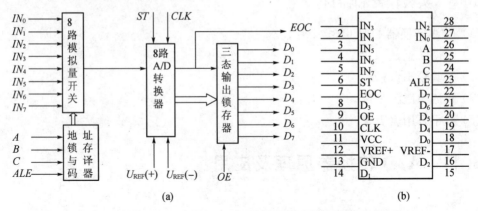

图 3.11.1　ADC0809 逻辑框图与引脚排列图

ADC0809 各引脚功能如下:

$D_7 \sim D_0$:8 位数字量输出引脚;

$IN_0 \sim IN_7$:8 位模拟量输入引脚;

V_{CC}:接+5 V 工作电压;

GND:接地;

UREF(+):参考电压正端;

UREF(-):参考电压负端;

START:A/D 转换启动信号输入端;

ALE:地址锁存允许信号输入;

(以上两种信号用于启动 A/D 转换);

EOC:转换结束信号输出引脚,开始转换时为低电平,当转换结束时为高电平;

OE:输出允许控制端,用以打开三态数据输出锁存器;

CLK:时钟信号输入端(一般为 500 kHz);

地址输入和控制线 4 条:A、B、C、ALE。

ALE 为地址锁存允许输入线,高电平有效。当 ALE 线为高电平时,地址锁存与译码器将 A、B、C 三条地址线的地址信号进行锁存,经译码后被选中的通道的模拟量进入转换器进行转换。A、B 和 C 为地址输入线,用于选通 $IN_0 \sim IN_7$ 上的一路模拟量输入。通道选择表如表 3.11.1 所示。

ADC0809 对输入模拟量的要求:信号单极性,电压范围是 0~5 V,若信号太小,必须进行放大;输入的模拟量在转换过程中应该保持不变,如若模拟量变化太快,则需在输入前增加采样保持电路。

数字量输出及控制线 11 条:

ST 为转换启动信号。当 ST 为上升沿时,所有内部寄存器清零;下降沿时,开始进行 A/D 转换;在转换期间,ST 应保持低电平。EOC 为转换结束

表 3.11.1　通道选择表

C	B	A	选择的通道
0	0	0	IN_0
0	0	1	IN_1
0	1	0	IN_2
0	1	1	IN_3
1	0	0	IN_4
1	0	1	IN_5
1	1	0	IN_6
1	1	1	IN_7

信号。当 EOC 为高电平时,表明转换结束;否则,表明正在进行 A/D 转换。OE 为输出允许信号,用于控制三条输出锁存器向单片机输出转换得到的数据。$OE=1$ 时,输出转换得到的数据;$OE=0$ 时,输出数据线呈高阻状态。$D_7 \sim D_0$ 为数字量输出线。

CLK 为时钟输入信号线。因 ADC0809 的内部没有时钟电路,所需时钟信号必须由外界提供,通常使用频率为 500 kHz;

$UREF_{(+)}$,$UREF_{(-)}$ 为参考电压输入。

3.11.4 预习要求

(1) 掌握 A/D 转换器的工作原理和内部结构。
(2) 熟悉 ADC0809 的功能和各引脚的作用。
(3) 画好完整的实验电路图以及绘制实验数据表格。

3.11.5 实验内容

(1) 实验电路如图 3.11.2 所示。

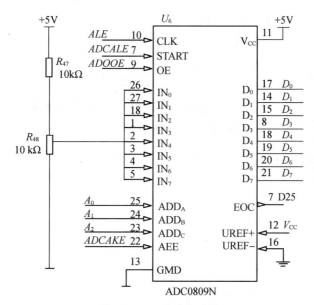

图 3.11.2 实验电路图

通过分压电阻将电压输入模拟信号输入端 $IN_0 \sim IN_7$,ADD_A、ADD_B、ADD_C 分别接逻辑开关,使某一时刻只有一个通道处于工作状态,$D_7 \sim D_0$ 接逻辑指示灯,$CLOCK$ 端接脉冲信号,$STRAT$ 和 ALE 端接单脉冲开关 CP,V_{CC}、$UREF(+)$、OE 接 +5 V,$UREF(-)$、GND 接地。

测试时,先用万用表测量 $IN_0 \sim IN_7$ 实际输出数值,拨动 ADD_A、ADD_B、ADD_C 逻辑开关,按下单次脉冲开关,分别使开关状态为 000、001、010、011、100、101、110、111,观察输出状态,记录在表 3.11.2 中。

表 3.11.2　输出状态

地址输入			选通通道	模拟输入量 (V)	输出状态							
ADD_C	ADD_B	ADD_A			D_7	D_6	D_5	D_4	D_3	D_2	D_1	D_0
0	0	0	IN_0									
0	0	1	IN_1									
0	1	0	IN_2									
0	1	1	IN_3									
1	0	0	IN_4									
1	0	1	IN_5									
1	1	0	IN_6									
1	1	1	IN_7									

通过表格数据计算出实验值,和测量的模拟值进行比较,计算误差值,并分析原因。

3.11.6　实验报告要求

(1) 整理实验数据,分析实验结果。

(2) 实验值和理论值进行比较,并进行误差分析。

3.11.7　思考题

(1) 在实验中,A/D 输入的最大电压为多少? 此时 $D_7 \sim D_0$ 的状态是什么?

(2) 当输出状态变化 1 时,实际输出量变化为多少?

3.11.8　实验仪器和器材

(1) D/A 转换器 DAC0809 1 片;

(2) 实验箱 1 台;

(3) 直流稳压源 1 台;

(4) 数字万用表 1 块。

3.12　综合设计一:任意 8 位数循环显示计数器

3.12.1　实验目的

(1) 设计一个任意 8 位的数码循环显示电路,实现一个 8 位数的循环显示功能;

(2) 掌握常见的数字电路芯片 74LS138、CD4518 的使用方法,掌握组合逻辑电路和时序逻辑电路的分析、设计方法;

(3) 完成数字循环显示电路的设计,搭建电路,并测试实验结果。

3.12.2 知识点

在数字电路的设计过程中,通常需要将组合逻辑电路和时序逻辑电路结合起来,在设计时,如何正确处理和优化组合逻辑电路和时序逻辑电路的关系是十分重要的,不仅可以使电路更简洁明了,也可以增加电路的可靠性,使其更稳定的工作。

在本实验中,有多个方案都可实现所要求的功能,但各个方案复杂程度不一,读者可在进行分析后选择最适合当前实验环境的方案来实现其功能。

3.12.3 实验原理

参考方案:

脉冲输入 → CD4518 芯片 → 3位输入 → 74LS138 芯片 → 组合门电路 → 4位输入 → 数码显示管

3.12.4 预习要求

(1) 复习 CD4518、74LS138 芯片的功能。
(2) 根据要求设计实验电路,并画出真值表、表达式和电路图等。

3.12.5 实验内容

(1) 依据参考方案设计电路,使其实现 02468642 的数字循环。

要实现数字循环显示,首先需要使数字显示,然后再实现循环,根据要显示的数字及数码显示管特性,可得出真值表,如表 3.12.1 所示。

表 3.12.1 数码显示

显示数字	数码管			
	8	4	2	1
0	0	0	0	0
2	0	0	1	0
4	0	1	0	0
6	0	1	1	0
8	1	0	0	0
6	0	1	1	0
4	0	1	0	0
2	0	0	1	0

由于有 8 个输出,我们可以用 74LS138 来实现数字的输出,设数码管 8、4、2、1 四位分别为 A、B、C、D,则 $A=Y_4$,$B=Y_2+Y_3+Y_5+Y_6$,$C=Y_1+Y_3+Y_5+Y_7$,$D=0$,化简公式得:

$$A=\overline{\overline{Y_4}}$$

$$B=\overline{\overline{Y_2}\ \overline{Y_3}\ \overline{Y_5}\ \overline{Y_7}}$$

$$C=\overline{\overline{Y_1}\ \overline{Y_3}\ \overline{Y_5}\ \overline{Y_7}}$$

当处于以上输出状态时,74LS138 的输入/输出关系如表 3.12.2 所示。

当输入端 $A_2A_1A_0$ 变化时,输出也发生相应变化,可实现 02468642 的数列显示,但不可实现循环。

要使数列自动循环显示,只需使输入端实现 000—001—010—011—100—101—110—111 的状态循环,就可使输出端实现 02468642 的数码显示,由于其是连续状态,所以只要设计一个八进制计数器即可实现,通过 CD4518 计数器或 74LS112JK 触发器都可实现。使用 CD4518 设计的八进制计数器如图 3.12.1 所示。使用 JK 触发器设计的八进制计数器电路如图 3.12.2 所示。

表 3.12.2　输入/输出关系

输　入			输　出
A_2	A_1	A_0	
0	0	0	0
0	0	1	2
0	1	0	4
0	1	1	6
1	0	0	8
1	0	1	6
1	1	0	4
1	1	1	2

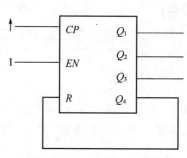

图 3.12.1　用 CD4518 设计的八进制计数器电路图

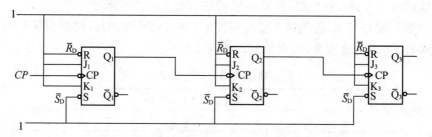

图 3.12.2　用 JK 触发器设计的八进制计数器电路图

综合电路由读者自行画出,实验时请使用其他方案来实现此电路功能。

3.12.6　实验报告要求

(1) 列出真值表,写出表达式,画出完整的电路图。

(2) 分析实验结果,总结解题的一般思路。

3.12.7　思考题

(1) 如要实现 01357531 的数字循环,电路该如何设计?

(2) 设计一个 6 位数 024642 的数字循环电路,写出设计过程,画出电路图。

(3) 简述设计一个 $n(1<n<9)$ 位数字循环显示电路的一般设计过程。

3.12.8　实验仪器和器材

(1) 74LS138,CD4518 各一片;

(2) 74LS00,74LS20,74LS04 若干;

(3) 实验箱 1 台;

(4) 直流稳压源 1 台;

(5) 函数发生器 1 台。

3.13 综合设计二:双向循环流水灯控制电路

3.13.1 实验目的

(1) 设计一个可左右循环的 8 位流水灯,用一个开关控制灯的左移和右移;

(2) 掌握常见的数字电路芯片 74LS194、74LS244 的使用方法,掌握组合逻辑电路和时序逻辑电路的分析、设计方法;

(3) 完成双向循环流水灯显示电路的设计,搭建电路,并测试实验结果。

3.13.2 知识点

霓虹灯是现在道路上最常见的装饰之一,通过不同的灯光变幻营造出绚丽的氛围,本实验以最基本的顺序变换为题,旨在锻炼学生分析和掌握此类问题的一般解题方法,通过双向循环的电路,经过简单改造,还可以变化成向两边扩散,向中间聚拢等各种灯光显示的电路。

3.13.3 实验原理

参考方案:

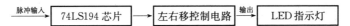

利用 74LS194 双向移位寄存器的双向移位功能,加入控制电路,使其可以实现一键控制左右移位的功能。

3.13.4 预习要求

(1) 复习 74LS194、74LS244 芯片的功能。

(2) 根据要求设计实验电路,并画出真值表、表达式和电路图等。

3.13.5 实验内容

按参考方案的原理设计电路,使其实现一键控制的 1 亮 7 暗 8 位流水灯的左右循环。

74LS194 为双向移位寄存器,根据输入信号的不同接法,可以实现左移或右移的操作,因需要 8 位显示,因此需要 2 片 74LS194 芯片,当实现左移时,真值表如表 3.13.1 所示。

表 3.13.1　74LS194 实现左移时的真值表

输入脉冲 CP 顺序	电路状态							
	Q_{0A}	Q_{1A}	Q_{2A}	Q_{3A}	Q_{0B}	Q_{1B}	Q_{2B}	Q_{3B}
1	0	0	0	0	0	0	0	1
2	0	0	0	0	0	0	1	0
3	0	0	0	0	0	1	0	0
4	0	0	0	0	1	0	0	0
5	0	0	0	1	0	0	0	0
6	0	0	1	0	0	0	0	0
7	0	1	0	0	0	0	0	0
8	1	0	0	0	0	0	0	0

8 位流水灯左移电路如图 3.13.1 所示。

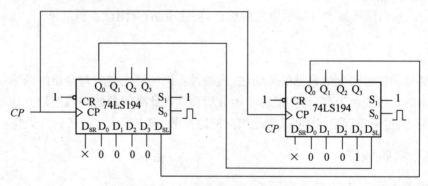

图 3.13.1　8 位流水灯左移电路

当实现右移操作时,真值表如表 3.13.2 所示。

表 3.13.2　74LS194 实现右移时的真值表

输入脉冲 CP 顺序	电路状态							
	Q_{0A}	Q_{1A}	Q_{2A}	Q_{3A}	Q_{0B}	Q_{1B}	Q_{2B}	Q_{3B}
1	1	0	0	0	0	0	0	0
2	0	1	0	0	0	0	0	0
3	0	0	1	0	0	0	0	0
4	0	0	0	1	0	0	0	0
5	0	0	0	0	1	0	0	0
6	0	0	0	0	0	1	0	0
7	0	0	0	0	0	0	1	0
8	0	0	0	0	0	0	0	1

8 位流水灯右移电路如图 3.13.2 所示。

从这两个电路图我们可以看出,实现左移和右移的区别在于 S_0 和 S_1 的状态以及左右移控制端 D_{SR}、D_{SL} 的接入方式,要使电路实现一键控制左右移,只需加入一控制电路,该控制电路同时控制这几个端口状态,即可实现一键控制的功能。

由于 D_{SR}、D_{SL} 两个端口在某一时刻只有一个处于工作状态,因此可利用三态门的高阻态输出来实现隔离的目的,通过两个三态门的控制,分别达到控制左移和右移的目的。

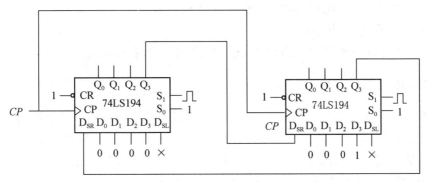

图 3.13.2 8 位流水灯右移电路

在实现左移时，S_0、S_1 状态为 0、1，Q_0 接右移控制端 D_{SL}，要实现三态门状态控制，需将 Q_0 接三态门 A 的输入端，输出端接至 D_{SL}，由于 74LS244 三态门为低电平有效，将使能端 $\overline{EN}$ 和 S_0 相连，即可使三态门 A 处于工作状态，Q_0 数据可传输至 D_{SL}，可实现左移循环。

同理，在实现右移时，S_0、S_1 状态为 1、0，Q_3 接右移控制端 D_{SR}，要实现三态门状态控制，需将 Q_3 接三态门 B 的输入端，输出端接至 D_{SR}，将使能端 $\overline{EN}$ 和 S_1 相连，即可使三态门 B 处于工作状态，Q_3 数据可传输至 D_{SR}，可实现右移循环。

通过以上控制电路，当 S_0、S_1 状态改变时，即可实现左移、右移状态控制。

实验时请使用不同于参考方案的电路来实现电路功能。

3.13.6 实验报告要求

(1) 根据实验要求，画出电路图。

(2) 分析实验中出现的问题，总结解题的一般思路。

3.13.7 思考题

(1) 若将方案一中的三态门换成 OC 门，是否可以实现相同功能？若可以，画出电路图，若不可以，请说明原因。

(2) 若将方案二中的 JK 触发器换成 D 触发器，电路该如何设计？

3.13.8 实验仪器和器材

(1) 74LS194，74LS244 若干；

(2) 实验箱 1 台；

(3) 直流稳压源 1 台；

(4) 函数发生器 1 台。

3.14 综合设计三：汽车尾灯控制电路

3.14.1 实验目的

(1) 设计一汽车尾灯控制电路，使其实现汽车左转向灯、右转向灯、刹车灯的控制；

（2）掌握常见的数字电路芯片 74LS153,74LS194 的使用方法,掌握组合逻辑电路和时序逻辑电路的分析、设计方法；

（3）完成汽车尾灯控制电路的设计,搭建电路,并测试实验结果。

3.14.2　知识点

汽车尾灯是交通安全的一个重要组成部分,可以使后方司机清晰了解前方汽车的行驶状态,以便提早做出应对措施。汽车尾灯一般运行状态为当汽车左转或右转时,左转向灯或右转向灯闪烁,当刹车时,刹车灯常亮。在电路设计过程中,我们使用逻辑开关来模拟左转向灯开关、右转向灯开关和刹车,便于理解电路的工作流程。

3.14.3　实验原理

汽车尾灯控制电路工作时,按下左移转向灯开关,左转向灯闪烁,按下右转向灯开关,右转向灯闪烁,踩下刹车时,刹车灯常亮,汽车正常运行时,所有灯不亮。

参考方案:

将 74LS194 设计成 0101 循环的环形计数器,可以实现指示灯的闪烁,也可设计成 0011 或 0001 等状态,将输出接至 8 选 1 数据选择器的相应数据输入端,根据控制端的变化实现相应的输出。

3.14.4　预习要求

（1）复习 74LS153,74LS194 芯片的功能。

（2）根据实验要求设计电路,写出表达式,画出电路图。

3.14.5　实验内容

利用参考方案设计电路,实现汽车尾灯控制。

此电路分两部分,一部分是实现转向灯闪烁的电路,一部分是转向灯和刹车灯控制电路。转向灯闪烁电路可以通过设计一个环形计数器来实现,将循环数值设置为 0101 或 0001 或 0011 都可,利用 74LS194 设计的环形计数器电路如图 3.14.1 所示。

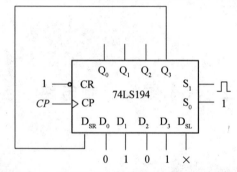

图 3.14.1　利用 74LS194 设计的环形计数器电路

设计转向灯和刹车灯控制电路时,设 A_2、A_1、A_0 为左转向灯开关、刹车、右转向灯开关, 0 为开关关闭,1 为开关打开,真值表如表 3.14.1 所示。

表 3.14.1 转向灯和刹车灯控制电路真值表

输入状态			输出状态		
A_2	A_1	A_0	左转向灯	刹车灯	右转向灯
0	0	0	0	0	0
0	0	1	0	0	闪烁
0	1	0	0	常亮 1	0
0	1	1	0	常亮 1	闪烁
1	0	0	闪烁	0	0
1	0	1	无效	0	无效
1	1	0	闪烁	常亮 1	0
1	1	1	无效	常亮 1	无效

根据真值表状态,我们可以考虑使用 74LS153 设计成 8 选 1 数据选择器来实现,电路图如图 3.14.2 所示。

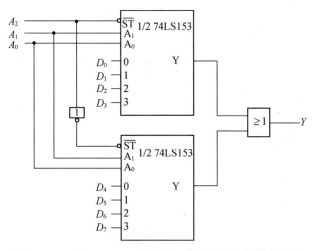

图 3.14.2 用 74LS153 设计的 8 选 1 数据选择器电路图

加入转向灯和刹车灯控制电路后,真值表如表 3.14.2 所示。

表 3.14.2 转向灯和刹车灯控制电路真值表

输入状态			输出状态			输入端口
A_2	A_1	A_0	左转向灯	刹车灯	右转向灯	
0	0	0	0	0	0	D_0
0	0	1	0	0	闪烁	D_1
0	1	0	0	常亮 1	0	D_2
0	1	1	0	常亮 1	闪烁	D_3
1	0	0	闪烁	0	0	D_4
1	0	1	无效	0	无效	D_5
1	1	0	闪烁	常亮 1	0	D_6
1	1	1	无效	常亮 1	无效	D_7

由真值表得当转向灯和刹车灯开关单个作用时 $D_0=0$,$D_1=D_4=Q_3$,$D_2=1$,当转向灯和刹车灯开关同时作用时,输出有两个,当 A_2、A_1、A_0 为 011 时,输出为 D_3 和 1,当 A_2、A_1、

A_0 为 110 时,输出为 D_6 和 1,当 A_2、A_1、A_0 为 101 时,为无效状态,因为左右转向灯不可能同时亮起,当 A_2、A_1、A_0 为 111 时,同样的,转向灯处于无效状态,输出只有刹车灯的 1。由于 8 选 1 数据选择器只有一个输出,因此,当两个或三个开关同时作用时我们需要有另一个输出来满足两输出的要求,从真值表分析我们可以得出有两个输出时都有共同的 1,因此,我们通过设计一个电路使输入状态改变时输出中始终有 1 的输出即可,即 $Y'=1$,通过化简卡诺图我们得出表达式为 $Y'=A_1$,$D_3=D_6=Q_3$。综上分析,最终表达式为 $D_0=D_2=D_5=D_7=0$,$D_1=D_3=D_4=D_6=Q_3$,$Y'=A_1$。电路图由读者自行画出。

3.14.6　实验报告要求

(1) 根据实验原理,写出表达式,画出电路图。
(2) 分析实验过程中遇到的问题及解决方法,总结解题的一般思路。

3.14.7　思考题

灯光闪烁电路是否可利用 JK 触发器或 CD4518 来实现? 若可以,该如何设计?

3.14.8　实验仪器和器材

(1) 74LS194,74LS153 各 1 片;
(2) 实验箱 1 台;
(3) 直流稳压源 1 台;
(4) 函数发生器 1 台。

4 模拟电子技术实验

4.1 单级低频电压放大电路

4.1.1 实验目的

(1) 通过设计与实验掌握调整放大器静态工作点的方法,了解电路各元器件对静态工作点的影响。

(2) 掌握放大器的电压增益、输入电阻、输出电阻和频率特性等主要技术指标的测量方法,以及电路各元件对这些技术指标的影响。

(3) 掌握双踪示波器、晶体管特性图示仪、函数发生器、交流毫伏表、直流稳压源和模拟实验箱的使用方法。

4.1.2 知识点

放大器静态、动态指标的测试。

4.1.3 实验原理

1) 静态工作点和偏置电路形式的选择

(1) 静态工作点

放大器的基本任务是不失真地放大信号,放大器的静态工作点是由晶体管参数及放大器对应的直流偏置电路所决定,它的选取与设置影响到放大器的增益、失真、稳定等诸多方面,所以要使放大器能够正常工作,必须设置合适的静态工作点。

为了获得最大不失真的输出电压,静态工作点应该选在输出特性曲线上交流负载线中点的附近,如图 4.1.1 中的 Q 点。若工作点选得太高(如图 4.1.2 中的 Q_1 点)就会出现饱和失真;若工作点选得太低(如图 4.1.2 中的 Q_2 点)就会产生截止失真。

对于小信号放大器而言,由于输出交流幅度很小,非线性失真不是主要问题,因而 Q 点不一定要选在交流负载线的中点,可根据其他指标要求而定。例如在希望耗电小、噪声低、输入阻抗高时,Q 点就可选得低一些;如希望增益高时,Q 点可适当选择高一些。

为使放大器建立一定的静态工作点,通常有固定偏置电路和射极偏置电路(或分压式电流负反馈偏置电路)两种可供选择。固定偏置电路结构简单,但当环境温度变化或更换晶体管时,Q 点会明显偏移,导致原先不失真的输出波形可能产生失真。而射极偏置电路(见图 4.1.3)则因具有自动调节静态工作点的能力,当环境温度变化或更换更好的晶体管时,能使 Q 点保持基本不变,因而得到广泛应用。

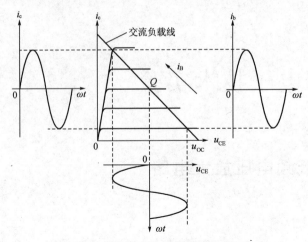

图 4.1.1　具有最大动态范围的静态工作点

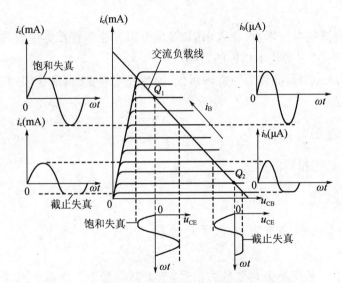

图 4.1.2　静态工作点设置不合适输出波形产生失真

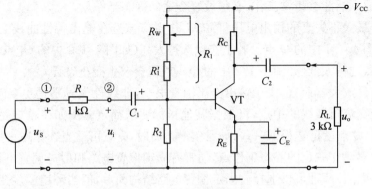

图 4.1.3　射极偏置电路

（2）静态工作点的测量

接通电源后，在放大器输入端不加交流信号，即 $u_i = 0$ 时，测量晶体管静态集电极电流

I_{CQ} 和管压降 U_{CEQ}，其中 U_{CEQ} 可直接用万用表直流电压挡测量 c-e 极间的电压(或测 U_C 及 U_E，然后相减)得到，而 I_{CQ} 的测量有下述两种方法：

① 直接测量法　将万用表置于适当量程的直流电流挡，断开集电极回路，将两表棒串入回路中(注意正、负极性)测读。此测量精度高，但比较麻烦。

② 间接测量法　用万用表直流电压挡先测出 R_C(或 R_E)上的电压降，然后由 R_C(或 R_E)的标称值算出 I_{CQ}($I_{CQ}=U_{RC}/R_C$)或 I_{EQ}($I_{EQ}=U_{RE}/R_E$)值。此法简便，是测量中常用的方法。为减少测量误差应选用内阻较高的万用表。

2) 放大器的主要性能指标及其测量方法

(1) 电压增益 A_u

$\dot{A}_u$ 是指输出电压 $\dot{U}_o$ 与输入信号电压 $\dot{U}_i$ 之比值，即 $\dot{A}_u=\dfrac{\dot{U}_o}{\dot{U}_i}$，$A_u$ 是指交流毫伏表测出输出电压的有效值 U_o 和输入电压的有效值 U_i 相除而得。

(2) 输入电阻 R_i

R_i 是指从放大器输入端看进去的交流等效电阻，它等于放大器输入端信号电压 $\dot{U}_i$ 与输入电流 $\dot{I}_i$ 之比。即 $R_i=\dfrac{\dot{U}_i}{\dot{I}_i}$。$R_i$ 大，则从信号源 U_S 索取的电流小，表明放大电路对信号源影响小且可获得大的 U_i；反之 $R_i \ll R_S$，则 U_i 小，当 $R_i=R_S$ 时，放大电路可获得信号源最大的功率。

本实验采用换算法测量输入电阻。测量电路如图 4.1.4 所示。在信号源与放大器之间串入一个已知电阻 R_S，只有分别测出 U_S 和 U_i，可得出输入电阻为：

$$R_i=\frac{U_i}{I_i}=\frac{U_i}{(U_S-U_i)/R_S}=\frac{U_i}{U_S-U_i}R_S$$

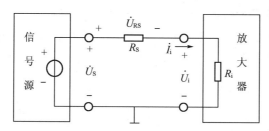

图 4.1.4　用换算法测量 R_i 的原理图

测量时应注意以下两点：

① 由于 R_S 两端均无接地点，而交流毫伏表通常是测量对地交流电压的，所以在测量 R_S 两端的电压时，必须先分别测量 R_S 两端的对地电压 U_S 和 U_i，再求其差值 U_S-U_i 而得。实验时，R_S 的数值不宜取得过大，以免引入干扰；但也不宜过小，否则容易引起较大误差。通常取 R_S 和 R_i 为同一个数量级。

② 在测量之前，交流毫伏表应该调零，并尽可能用同一量程挡测量 U_S 和 U_i。

(3) 输出电阻 R_o

任何放大电路的输出都可等效为一个有内阻的电压源，从输出端看进去的等效内阻即为该放大电路的输出电阻 R_o。R_o 是指将输入电压源短路，从输入端向放大器看进去的交流等效电阻。它和输入电阻 R_i 同样都是对交流而言的，即都是动态电阻。R_o 大小反映该电路带负载的能力，R_o 越小带负载能力越强。用换算法测量 R_o 的原理如图 4.1.5 所示。

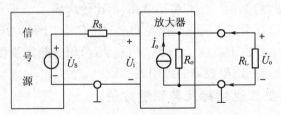

图 4.1.5　用换算法测量 R_o 的原理图

在放大器输入端加入一个固定信号电压 U_S，分别测量当已知负载 R_L 断开和接上时的输出电压 U_o 和 U'_o，则 $R_o = \left(\dfrac{U_o}{U'_o} - 1 \right) R_L$。

（4）放大器的幅频特性

放大器的幅频特性系指在输入正弦信号时放大器的电压增益 A_u 随信号源频率而变化的稳态响应。当输入信号幅值保持不变时，放大器的输出信号幅度将随着信号源频率的高低而改变，即当信号频率太高或太低时，输出幅度都要下降，而在此频带范围内，输出幅度基本不变。通常称增益下降到中频增益 A_{um} 的 0.707 倍时所对应的上限频率 f_H 和下限频率 f_L 之差为放大器的通频带。即

$$BW = f_H - f_L$$

一般采用逐点法测量幅频特性，保持输入信号电压 U_i 的幅值不变，逐点改变输入信号的频率，测量放大器相应的输出电压 U_o，由 $\dot{A}_u = \dfrac{\dot{U}_o}{\dot{U}_i}$ 计算对应于不同频率下放大器的电压增益，从而得到该放大器增益的幅频特性。用单对数坐标纸将信号源频率 f 取对数分度、放大倍数 A_u 取线性分度，即可作出幅频特性曲线，也可利用扫频仪直接在屏幕上显示放大电路的 $A—f$ 曲线，即通频带 BW。

4.1.4　实验内容

1）安装电路

（1）检测元件：用万用表测量电阻的阻值和晶体管的 β 值，判断电容器的好坏。实验中可用万用表 h_{FE} 挡直接测量晶体管的 β 值。

（2）装接电路：按照图 4.1.3 所示的电路，在模拟实验箱的面包板上装接元件。要求元件排列整齐，密度匀称，避免相互重叠，连接线应短并尽量避免交叉，对电解电容器应注意接入电路时的正、负极性；元件上的标称值字符朝外以便检查；一个插孔内只允许插入一根接线。

（3）仔细检查：对照电路图检查是否存在错接、漏接或接触不良等现象，并用万用表电阻挡检查电源端与接地点之间有无短路现象，以避免烧坏电源设备。

2）连接仪器

用探头和接插线将信号发生器、交流毫伏表、示波器、稳压电源与实验电路的相关接点

正确连接起来,并注意以下两点:

(1) 各仪器的地线与电路的地应公共接地。

(2) 稳压电源的输出电压应预先调到所需电压值(用万用表测量),再接到实验电路中。

3) 研究静态工作点变化对放大器性能的影响

(1) 调整 R_W,使静态集电极电流 $I_{CQ}=2\ mA$,测量静态时晶体管集电极-发射极之间的电压 U_{CEQ}。

(2) 在放大器输入端输入频率为 $f=1\ kHz$ 的正弦信号,调节信号源输出电压 U_S 使 $U_i=5\ mV$,测量并记录 U_S、U_o 和 U_o',并记录在表 4.1.1 中。注意:用双踪示波器观测 U_o 及 U_i 波形时,必须保持在 U_o 基本不失真时读数。

表 4.1.1　静态工作电流对放大器 A_u、R_i 及 R_o 的影响

静态工作点电流 I_{CQ}(mA)		1.5	2	2.5
保持输入信号 U_i(mV)		5	5	5
测量值	U_S(mV)			
	U_o(V)			
	U_o'(V)			
由测量数据计算值	A_u			
	R_i(kΩ)			
	R_o(kΩ)			

(3) 重新调整 R_W 使 I_{CQ} 分别为 1.5 mA 和 2.5 mA,重复上述测量,将测量结果记入表 4.1.1 中,计算放大器的 A_u、R_i、R_o 并与理论计算值对比,分析误差及结果。

4) 观察不同静态工作点对输出波形的影响

(1) 增大 R_W 的阻值,观察输出电压波形是否出现截止失真(若 R_W 增至最大,波形失真仍不明显,则可在 R_1 支路中再串一只电阻或适当加大 U_i 来解决),描出输出波形。

(2) 减小 R_W 的阻值,观察输出波形是否出现饱和失真,描出输出波形。

5) 测量放大器的最大不失真输出电压

分别调节 R_W 和 U_S,用示波器观察输出电压 U_o 的波形,使输出波形为最大不失真正弦波(当同时出现正、反相失真后,稍微减小输入信号幅度,使输出波形的失真刚好消失时的输出电压幅值)。测量此时静态集电极电路 I_{CQ} 和输出电压的峰-峰值 U_{opp}。

6) 测量放大器幅频特性曲线

调整 $I_{CQ}=2\ mA$,保持 $U_i=5\ mV$ 不变,改变信号频率,用逐点法测量不同频率下的 U_o 值,记入表 4.1.2 中,并作出幅频特性曲线,定出 3 dB 宽带 BW。

表 4.1.2　放大器幅频特性($U_i=5\ mV$ 时)

f(kHz)	0.1	自定
U_o(V)		

4.1.5　预习要求

(1) 掌握小信号低频电压放大器静态工作点的选择原则和放大器主要性能指标的定义及其测量方法。

（2）复习射极偏置的单级共射低频放大器工作原理（参见图 4.1.3）、静态工作点的估算及 A_u、R_i、R_o 的计算。

（3）在图 4.1.6 中标出各仪器与模拟实验底板间的正确连线。

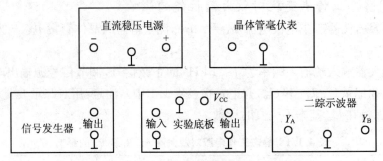

图 4.1.6　待连接的测量仪器与实验底板

4.1.6　实验报告要求

（1）画出实验电路图，并标出各元件数值。

（2）整理实验数据，计算 A_u、R_i、R_o 的值，列表比较其理论值和测量值，并加以分析。

（3）讨论静态工作点变化对放大器性能（失真、输出电阻、电压放大倍数等）的影响。

（4）用单对数坐标纸画出放大器的幅频特性曲线，确定 f_H、f_L、A_{um} 和 BM 的值。

（5）用方格纸画出本实验内容 4)和 5)中有关波形，并加以分析讨论。

4.1.7　思考题

（1）如将实验电路中的 NPN 管换为 PNP 管，试问：

① 这时电路要做哪些改动才能正常工作？

② 经过正确改动后的电路其饱和失真和截止失真波形是否和原来的相同？为什么？

（2）图 4.1.3 电路中上偏置串接 R_1' 起什么作用？

（3）在实验电路中，如果电容器 C_2 漏电严重，试问当接上 R_L 后，会对放大器性能产生哪些影响？

（4）射极偏置电路中的分压电阻 R_1、R_2 若取的过小，将对放大电路的动态指标（如 R_i 及 f_L）产生什么影响？

（5）图 4.1.3 电路中的输入电容 C_1、输出电容 C_2 及射极旁路电容 C_E 的电容量选择应考虑哪些因素？

（6）图 4.1.3 放大电路的 f_H、f_L 与哪些参数相关？

（7）图 4.1.3 放大电路在环境温度变化及更换不同 β 值的三极管时，其静态工作点及电压放大倍数 A_u 能否基本保持不变，试说明原因。

4.1.8　实验仪器和器材

（1）晶体管特性图示仪 1 台；

（2）示波器 1 台；

（3）函数发生器 1 台；

（4）直流稳压电源 1 台；

（5）交流毫伏表 1 台；

（6）实验箱 1 台；

（7）万用表 1 台；

（8）三极管 1 只；

（9）阻容元件若干。

4.2 结型场效应管放大电路

4.2.1 实验目的

（1）了解结型场效应管的性能和特点；

（2）进一步熟悉放大器动态参数的测试方法。

4.2.2 知识点

场效应管、转移特性、共源放大电路。

4.2.3 实验原理

场效应管是利用电场来控制半导体中多数载流子运动的一种电压控制型半导体器件。按结构分为结型和绝缘型两种类型。由于场效应管栅源之间处于绝缘或反向偏置，所以输入电阻高达上百兆欧，它具有热稳定性好，抗辐射能力强，噪声系数小等特点。加之制造工艺比较简单，便于大规模集成，耗电少，成本低。因此在大规模集成电路中占有极其重要的地位。

（1）结型场效应管的特性和参数

场效应管的特性主要有输出特性和转移特性。图 4.2.1 所示为 N 沟道结型场效应管 3DJ6F 的输出特性和转移特性曲线。直流参数主要有饱和漏极电流 I_DSS、夹断电压 U_P 等；交流参数主要有低频跨导 $g_\text{m} = \dfrac{\Delta I_\text{D}}{\Delta U_\text{GS}}\bigg|_{U_\text{DS}} = 常数$，表 4.2.1 是 3DJ6F 的典型参数值及测试条件。

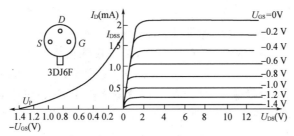

图 4.2.1 3DJ6F 的输出特性和转移特性曲线

表 4.2.1 数据记录表

参数条件	饱和漏极电流 I_{DSS}(mA)	夹断电压 U_P(V)	跨导 g_m(μA/V)
测试条件	$U_{DS}=10$ V, $U_{GS}=0$ V	$U_{DS}=10$ V, $I_{DS}=50\ \mu$A	$U_{DS}=10$ V, $I_{DS}=3$ mA, $f=1$ kHz
参数值	$1\sim3.5$	$<|-9|$	$>1\ 000$

(2) 场效应管放大电路性能分析

如图 4.2.2 所示为结型场效应管组成的共源放大电路,与晶体管放大电路类似,要使电路正常工作,必须设置合适的静态工作点,以保证信号整个周期均工作在恒流区,其静态工作点为

$$U_{GS}=U_G-U_S=\frac{R_{g1}}{R_{g1}+R_{g2}}U_{DD}-I_D R_S$$

$$I_D=I_{DSS}\left(1-\frac{U_{GS}}{U_P}\right)^2$$

中频电压放大倍数

$$A_u=-g_m R_L'=-g_m(R_D/\!/R_L)$$

式中,g_m 可由特性曲线用作图法求得或用公式 $g_m=-\dfrac{2I_{DSS}}{U_P}\left(1-\dfrac{U_{GS}}{U_P}\right)$ 计算。注意计算时 U_{GS} 要用静态工作点的数值。

输入电阻
$$R_i=R_G+\frac{R_{g1}R_{g2}}{R_{g1}+R_{g2}}$$

输出电阻
$$R_o\approx R_D。$$

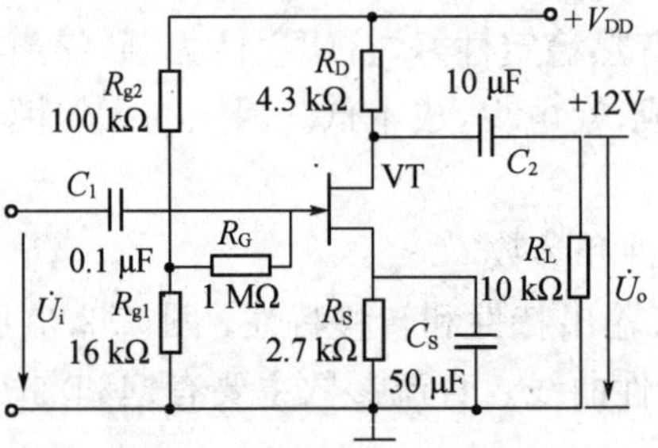

图 4.2.2 结型场效应管共源级放大器

(3) 输入电阻 R_i 的测量方法

场效应管放大器的静态工作点、电压放大倍数和输出电阻的测量方法,与实验 1 中单级低频放大器的测量方法相同。输入电阻 R_i 的测量,从原理上讲,也可以采用实验 1 的方法(即输入换算法),但由于场效应管的 R_i 比较大,如直接测输入电压 U_S 和 U_i,则由于测量仪器的输入电阻(即内阻)有限,必然会带来较大的误差。因此为了减小误差,常利用被测放大器本身的隔离作用,通过测量输出电压 U_o 来计算输入电阻,测量电路如图4.2.3所示。

在放大器的输入端串入电阻 R,把开关 K 掷向位置 1(使 $R=0$),测量放大器的输出电压 $U_{o1}=A_u U_S$;再把 K 掷向位置 2(即接入 R),需保持原 U_S 不变,测量放大器的输出电压 U_{o2}。由于两次测量中 A_u 和 U_S 保持不变,故 $U_{o2}=A_u U_i=\dfrac{R_i}{R+R_i}U_S A_u=\dfrac{R_i}{R+R_i}U_{o1}$。

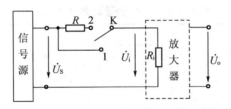

图 4.2.3　输入电阻测量电路

由此可以求出 $R_i = \dfrac{U_{o2}}{U_{o1} - U_{o2}} R$，式中 R 和 R_i 不要相差太大，本实验可取 $R = 100 \sim 200\ \text{k}\Omega$。

4.2.4　预习要求

(1) 复习结型场效应管放大电路的理论知识。

(2) 复习实验1"单级低频放大器"中静态工作点，电压放大倍数和输入、输出电阻的测量方法。

4.2.5　实验内容与步骤

1) 静态工作点的调整与测量

按图 4.2.2 所示的连接线路，令 $U_i = 0$，接通 $+12\ \text{V}$ 电压，用直流电压表测量 U_G、U_S 和 U_D，检查静态工作点是否在特性曲线放大区的中间（U_{DS} 在 $4 \sim 8\ \text{V}$ 之间，U_{GS} 在 $(-1 \sim -0.2)\text{V}$ 之间），若不合适，应调整 R_{g2} 和 R_S，调整好后把 U_G、U_S 和 U_D 的测量结果填入表 4.2.2 中。

表 4.2.2　数据记录表（一）

测量值			计算值		
$U_G(\text{V})$	$U_S(\text{V})$	$U_D(\text{V})$	$U_{DS}(\text{V})$	$U_{GS}(\text{V})$	$I_D(\text{mA})$

2) 电压放大倍数 A_u、输入电阻 R_i 和输出电阻 R_o 的测量

(1) A_u 和 R_o 的测量

在放大器的输入端加入 $f = 1\ \text{kHz}$ 的正弦信号 $U_i \approx 50 \sim 100\ \text{mV}$（有效值），用双踪示波器观察输入、输出信号（$U_i$、$U_o$）的波形，在 U_o 波形没有失真的条件下，用交流毫伏表分别测量 $R_L = \infty$ 和 $R_L = 10\ \text{k}\Omega$ 时的输出电压 U_o（注意：保持 U_i 幅度不变），记入表 4.2.3。用测量值计算 R_o，记录 U_i、U_o 的波形并分析它们之间的相位关系。

$$R_o = \left(\frac{U_o'}{U_o} - 1 \right) R_L$$

$$A_u = \frac{U_o}{U_i}$$

表 4.2.3　$A_u R_o$ 测量数据记录表(二)

参　　数	测量及计算值				理论计算值	
	$U_i(V)$	$U_o(V)$	$A_u = U_o/U_i$	$R_o(k\Omega)$	A_u	$R_o(k\Omega)$
$R_L = \infty$						
$R_L = 10\ k\Omega$						

注:理论计算值取 $U_{DS} = 4\ V$。

（2）R_i 的测量

按照如图 4.2.3 所示的电路接线,选择合适大小的输入电压 U_S（50～100 mV 有效值）,将开关 K 掷向位置 1,测出 $R=0$ 时的输出电压 U_{o1},然后将开关 K 掷向 2（接入 R）,保持 U_S 不变,再测出 U_{o2},根据公式 $R_i = \dfrac{U_{o2}}{U_{o1} - U_{o2}} R$. 求出 R_i,记入表 4.2.4 中。

表 4.2.4　数据记录表(三)

测量值		计算值
$U_{o1}(V)$	$U_{o2}(V)$	$R_i(k\Omega)$	$R_i(k\Omega)$

（3）测量电路最大不失真输出电压。

4.2.6　实验报告要求

（1）整理测试数据,将由测量值计算出来的 A_u、R_i、R_o 和理论计算值进比较讨论并对数据进行相应处理。

（2）通过对数据的总结,对场效应管工作在不同情况下的特点进行分析,进一步掌握场效应管电路的设计方法。

4.2.7　思考题

（1）将理论计算值 R_o 与测量得到的 R_o 比较,分析误差原因。

（2）场效应管放大器输入端耦合电容 C_1 选用较小容量的 0.1 μF,而晶体管放大器的 C_1 为什么要选择比 0.1 μF 大得多?

（3）对比分析场效应管与晶体管分别组成的放大电路在性能上有何异同?

（4）测量静态工作点电压 U_{GS} 时能否直接用电压表跨接 G、S 之间进行测量? 为什么?

（5）为什么测量场效应管输入电阻时要用测量输出电压的方法?

4.2.8　实验仪器和器材

（1）示波器 1 台;

（2）交流电压表 1 台;

（3）双路直流稳压电源 1 台;

（4）函数发生器 1 台;

（5）实验箱 1 台;

（6）3DJ6F 1 只;

（7）万用表 1 只。

4.3　模拟运算电路(一)

4.3.1　实验目的

(1) 深刻理解运算放大器的"虚短"、"虚断"的概念。熟悉运放在信号放大和模拟运算方面的应用;

(2) 掌握同相和反相比例运算电路、加法和减法运算电路以及单电源交流放大电路的设计方法;

(3) 学会测试上述各运算电路的工作波形及电压传输特性;

(4) 了解运算放大器在实际应用时应考虑的一些问题。

4.3.2　知识点

运算放大器,虚短,虚断,电压传输特性。

4.3.3　实验原理

集成运算放大器是模拟集成电路中发展最快、通用性最强的一类集成电路。集成运算放大器内部电路较为复杂,在分析和设计一般的应用电路时,常将它近似看作理想放大器。我们只有对集成运放的内部结构和主要技术参数有较深入的了解,并熟练掌握其基本特性,才能选用合适的运放,设计出简练和巧妙的实用电路。

集成运放是一种具有高电压放大倍数的直接耦合多级放大电路。当外部接入不同的线性或非线性元器件组成输入和负反馈电路时,可以灵活地实现各种特定的函数关系。在线性应用方面,可组成比例、加法、减法、积分、微分、对数等模拟运算电路。当集成运放工作在线性区时,其参数很接近理想值,因此在分析这类放大器时,就注意应用理想运算放大器的特点,使问题得以简化。

理想集成运放具有以下主要特性:

(1) 开环增益无穷大 $A_{od} = \infty$;

(2) 输入阻抗无穷大 $r_{id} = \infty$;

(3) 共模抑制比无穷大 $K_{CMR} = \infty$;

(4) 输出阻抗为零 $r_o = 0$;

(5) 带宽无穷大 $f_{BW} = \infty$;

理想运放在线性应用时有两个重要特性:

第一,由于理想运放的开环差模输入电阻 r_{id} 为无穷大,故流入放大器反相输入端和同相输入端的电流 $I_i = 0$,即理想运放的两个输入端不从它的前级取用电流。这种特点称为"虚断"。

第二,由于理想运放的开环差模电压增益 A_{od} 为无穷大,当输出电压为有限值时,差模输入电压 $U_- - U_+ = \dfrac{U_o}{A_{od}} = 0$,即 $U_- = U_+$。这种近似为短路的特点称之为"虚短"。在 $U_- =$

$U_+ = 0$ 时,称之为"虚地"。

当然,实际运放只能在一定程度上接近理想指标。表 4.3.1 给出了 μA741(双极型晶体管构成)、LF356(JEFT 作输入级,其他为双极型晶体管)和理想运放的参数对照。

表 4.3.1　运放参数对照表

特性参数	μA741			LF356			理想运放
	最小	标准	最大	最小	标准	最大	
输入失调电压(mV)		2	6		3	10	0
输入偏置电流(mA)		80	500		0.07	0.2	0
输入失调电流(nA)		20	200		0.007	0.04	0
电源电流(mA)		2.8			10		0
开环电压增益(dB)	86	106	2	50	200		∞
共模抑制比(dB)	70	90		80	100		∞
转换速率(V/μs)		0.5			12		∞

本实验推荐采用 μA741 型运放,其引脚排列如图4.3.1 所示。

在应用集成运放时,须注意以下问题:

集成运放是由多级放大器组成,将其闭环构成深度负反馈时,可能会在某些频率上产生附加相移,造成电路工作不稳定,甚至产生自激振荡,使运放无法正常工作,所以有时须在相应运放规定的引脚端接上相位补偿网络;在需要放大含直流分量信号的应用场合,为了补偿运放本身失调的影响,保证在集成运放闭环工作后,输入为零时输出为零,必须考虑调零问题;为了消除输入偏置电流的影响,须考虑让集成运放两个输入端等效对地直流电阻相等,以确保其处于平衡对称的工作状态。

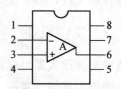

1—失调调零端; 2—反相输入端;
3—同相输入端; 4—负电源端或参考;
5—失调调零端; 6—输出端;
7—正电源端; 8—空脚

图 4.3.1　μA741 引脚图

1)反相输入比例运算电路

电路如图 4.3.2 所示。信号 U_i 由反相端输入,所以 U_o 与 U_i 相位相反。输出电压经 R_F 反馈到反相输入端,构成电压并联负反馈电路。在设计电路时,应注意,R_F 也是集成运放的一个负载,为保证电路正常工作,应满足 $I_o < I_{om}$ 及 $U_o < U_{om}$。R_1 为闭环输入电阻,选择 $R_1 = -\dfrac{R_F}{A_{uF}}$,$R_P$ 为平衡电阻,选择参数时应使 $R_P = R_1 // R_F$。

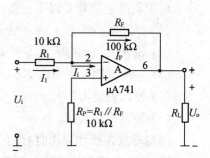

图 4.3.2　反相比例运算电路

根据"虚短"的概念可知:$U_- = U_+ = 0$,则:

$$
\begin{cases}
I_1 = \dfrac{U_i - 0}{R_1} & (4.3.1) \\
\\
I_F = \dfrac{0 - U_o}{R_F} & (4.3.2)
\end{cases}
$$

又根据"虚断"的概念可知:

$$\begin{cases} R_i = \infty \\ I_i = 0 \end{cases}$$

则 $I_1 = I_F$,由式(4.3.1)和式(4.3.2)推出:

$$\frac{U_i}{R_1} = -\frac{U_o}{R_F}$$

则该电路的闭环电压放大倍数为:

$$A_{uF} = \frac{U_o}{U_i} = -\frac{R_F}{R_1}$$

当 $R_F = R_1$ 时,运算电路的输出电压等于输入电压的负值,称为反相器。

由于反相输入端具有"虚地"的特点,故其共模输入电压等于零。反相比例运算电路的电压传输特性如图 4.3.3 所示。其输出电压的最大不失真峰-峰值为:

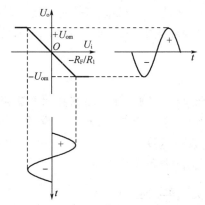

图 4.3.3 反相比例运算电路的电压传输特性

$$U_{op\text{-}p} = 2U_{om}$$

式中,U_{om} 为受电源电压限制的运放最大输出电压,通常 U_{om} 比电源电压 V_{CC} 小 $1 \sim 2$ V。

电路输入信号最大不失真范围为:

$$U_{ip\text{-}p} = \frac{U_{op\text{-}p}}{|A_{uF}|} = U_{op\text{-}p}\left(\frac{R_1}{R_F}\right)$$

2)同相输入比例运算电路

电路如图 4.3.4 所示。它属于电压串联负反馈电路,其输入阻抗高,输出阻抗低,具有放大及阻抗变换作用,通常用于隔离或缓冲级。在理想条件下,根据"虚短"的概念可知:$U_+ = U_- = U_i$,即

$$U_- = \frac{R_1}{R_1 + R_F}U_o = U_+ = U_i$$

则推出其闭环电压放大倍数为:

$$A_{uF} = \frac{U_o}{U_i} = 1 + \frac{R_F}{R_1}$$

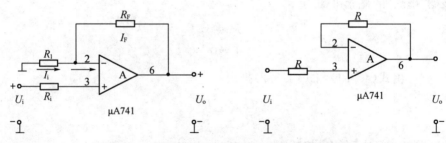

图 4.3.4 同相比例运算电路和同相电压跟随器

图中当 $R_F=0$ 或 $R_1=\infty$ 时，$A_{uF}=1$，即输出电压与输入电压大小相等、相位相同，称为同相电压跟随器。不难理解，同相比例运算电路的电压传输特性斜率为 $1+\dfrac{R_F}{R_1}$。同样，电压传输特性的线性范围也受到 I_{om} 和 U_{om} 的限制。必须注意的是，由于信号从同相端加入，对运放本身而言，由于没有"虚地"存在，相当于两输入端同时作用着与 U_i 信号幅度相等的共模信号，而集成运放的共模输入电压范围（即 U_{icmax}）是有限的。故必须注意信号引入的共模电压不得超出集成运放的最大共模输入电压范围，同时为保证运算精度，应选用高共模抑制比的运放器件。

3）加法运算电路

电路如图 4.3.5 所示。在反相比例运算电路的基础上增加几个输入支路便构成了反相加法运算电路。在理想条件下，由于 Σ 点为"虚地"，三路输入电压彼此隔离，各自独立地经输入电阻转换为电流，进行代数和运算，即当任一输入 $U_{ik}=0$ 时，则在其输入电阻 R_k 上没有压降，故不影响其他信号的比例求和运算。

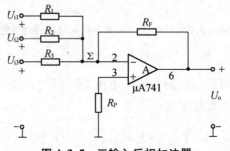

图 4.3.5 三输入反相加法器

总输出电压为：

$$U_o=-\left(\frac{R_F}{R_1}U_{i1}+\frac{R_F}{R_2}U_{i2}+\frac{R_F}{R_3}U_{i3}\right)$$

其中，$R_P=R_1 /\!/ R_2 /\!/ R_3 /\!/ R_F$。当 $R_1=R_2=R_3=R_F$ 时，

$$U_o=-(U_{i1}+U_{i2}+U_{i3})$$

4）减法运算电路

电路如图 4.3.6 所示。当 $R_2=R_1$，$R_3=R_F$ 时，可由叠加原理得：

$$U_{\mathrm{o}} = (U_{\mathrm{i}2} - U_{\mathrm{i}1})\frac{R_{\mathrm{F}}}{R_1}$$

当取 $R_1 = R_2 = R_3 = R_{\mathrm{F}}$ 时，$U_{\mathrm{o}} = U_{\mathrm{i}2} - U_{\mathrm{i}1}$，实现了减法运算。此电路常用于将差动输入转换为单端输出，广泛地用来放大具有强烈共模干扰的微弱信号。要实现精确的减法运算，必须严格选配电阻 R_1、R_2、R_3 和 R_{F}。此外，$U_{\mathrm{i}2}$ 使运放两个输入端上存在共模电压 $U_{-} \approx U_{+} = U_{\mathrm{i}2}\dfrac{R_3}{R_2 + R_3}$，在运放 K_{CMR} 为有限值的情况下，将产生输出运算误差电压，所以必须采用高共模抑制比的运放以提高电路的运算精度。

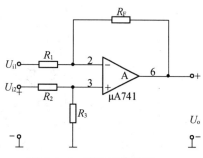

图 4.3.6　减法运算电路

5）单电源供电的交流放大器

在仅需放大交流信号的应用场合（如音频信号的前置级或激励级），为简化供电电路，常采用单电源供电，以电阻分压方法将同相端偏置在 $\dfrac{1}{2}V_{\mathrm{CC}}\left(\text{或负电源}\dfrac{1}{2}V_{\mathrm{EE}}\right)$，使运放反相端和输出端的静态电位与同相端相同。交流信号经隔直电容实现传输。

（1）单电源反相比例交流放大器

电路如图 4.3.7 所示。该电路为直流全负反馈，用以稳定静态工作点。由于静态时运放输出端为 $\dfrac{1}{2}V_{\mathrm{CC}}$，从而获得最大的动态范围（$U_{\mathrm{op\text{-}p}} \approx V_{\mathrm{CC}}$），其电压放大倍数与双电源供电的反相放大器一样，即 $\dot{A}_{u\mathrm{F}} = -\dfrac{R_{\mathrm{F}}}{R_1}$。当 $R_1 = R_{\mathrm{F}}$ 时，$\dot{A}_{u\mathrm{F}} = -1$，即为交流反相器。

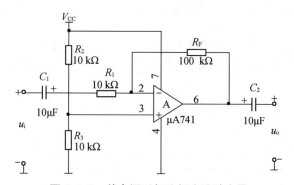

图 4.3.7　单电源反相比例交流放大器

（2）单电源同相比例交流放大器

电路如图 4.3.8 所示，分析方法同上。

其电压放大倍数为

$$\dot{A}_{u\mathrm{F}} = 1 + \frac{R_{\mathrm{F}}}{R_1}$$

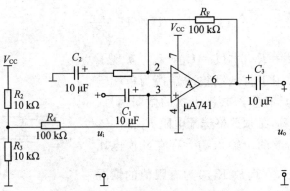

图 4.3.8　单电源同相比例交流放大器

4.3.4　实验内容

1) 反相比例运算电路

(1) 按照图 4.3.2 接线,弄清运放的电源端、调零端、输入端和输出端。在有些情况下,还须按手册要求接入补偿电路。

(2) 运放电源电压 $\pm V_{CC} = \pm 10\ \text{V}$,$R_1 = 10\ \text{k}\Omega$,$R_F = 100\ \text{k}\Omega$,$R_P = R_1 /\!/ R_F$。

(3) 在输入接地的情况下,进行调零,并用示波器观察输出端是否存在自激振荡。如有,对于设有外接补偿的运放应调整补偿电容,或检查电路是否工作在闭环状态,直到消除自激方可进行实验。

(4) 输入直流信号 U_i 分别为 $-2\ \text{V}$、$-0.5\ \text{V}$、$0.5\ \text{V}$、$2\ \text{V}$,用万用表测量对应于不同 U_i 时的 U_o 值,将测量数据填入表 4.3.2 中;计算 A_{uF},并与理论值比较,计算并分析误差产生的原因$\left(\text{误差计算公式为}:\gamma = \dfrac{A_{\text{测量值}} - A_{\text{理论值}}}{A_{\text{理论值}}} \times 100\%\right)$。

(5) 输入 $f = 1\ \text{kHz}$ 的正弦波,调整函数发生器,使其有效值为 $0.1\ \text{V}$,用交流毫伏表测量 U_i 和 U_o 的值,计算 A_{uF},画出 U_i 和 U_o 的波形。观察并画出传输特性曲线并标注参数值。(输入接 CH_1,输出接 CH_2)

(6) 将 R_F 的阻值改为 $10\ \text{k}\Omega$,其他条件不变,重做 (4)、(5) 中的内容,将测量内容填入自拟表格中。

表 4.3.2　反相比例运算电路实验数据表

$R_F = 100\ \text{k}\Omega$, $R_1 = 10\ \text{k}\Omega$				
$U_i(\text{V})$	-2	-0.5	0.5	2
$U_o(\text{V})$				
$A_{uF} = \dfrac{U_o}{U_i}$(测量值)				
$A_{uF} = -\dfrac{R_F}{R_1}$(理论值)				
误差				

2) 同相比例运算电路

实验内容与步骤同反相比例运算电路。按图 4.3.4 接线并测试实验数据,填入自拟表格中;计算 A_{uF},并与理论值比较,计算误差并分析误差产生原因。

3）加法和减法电路

(1) 设计电路满足运算关系 $U_o=-(10U_{i1}+5U_{i2})$。

① $U_{i1}=0.5$ V,$U_{i2}=-0.2$ V 直流电压,计算并测量输出电压;

② $U_{i1}=0$ V 直流电压,U_{i2} 接有效值为 0.1 V,$f=1$ kHz 的正弦交流信号,观察并画出输入输出波形;

③ $U_{i1}=0.5$ V 直流电压,U_{i2} 接有效值为 0.1 V,$f=1$ kHz 的正弦交流信号,观察并画出输入输出波形;

(2) 设计电路满足运算关系 $U_o=-5(U_{i1}-U_{i2})$。实验内容与步骤同上。

4）单电源交流放大器

(1) 设计一个单电源交流放大器,输入 $f=1$ kHz、$U_i=0.1$ V 的正弦信号,要求 $\dot{A}_{uF}=-10$。运放电源电压 $V_{CC}=+15$ V,选择适当的电阻参数,测量 U_o 值,计算 $\dot{A}_{uF}$。

(2) 测量电路的静态工作点 U_+、U_- 和 U_o(用万用表直流电压挡),用示波器观察并画出 C_2 两端波形(示波器输入耦合方式置于"DC"挡),分析计算直流分量。将实验数据填入表 4.3.3 中。

(3) 改变信号频率,并使得 $U_i=0.1$ V 恒定不变,测量 f_L、f_H 并确定放大器的带宽 BW。

表 4.3.3　静态工作点实验数据

U_+(V)	U_-(V)	U_o(V)	直流分量(V)	$\dot{A}_{uF}$(计算值)

4.3.5　预习要求

(1) 掌握示波器、稳压电源、交流电压表、函数发生器的使用方法。

(2) 复习集成运放有关模拟运算应用方面的内容,弄清各电路的工作原理,掌握"虚断"、"虚短"的概念。

(3) 设计反相比例运算电路,要求 $A_{uF}=-10$,$R_i\geqslant10$ kΩ。确定各元件值并标在实验电路图上。

(4) 设计一模拟运算电路,满足关系式 $U_o=-(10U_{i1}+5U_{i2})$。

(5) 设计一单电源交流放大器,取 $V_{CC}=15$ V,要求 $\dot{A}_{uF}=-10$。

(6) 在预习报告中计算好相关的理论值,便于在实测中进行比较。

4.3.6　实验报告要求

(1) 写出所做实验电路的设计步骤,画出电路图,并标注元件参数值。

(2) 整理实验数据并与理论值进行比较、讨论。

(3) 记录实验中观察到的波形,并进行分析讨论。

(4) 从理论上总结并分析测量结果。

4.3.7　思考题

(1) 理想运算放大器具有哪些主要特点?

(2) 单电源运放用来放大交流信号时,电路结构上应满足哪些要求? 若改用单一负电源供电,电路应作如何改动? 并画出改动后的电路。

(3) 运放用作模拟运算电路时,"虚短"、"虚断"能永远满足吗? 试问:在什么条件下"虚短"将不再存在?

4.3.8　实验仪器和器材

(1) 示波器 1 台;

(2) 函数发生器 1 台;

(3) 直流稳压电源 1 台;

(4) 交流电压表 1 台;

(5) 实验箱 1 台;

(6) 万用表 1 只;

(7) $\mu A741$ 运放 1 只。

4.4　模拟运算电路(二) (积分、微分及电压电流转换)

4.4.1　实验目的

(1) 了解运放在信号积分和电流、电压转换方面的应用电路及参数的影响;

(2) 掌握积分电路和电流、电压转换电路的设计、调试方法。

4.4.2　知识点

本实验的知识点为集成运放的线性应用;积分、微分电路的原理、设计方法及电路参数的观测方法。

4.4.3　实验原理

1) 基本积分运算电路

反相比例运算电路中,反馈支路中的电阻换成电容即构成积分运算电路。在积分电路中,反馈电容两端并上一个大电阻即构成实用的积分电路。同相和反相输入均可构成积分电路。图 4.4.1 为一反相积分电路,运放和 R、C 构成反相积分器。由"虚地"和"虚断"原理,并忽略偏置电流 I_B 可得:$i = \dfrac{u_i}{R} = i_C$,所以:

$$u_o = -u_C = -\frac{1}{C}\int i_C \mathrm{d}t = -\frac{1}{RC}\int u_i \mathrm{d}t \tag{4.4.1}$$

即输出电压与输入电压成积分关系。

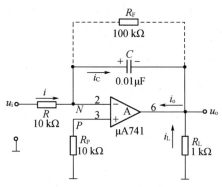

图 4.4.1　积分电路

为使偏置电流引起的失调电压最小,应取 $R_P=R /\!/ R_F$;R_F 为分流电阻,用于稳定直流增益,以避免直流失调电压在积分周期内积累导致运放饱和,一般取 $R_F=10R$。

对于式(4.4.1)应注意以下几点:

(1) 该式仅对 $f>f_C=\dfrac{1}{2\pi R_F C}$ 的输入信号积分电路才有效,而对于 $f<f_C$ 的输入信号,图 4.4.1 仅近似为反相比例运算电路,即 $\dfrac{u_o}{u_i}=-\dfrac{R_F}{R}$。

(2) 运放的输出电压和输出电流都应限制在最大值以内,即必须满足下列关系式:

$$\mid u_{omax}\mid=\left|-\frac{1}{RC}\int u_i \mathrm{d}t\right|\leqslant U_{om},\text{及 } i_L+i_C\leqslant I_{om}$$

(3) 任何原因使运放反相输入端偏离"虚地"时,都将引起积分运算误差。

(4) 为减小输入失调电流及其温漂在积分电容上引起误差输出(即积分漂移),建议采用以下措施:

① 选用失调及漂移小的运放;

② 选用漏电小的积分电容,如聚苯乙烯电容;

③ 当积分时间较长,宜选用 FET 输入级的运放或斩波稳零运放。

下面分别讨论几种不同类型的输入信号作用下积分电路的输出响应:

(1) 阶跃输入

当输入 $u_i=\begin{cases}0(t<0)\\ E(t\geqslant0)\end{cases}$,则积分输出 $u_o=-\dfrac{E}{RC}t(t\geqslant0)$,故要求 $RC\geqslant\dfrac{E}{U_{om}}t$,其工作波形如图 4.4.2 所示。

(2) 方波输入

当输入为方波电压时,其积分输出为如图 4.4.3 所示的三角波。$u_o=\dfrac{E}{RC}t$ 或 $u_o=-\dfrac{E}{RC}t$。

注意 R_F 越大,输出三角波的线性越好,但稳定性

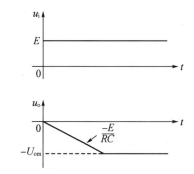

图 4.4.2　输入为阶跃电压时的积分输出波形

差,建议取 $R_F = 1\ \text{M}\Omega, R = 10\ \text{k}\Omega, C = 0.1\ \mu\text{F}$。为得到如图 4.4.3 所示的三角波输出,同样必须受运放 U_{om} 及 I_{om} 的限制。

（3）正弦输入

当输入 $u_i = U_{im}\sin\omega t$,积分输出 $u_o = -\dfrac{1}{RC}\displaystyle\int U_{im}\sin\omega t\,\mathrm{d}t = \dfrac{U_{im}}{RC\omega}\cos\omega t$。工作波形如图 4.4.4 所示:

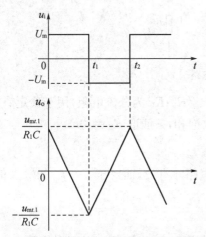

图 4.4.3　输入为方波电压时的积分输出波形　　　图 4.4.4　输入为正弦电压时的积分输出波形

为不超过运放最大输出电压 U_{om},要求 $|U_{om}| = \dfrac{U_{im}}{RC\omega} \leqslant U_{om}$ 或 $\dfrac{U_{im}}{f} \leqslant 2\pi RC U_{om}$。可见,对于一定幅值的正弦输入信号,其频率越低,应取的 RC 的乘积也应越大;当 RC 的乘积确定后,R 值取大有利于提高输入电阻,但 R 加大必使 C 值减小,这将加剧积分漂移;反之,R 取小,C 太大又有漏电和体积方面的问题,一般取 $C \leqslant 1\ \mu\text{F}$。

　2）**其他形式的积分运算电路**

（1）求和积分运算电路

电路如图 4.4.5 所示:

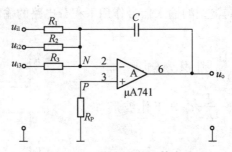

图 4.4.5　求和积分运算电路

由"虚地"、"虚断"和叠加原理可得: $u_o = -\dfrac{1}{C}\displaystyle\int\left(\dfrac{u_{i1}}{R_1} + \dfrac{u_{i2}}{R_2} + \dfrac{u_{i3}}{R_3}\right)\mathrm{d}t$

当 $R_1 = R_2 = R_3 = R$ 时, $u_o = -\dfrac{1}{RC}\displaystyle\int(u_{i1} + u_{i2} + u_{i3})\mathrm{d}t$,其中 $R_P = R_1 /\!/ R_2 /\!/ R_3$。

（2）差动输入积分运算电路

电路如图 4.4.6 所示,输出电压 $u_o = \dfrac{1}{RC}\displaystyle\int(u_{i2}-u_{i1})\,dt$,当 $u_{i1}=0$ 时,$u_o=\dfrac{1}{RC}\displaystyle\int u_{i2}\,dt$,即为同相积分电路。

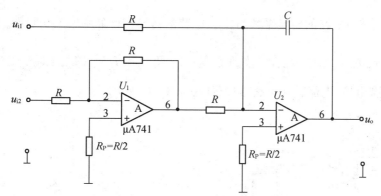

图 4.4.6 差动输入积分运算电路

3）微分器

微分是积分的逆运算,将积分运算电路中 R 和 C 的位置互换,就得到微分运算电路,如图 4.4.7 所示。根据"虚短"和"虚断"的原则,$u_N=u_P=0$,为虚地。电容两端电压 $u_C=u_i$,其电流是端电压的微分。电阻 R 的电流 i_R 等于电容 C 中的电流 i_C,所以 $i_R=i_C=C\dfrac{du_i}{dt}$,输出电压 $u_o=-i_R R=-RC\dfrac{du_i}{dt}$,输出电压正比于输入电压对时间的微分。

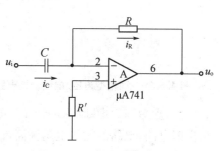

图 4.4.7 微分运算电路

4）电压/电流转换电路

当长距离传送模拟电压信号时,由于通常存在信号源内阻、传送电缆电阻及受信端输入阻抗,它们对于信号源电压的分压效应,会使受信端电压误差增大。为了高精度地传送电压信号,通常将电压信号先变换为电流信号,即变换为恒流源进行传送,由于此时电路中传送的电流相等,故不会在线路阻抗上产生误差电压。

（1）反相型电压/电流转换电路（电路如图 4.4.8 所示）

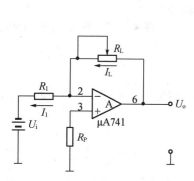

图 4.4.8 反相型电压/电流转换电路

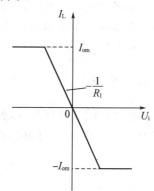

图 4.4.9 反相型电压/电流转换电路的转换特性

该电路属于电流并联负反馈电路,电压信号 u_i 经过电阻 R_1 接到运放的反相端,负载 R_L 接在运放的输出端与反相端之间。由于运放的反相输入端存在"虚地"及净输入端存在"虚断",故流过负载 R_L 和 R_1 的电流相等,即 $I_L=I_1=\dfrac{U_i}{R_1}$。可见,负载 R_L 上的电流 I_L 正比于输入电压 u_i,该转换电路的转换系数为 $\dfrac{1}{R_1}$。电路的转换特性如图 4.4.9 所示。

为实现线性电压/电流转换,应该满足 $I_L{\leqslant}I_{om}$ 及 $U_o=I_LR_L{\leqslant}U_{om}$,即 $U_i{\leqslant}\dfrac{U_{om}}{R_L}R_1$。

(2) 同相型电压/电流转换电路(电路如图 4.4.10 所示)

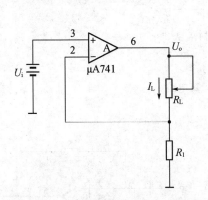

图 4.4.10　同相型电压/电流转换电路　　　　**图 4.4.11　同相型电压/电流转换电路的转换特性**

由"虚短"和"虚断"原理知 $I_L=U_i/R_1$,其转换特性见图 4.4.11。该电路属于电流串联负反馈电路,电路的输入电阻极高,该转换电路的转换系数为 $1/R_1$。

为实现线性电压/电流转换,应该满足 $I_L{\leqslant}I_{om}$ 及 $U_o=I_L(R_L+R_1){\leqslant}U_{om}$。

5) 电流/电压转换电路

电路如图 4.4.12 所示。

当使用电流变换型传感器的场合,将传感器输出的信号转换成电压信号来处理是极为方便的。这类电路就是电流/电压转换电路。显然,转换输出电压为 $U_o=I_oR_F$,它正比于信号电流 I_o,当需要将微小的电流转换为电压时,必须选用具有极小输入偏置电流、极小输入失调电流及极高输入阻抗的运放,同时,在实际电路装配中,必须采取措施,尽量减小运放输入端的漏电流。

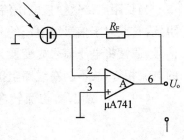

图 4.4.12　电流/电压转换电路

4.4.4　预习要求

熟悉由运放组成的基本积分、微分电路和电压/电流变换电路的工作原理,设计满足实验内容要求的有关电路,并估算电路参数。

4.4.5 实验内容

实验参考电压，$\pm V_{CC}=\pm 15$ V。

（1）用 μA741 设计一个积分电路：已知输入 $u_{ip\text{-}p}=1$ V、$f=10$ kHz 的方波（占空比为 50%），设计 R、C 的值，使输出电压 $u_{op\text{-}p}=0.25$ V，搭接电路并测量 $u_{op\text{-}p}$，画出 $u_{ip\text{-}p}$ 和 $u_{op\text{-}p}$ 的波形图（提示：选 $R_1=10$ kΩ 左右，$C=0.01$ μF，选择 R_F 大小）。

（2）设计一反相微分器，时间常数为 1 ms。

① 输入信号为三角波，频率为 1 kHz，幅度 $u_{p\text{-}p}=2$ V，观测输出信号的幅度，与理论值比较。若输出有振荡，对电路进行改进，直至振荡基本消除。

② 改变输入信号的频率，增大或减小，观测输出信号幅度的变化及失真情况，进一步掌握当输入信号频率变化时微分器的时间常数 RC 对输出的影响。

③ 输入信号由三角波改为 $f=1$ kHz，$u_{ip\text{-}p}=2$ V 的方波，观测输出信号的幅度，与理论值比较。

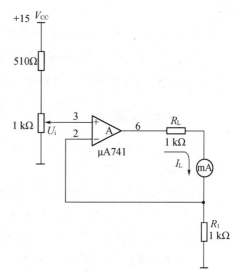

图 4.4.13　参考电路

（3）用 μA741 设计一个同相型电压/电流转换电路，参考实验电路如图 4.4.13 所示，并完成表 4.4.1 中所列数据的测量。

表 4.4.1　电压/电流转换数据

U_i	R_L(kΩ)	I_L(测量值)	I_L(计算值)	R_{Lmax}(计算值)
0.5 V	1			
	10			
	20			
	27			
	33			
1.0 V	470 Ω			
	1			
	3.3			
	4.7			
	10			
	15			
3.0 V	470 Ω			
	1			
	3.3			
	4.7			

4.4.6　实验报告要求

（1）将积分电路的实验测量值（波形的幅度、周期等）与理论计算值进行比较，并进行讨论。

（2）完成同相型电压/电流转换电路测量值的数据表格，绘出转换特性；观察在同一输入电压 U_i 下，R_L 存在一个满足线性转换关系的上限值；观察运放的电源电压值（或 U_{om} 值）如何限制电路的转换特性及负载电阻 R_L 的上限值。

4.4.7　思考题

（1）在图 4.4.1 所示基本积分电路中，为了减小积分误差，对运放的开环增益、输入电阻、输入偏置电流及输入失调电流有什么要求？

（2）根据什么来判断图 4.4.1 电路属于积分电路还是反相比例运算电路？

（3）在图 4.4.13 所示电压/电流转换电路中，设 $U_{om} \approx V_{CC} = 6\ V$，且 $U_i = 1\ V$、$R_1 = 1\ k\Omega$，试求满足线性转换所允许的 R_{Lmax} 小于等于多少？

（4）如果现有一个积分－微分电路，RC 参数一致，试分析电路输入端波形，积分后波形，微分后波形之间的关系。

4.4.8　实验仪器和器材

（1）示波器 1 台；

（2）函数发生器 1 台；

（3）直流稳压电源 1 台；

（4）交流电压表 1 只；

（5）实验箱 1 台；

（6）万用表 1 只；

（7）$\mu A741$ 运放 1 片。

4.5　波形发生器

4.5.1　实验目的

（1）掌握波形发生器的工作原理和设计方法；

（2）掌握由集成运放构成正弦波发生器电路、方波发生器电路、三角波发生器电路的调试和主要性能指标的测试方法；

（3）观察 RC 参数对振荡频率的影响，学习振荡频率、输出幅度的测试方法。

4.5.2　知识点

正弦波发生器、方波发生器、三角波发生器。

4.5.3 实验原理

在通信、自动控制和计算机技术等领域中广泛采用各种类型的波形发生器。常用的波形有正弦波、矩形波(方波)、三角波和锯齿波。

集成运放是一种高增益放大器,只要加入适当的反馈网络,利用正反馈原理,满足振荡的条件,就可以构成正弦波、方波、三角波和锯齿波等各种振荡电路。由于受集成运放带宽的限制,其产生的信号频率一般在低频范围。

1) 正弦信号发生器

正弦波产生电路常用的结构有 RC 移相式振荡器、RC 文氏电桥振荡器。RC 移相式振荡电路结构简单,但选频性能比较差,而且输出幅度不够稳定,一般只用于振荡频率固定,稳定性要求不高的场合,因此,我们主要介绍 RC 文氏电桥振荡电路。

文氏电桥振荡电路又称 RC 串并联网络正弦波振荡电路,由以下四个部分组成:

(1) 放大电路:使电路对频率为 f_0 的输出信号有正反馈作用,能够从小到大,直到稳幅;而且通过它将直流电源提供的能量转换成交流功率。

(2) 反馈网络:使电路满足相位平衡条件,以反馈量作为放大电路的净输入量。

(3) 选频网络:使电路只产生单一频率的振荡,即保证电路产生的是正弦波振荡。

(4) 稳幅环节:稳幅环节是一个非线性环节,使输出信号幅值稳定。

在实际电路中,放大电路多为电压放大电路,且常将选频网络和正反馈网络合二为一。RC 串并联网络正弦波振荡电路,它适用于产生频率小于 1 MHz 的低频振荡信号,振幅和频率较稳定,频率调节方便,许多低频信号发生器的主振荡器均采用这种电路。如图 4.5.1 所示是一个典型的正弦波产生电路。

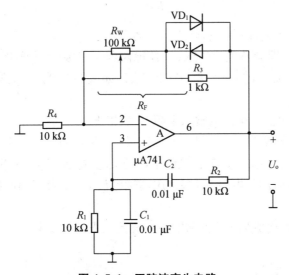

图 4.5.1 正弦波产生电路

图中:R_1、C_1、R_2、C_2 串并联选频网络构成正反馈支路,同时兼作选频网络,R_w、R_4 及 VD_1、VD_2、R_3 构成负反馈支路和稳幅环节,电位器 R_w 用于调节负反馈深度以满足振幅条件和改善其波形。在起振之初,振幅很小,流过二极管的电流也小,其正向电阻大,近似开

路,总 R_F 增大,负反馈减弱,$A_u=1+\dfrac{R_F}{R_4}>3$,因此很快建立起振荡,随着振幅的增大,由于流经 VD_1、VD_2 电流增加,其正向电阻变小,放大器的负反馈加深,即 R_F 下降,A_u 下降,直到下降到3,电路达到振幅平衡条件 $|\dot{A}\dot{F}|=1$ 时,振幅停止增长,电路达到稳定。利用两个反向并联二极管 VD_1、VD_2 正向导通电阻的非线性特性来实现稳幅值。VD_1、VD_2 采用硅管(温度稳定性好),且要求特性匹配,才能保证输出波形正、负半周对称。二极管两端并联电阻 R_3 用于适当削弱二极管的非线性影响,以改善波形失真。

电路振荡的平衡条件是:

$\dot{A}\dot{F}=1$,即幅度平衡条件:

$$|\dot{A}\dot{F}|=1 \tag{4.5.1}$$

相位平衡条件:

$$\varphi_A+\varphi_F=\pm2n\pi \quad (n=0,1,2,\cdots) \tag{4.5.2}$$

当 $R_1=R_2=R$,$C_1=C_2=C$ 时,电路的振荡频率为:

$$f_0=\frac{1}{2\pi RC} \tag{4.5.3}$$

根据串并联选频网络,当 $f=f_0$ 时,$F=1/3$,振幅平衡条件 $A_u=1+\dfrac{R_F}{R_4}\geqslant3$,故 R_4、R_F 取值为:

$$\frac{R_F}{R_4}\geqslant2 \tag{4.5.4}$$

式中,$R_F=R_W+(R_3//r_D)$;r_D 为二极管正向导通电阻。

调整反馈电阻 R_F(即调整电位器 R_W),使电路起振且波形失真最小,如不能起振,则说明负反馈太强,应适当加大 R_F(即调整电位器 R_W),如波形失真严重,则应适当减小 R_F(即调整电位器 R_W)。

选频网络中 R 的阻值与运放的输入电阻 r_i、输出电阻 r_o 应满足以下关系:$r_i\geqslant R\geqslant r_o$;为了减小偏置电流的影响,应尽量满足 $R=R_F//R_4$。振荡频率的改变可以通过调节 R 或 C 或同时调节 R 和 C 的参数来实现。工程设计中,一般改变电容 C 值(采用双联可调电容器)作频率量程切换(粗调),而调节电阻 R 值(采用同轴电位器)作量程内的频率细调并实现频段覆盖。

由集成运算放大器构成的 RC 振荡电路一般是用来产生低频信号,如要产生高频信号,可采用 LC 振荡器。

2) 方波信号发生器

方波发生器是一种能够产生方波的信号发生器,由于方波或矩形波包含各次谐波分量,因此方波发生器又称为多谐振荡电路。它作为数字电路的信号源或模拟电子开关的控制信号,是非正弦波发生电路的基础。

利用集成运算放大器组成的具有上、下门限的迟滞比较器,和 RC 电路可以构成一个简单的方波发生器。RC 回路既作为延迟环节,又作为反馈网络,通过 RC 充放电实现输出状态的自动转换。方波发生电路如图 4.5.2 所示。

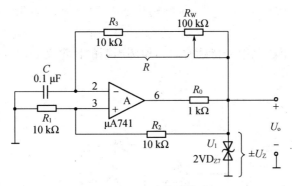

图 4.5.2 方波发生电路

可见它由一个反相输入的滞回比较器和一个 RC 定时电路组成。双向稳压管用于限定输出幅度,R_0 为稳压管的限流电阻。电路接通电源瞬时,运放工作在饱和限幅状态,输出电压 U_o 等于 $+U_Z$ 或 $-U_Z$ 纯属偶然。假设输出处于正向限幅,$U_o = +U_Z$ 时,则通过 R 对电容 C 充电,U_C 按指数规律上升,当 U_C 上升到等于 $\dfrac{R_1}{R_1+R_2}U_Z$ 时,运放的输出翻转为负向限幅,$U_o = -U_Z$。则电容 C 反向放电,U_C 按指数规律下降,当 U_C 下降到等于 $-\dfrac{R_1}{R_1+R_2}U_Z$ 时,运放的输出又翻转为正向限幅,如此周而复始,形成方波输出电压,电容充电时,输出波形的正半周,电容放电时,输出波形的负半周。因为充、放电时间相同,所以输出的是方波($D=50\%$),波形如图 4.5.3 所示。

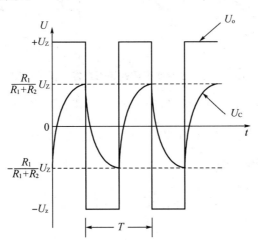

图 4.5.3 方波发生电路 u_o、u_C 波形图

输出方波的周期为 $T = 2RC\ln\left(1 + \dfrac{2R_1}{R_2}\right)$。可见,方波频率不仅与负反馈回路 RC 有关,还与正反馈回路 R_1、R_2 的比值有关,调节 R_W 就能调整方波信号的频率。图 4.5.3 为电容对地电压 U_C 和输出端电压 U_o 的波形图。

3) 占空比可调的矩形波发生器

在方波发生电路的基础上,利用二极管的单向导电性将充放电电路分开的方法,即分别改变 RC 积分电路充放电时间常数,即可构成占空比可调的矩形波发生器,如图 4.5.4 所示。

通常将矩形波输出高电平的持续时间与振荡周期的比定义为占空比。

$$D = \frac{T_1}{T} = \frac{T_1}{T_1 + T_2}$$

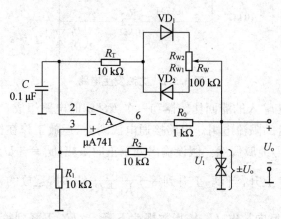

图 4.5.4　占空比可调的矩形波发生器

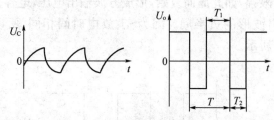

图 4.5.5　占空比可调的矩形波发生器波形图

充电回路:$U_o \rightarrow R_{W_1} \rightarrow VD_2 \rightarrow R_T \rightarrow C \rightarrow$ 地,放电回路:地$\rightarrow C \rightarrow R_T \rightarrow VD_1 \rightarrow R_{W_2} \rightarrow U_o$。当 R_W 滑动头向上移动时,充电时间常数增大,放电时间常数减小,占空比 $D = \dfrac{T_1}{T_1 + T_2}$ 变大,反之则变小。但总的 T 不变。即

$$T_1 = (R_T + R_{W_1})C\ln\left(1 + \frac{2R_1}{R_2}\right) \tag{4.5.5}$$

$$T_2 = (R_T + R_{W_2})C\ln\left(1 + \frac{2R_1}{R_2}\right) \tag{4.5.6}$$

上述矩形波电路的频率取值范围,一般为几赫至几百千赫。电容 C 取值范围一般为 $100\ \mu F \sim 10\ pF$。

4) 三角波信号发生器

典型的三角波产生电路如图 4.5.6 所示。该电路是将一方波发生器的输出接至积分电

路的输入,则可以从积分电路的输出端获得三角波。

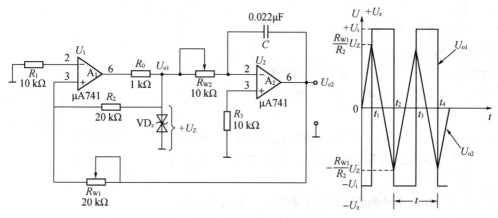

图 4.5.6　三角波产生电路

图中 A_1 构成一个滞回比较器,其反向端经 R_1 接地,同相端电位 u_+ 由 u_{o1} 和 u_{o2} 共同决定,即 A_1 同相输入端:

$$u_+ = u_{o1}\frac{R_{W_1}}{R_2 + R_{W_1}} + u_{o2}\frac{R_2}{R_2 + R_{W_1}}$$

当 $u_+ > 0$ 时,$u_{o1} = +U_Z$;当 $u_+ < 0$ 时,$u_{o1} = -U_Z$。A_1 构成反相积分器。假设电源接通时,$u_{o1} = -U_Z$,u_{o2} 线性增加,当 $u_{o2} = R_{W_1}\dfrac{U_Z}{R_2}$ 时,

$$u_+ = -U_Z\frac{R_{W_1}}{R_2 + R_{W_1}} + \frac{R_2}{R_2 + R_{W_1}}\left(\frac{R_{W_1}}{R_2}U_Z\right) = 0$$

A_1 的输出翻转,$u_{o1} = +U_Z$,同样,当 $u_{o2} = R_{W_1}\dfrac{U_Z}{R_2}$ 时,$u_{o1} = -U_Z$,这样不断地反复,便可得到方波 u_{o1} 和三角波 u_{o2}。其三角波峰值和周期为:

$$u_{o2m} = R_{W_1}\frac{U_Z}{R_2} \tag{4.5.7}$$

$$T = 4\frac{R_{W_1}}{R_2}R_{W_2}C \tag{4.5.8}$$

可见,调节 R_{W_1}、R_{W_2}、R_2、C 均可改变振荡频率,通过调整 R_{W_1} 可改变三角波的幅度,调整 R_{W_2} 可改变积分时间常数,即改变周期。调整电路时应先调整 R_2、R_{W_1},使输出幅度达到设计值,再调整 R_{W_2} 和 C 使振荡周期 T 得到满足。

5) 波形发生器的设计步骤:

(1) 根据电路的设计指标,选择电路实现方案;

(2) 选择和计算,确定电路中的元件参数;

(3) 选择集成运算放大器;

(4) 调试电路,以满足设计要求。

6) 以一个正弦波信号发生器为例介绍设计方法

(1) 任务

设计一个正弦波信号发生器。

振荡频率:500 Hz。

电源电压变化±1 V 时,振幅基本稳定。

振荡波形对称,无明显非线性失真。

(2) 要求

① 根据设计要求和已知条件,确定电路方案,计算并选取各元件参数。

② 测量正弦波振荡电路的振荡频率,使之满足设计要求。

(3) 设计步骤:

① 根据电路的设计指标,选择电路图 4.5.1 实现方案。

② 元件参数确定与选择:

a. 确定 R、C 值

根据设计所要求的振荡频率 f_0,先确定 RC 之积,即 $RC = \dfrac{1}{2\pi f_0}$,R 的阻值应满足以下关系: $r_i \gg R \gg r_o$。

一般 r_i 约为几百千欧以上,而 r_o 仅为几百欧以下,初步选定 R 之后,由上式算出电容 C 值,然后再复算 R 取值是否能满足振荡频率的要求。若考虑到电容 C 的标称挡次较少,也可以先初步选定电容 C 值,再算电阻 R。

b. 确定 R_4 和 R_F

电阻 R_4 和 R_F 应由起振的幅值条件 $\dfrac{R_F}{R_4} \geqslant 2$ 来确定,通常取 $R_F = (2.1 \sim 2.5)R_4$,这样既能保证起振,也不致产生严重的波形失真。此外,为了减少失调电流和漂移的影响,电路还应满足直流平衡条件,即 $R = R_4 // R_F$,于是可导出: $R_4 = \left(\dfrac{3.1}{2.1} \sim \dfrac{3.5}{2.5}\right)R$。

c. 确定稳幅电路及元件值

常用的稳幅方法,是利用 A_u 随输出电压振幅上升而下降的自动调节作用实现稳幅。为此 R_4 可选用正温度系数的电阻,或 R_F 选用负温度系数的电阻(如热敏电阻)。

在选取稳幅元件时,应注意以下几点:

(a) 稳幅二极管 VD_1、VD_2 宜选用特性一致的硅管。

(b) 并联电阻 R_3 的取值不能过大(过大对削弱波形失真不利),也不能过小(过小稳幅效果差),实践证明,取 $R_3 \approx r_D$ 时,效果最佳,通常 R_3 取 $(3 \sim 5)$ kΩ 即可。当 R_3 选定之后,R_W 的阻值可由下式求得: $R_W = R_F - (R_3 // r_D) = R_F - \dfrac{R_3}{2}$。

d. 选择集成运算放大器

振荡电路中使用的集成运算放大器,除要求输入电阻高、输出电阻低外,最主要的是运算放大器的增益-带宽 $G \cdot BW$ 应满足如下条件,即 $G \cdot BW > 3f_0$,若设计要求的振荡频率 f_0 较低,则可选用任何型号的运算放大器(如通用型)。

e. 选择阻容元件

选择阻容元件时,应注意选用稳定性较好的电阻和电容(特别是串并联回路的 R、C),否则影响频率的稳定性。此外,还应对 RC 串并联网络的元件进行选配,使电路中的电阻、电容分别相等。

4.5.4　预习要求

(1) 复习有关 RC 正弦波振荡器的工作原理,并估算图 4.5.1 电路的振荡频率。
(2) 复习有关方波发生器的工作原理,并估算图 4.5.2 电路的振荡频率范围。
(3) 复习有关三角波发生器的工作原理,并估算图 4.5.6 电路的振荡频率范围。

4.5.5　实验内容

(1) 设计正弦波信号发生器,要求:振荡频率在 1.6 kHz±0.32 kHz 范围内连续可调;振荡幅度值不小于 10 V;波形无明显失真。

① 确定电路,计算确定元器件参数,并在实验箱上搭电路,检查无误后接通电源进行调试,调节反馈电阻,用示波器观察并画出 U_o(停振、失真、正常)的波形,并在正常波形时测量 R_F、R_4 的值,计算 $\dfrac{R_F}{R_4}$,分析负反馈强弱对起振条件及输出波形的影响。

② 缓慢调节电位器 R_W,用示波器观察稳定的最大不失真正弦波波形,用交流毫伏表分别测量输出电压有效值 U_o 和反馈电压 U_+ 的值,计算反馈系数 $f_u = U_+/U_o$,分析研究振荡的幅值条件。

③ 用示波器测量振荡周期 T,计算振荡频率 $f = 1/T$,与理论值比较并分析误差。

④ 用李沙育图形法测出振荡频率(该方法通常用于低频信号频率测量中)。测量步骤如下:

a. 将被测信号接入示波器 CH2 通道;

b. 将函数发生器输出的正弦波送入示波器 CH1 通道;

c. 示波器扫描速度开关置于 X 轴外接(即 $X-Y$ 工作方式);

d. 调整函数发生器的频率 f_X,在示波器屏幕上显示一椭圆,读取函数发生器所显示的频率即为被测信号的频率 f_0。

⑤ 在 C_1、C_2 上并联等值电容,用示波器重新测量一次振荡频率。并与理论值进行比较。

⑥ RC 串并联网络幅频特性观察

将 RC 串并联网络与运放断开,由函数发生器输入 3 V 左右(峰-峰值)的正弦信号,并用双踪示波器同时观察 RC 串并联网络输入、输出波形。保持输入幅值(3 V)不变,从低到高改变频率,当信号源达某一频率时,RC 串并联网络输出将达最大值(约 1 V),且显示的输入、输出波形同相位。信号源频率由式(4.5.3)计算。

(2) 方波信号发生器

① 按图 4.5.2 所示电路接线,接通±15 V 电源;

② 电位器 R_W 调至中心位置,用示波器观察 U_o、U_C 的波形,并测量其电压峰一峰值,画

出波形,标注幅度,周期等参数;

③ 调节 R_W 达最大和最小时,观察 U_o、U_C 波形幅值频率变化的规律,分别测量 R_W 调至最大和最小时方波频率 f_{min} 和 f_{max},并与理论值比较。

(3) 占空比可调的矩形波信号发生器

① 按图 4.5.4 所示电路接线,接通 ± 15 V 电源;

② 内容同(2)②;

③ 调 R_W,观察波形宽度的变化情况,分别测量 R_W 调至最大和最小时的矩形波占空比,并与理论值比较。

(4) 三角波产生电路

① 按图 4.5.6 所示电路接线,接通 ± 15 V 电源;

② 调节电位器 R_{W_1} 至合适位置,用示波器观察并绘出方波输出 u_{o1} 和三角波输出 u_{o2} 的波形,测其幅值、频率及 R_{W_1},记录结果,并与理论值比较。

③ 观察 R_{W_1}、R_{W_2} 对波形的影响。

4.5.6　实验报告要求

对测量数据进行整理,对数据误差进行分析。

4.5.7　思考题

(1) 试根据实验数据分析正弦波振荡电路的振幅条件。

(2) 正弦波振荡电路中运放工作在什么区域?

(3) 简述图 4.5.1 中二极管 VD_1、VD_2 及 R_3 的作用。

(4) 将振荡频率理论值与实测值比较,分析误差产生的原因。

(5) 图 4.5.2 电路中运放工作在什么区域? R_W 变化时对 U_o 波形的幅值及频率有何影响?

(6) 试推导方波发生器的振荡频率公式。

(7) 如何将三角波发生器电路进行改进,使之产生锯齿波信号?

(8) 设计一个用集成运放构成的方波—三角波发生器,要求振荡频率范围为 500 Hz～1 kHz,三角波幅度调节范围为 2～4 V。

4.5.8　实验仪器和器材

(1) 示波器 1 台;

(2) 交流电压表 1 台;

(3) 直流稳压电源 1 台;

(4) 函数发生器 1 台;

(5) 实验箱 1 台;

(6) μA741　2 片。

4.6　集成低频功率放大电路

4.6.1　实验目的

（1）通过对集成低频功率放大电路的设计、安装和调试,掌握功率放大器的工作原理;

（2）熟悉线性集成组件的正确选用和外围电路元件参数的选择方法;

（3）掌握集成低频功率放大器特性指标的测量方法。

4.6.2　知识点

集成功率放大器、功率增益、直流电源供给功率、效率。

4.6.3　实验原理

1）功率放大器

在多级放大器中,一般包括电压放大级和功率放大级。电压放大级的主要任务在于不失真地提高输出信号幅度,其主要技术指标是电压放大倍数、输入电阻、输出电阻、频率响应等;而功率放大器作为电路的输出级主要任务是在信号不失真或轻度失真的条件下提高输出功率,主要技术指标是输出功率、效率、非线性失真等。所以在设计和制作功率放大器时,应主要考虑以下几个问题:

（1）输出功率尽可能地大;

（2）效率要高,功放管一般工作在甲乙类或乙类工作状态;

（3）非线性失真要小,应根据工程上不同的应用场合满足不同的要求;

（4）热稳定性好,即解决好管子或组件的散热问题。

基于上述要求,功率放大器的主要指标有:

（1）最大不失真输出功率 P_o

最大不失真输出功率是指在正弦输入信号下,输出不超过规定的非线性失真指标时,放大电路最大输出电压和电流有效值的乘积。在测量时,可用示波器观察负载电阻上的波形,在输出信号最大且满足失真度要求时,测量输出电压有效值,即可得 $P_{omax}=U_o^2/R_L$。

（2）功率增益

功率增益定义为:

$$A_P=10\lg\frac{P_o}{P_i}$$

式中:P_o 为输出功率;P_i 为输入功率。

（3）直流电源供给功率 P_E

电源供给的功率定义为电源电压和它所提供的电流平均值的乘积,即 $P_E=E^2/R_L$。

（4）效率 η

放大器的效率是指提供给负载的交流功率与电源提供的直流功率之比,即 $\eta=P_{omax}/P_E$。

2）集成功率放大器

早期功率放大器主要由电子管、晶体管和电阻、电容等分立元件组成。随着电子技术的发展，目前许多功能电路已由功率集成电路组件所代替，以满足不同应用场合的需要，如音响设备的音频功率放大电路，电视机中的场扫描电路等。电路的一般形式选择甲乙类的射极输出器构成的互补（或准互补）对称电路，并常常采用自举电路以提高输出功率。

随着应用的扩大和集成工艺的改进，集成功率放大电路的发展十分迅速，它的种类很多，如 DG4100、DG4101、DG4102、DG4110、DG4112、LM386 等。

（1）由 LA4100 组成的集成功率放大电路

LA4100（DG4102）内部电路如图 4.6.1 所示，主要由直接耦合的 4 级放大器即前置放大级（差动放大级）、中间放大级、功率推动级和互补对称功率输出级及偏置电路组成。4 级放大器具有如下的特点：① 噪声系数小、输入阻抗高；② 电压增益高；③ 有较大的推动电流并在集成功放的 1 脚和 13 脚（见图 4.6.2）外接自举电容 C_8 提高推动电压；④ 实现功率放大。

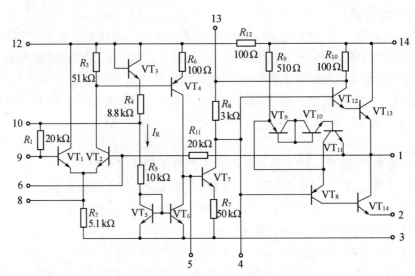

图 4.6.1　LA4100 集成功放内部电路

由 LA4100 型集成功放组成的实验原理图如图 4.6.2 所示，其实验原理电路主要由 LA4100 集成功放，耦合电容 C_1、C_9，滤波电容 C_2、C_3、C_6，反馈电容 C_F 和反馈电阻 R_F、R_1，电位器 R_P，消振电容 C_4、C_5、C_7，自举电容 C_8 及负载电阻 R_L 组成。电容 C_4、C_5 利用相位补偿的方法进行消振。整个集成功放由输出 1 脚向输入级基极引入电阻 R_{11}，并通过外接电容 C_F 和电阻 R_F 形成深度电压串联负反馈（见图 4.6.2），其电压总增益 $A_{uf} = 1 + \dfrac{R_{11}}{R_F} \approx \dfrac{R_{11}}{R_F}$，调整 R_F，既能灵活改变整个放大电路的电压增益，也可固定选取较小的 R_F 的值，然后在 1 脚与 C_F 和 R_F 的连接点接入与 R_{11} 相并联的电阻或电位器以便灵活地调节电压增益。

（2）由 LM386 组成的集成功率放大电路

LM386 是目前应用较广的通用型集成功率放大电路，其特点是频响宽（可达数百千赫）、功耗低（常温下是 660 mW）、适用的电源电压范围宽（额定范围为 4～16 V）。它广泛用

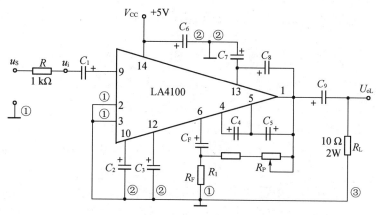

图 4.6.2　LA4100 集成功放组成的实验原理电路

于收音机、对讲机、随身听和录放机等音响设备中。在电源电压为 9 V,负载电阻为 8 Ω 时,最大输出功率为 1.3 W;电源电压为 16 V,负载电阻为 16 Ω 时,最大输出功率为 1.6 W。该电路外接元件少,使用时不需加散热片。

图 4.6.3 是其原理电路图,它由输入级、中间级和输出级组成。其中输入级是由 VT_1、VT_2、VT_3 和 VT_4 组成的复合管差动放大电路,VT_5、VT_6 是镜像恒流源电路,它作为差动放大电路的有源负载,以实现双端输出变单端输出将信号送到中间级 VT_7,它是带恒流源负载的共射电路;输出级是由 VT_8、VT_9 和 VT_{10} 组成的准互补功率放大电路,其输出端 5 通过 R_6 组成的电压串联交、直流负反馈,以稳定电路的静态工作点和改善放大器的性能。LM386 有 8 个引脚,其中 2 是反相输入端、3 是同相输入端、5 是输出端、1 和 8 是增益设定端,6 脚是 V_{CC} 端,4 脚是接地端,图 4.6.4 是其接脚图。

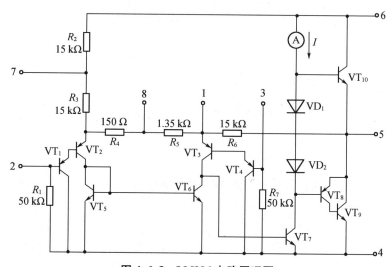

图 4.6.3　LM386 电路原理图

电路的增益设定是通过在 1、8 端之间接不同大小的电阻和电容,以改变交流负反馈系数来实现的。电路增益 A_u 与反馈电阻 R_6、电阻 (R_4+R_5) 之间有以下关系,当电路输入差模信号时,电阻 (R_4+R_5) 的中点是交流地电位,因而交流负反馈系数为 $F=\dfrac{(R_4+R_5)/2}{(R_4+R_5)/2+R_6}$

$$=\frac{R_4+R_5}{R_4+R_5+2R_6}$$，电路可认为工作在深度负反馈状态，故有

$A_u\approx\dfrac{1}{F_{uu}}=1+\dfrac{2R_6}{R_4+R_5}$。由图 4.6.3 可知，$R_6=15$ kΩ，而

图 4.6.4　LM386 接脚图

(R_4+R_5) 的大小取决于 1、8 端之间所接电阻的大小。所以，当 1、8 断开时，等效电阻为 $(R_4+R_5)=1.5$ kΩ，则电路增益约为 20；若 1、8 端之间接 10 μF 的电容器时，等效电阻为 0.15 kΩ，则电路增益约为 200；如果接入 47 kΩ 电阻器与 10 μF 电容器的串联电路，可计算得到电路增益约为 50。通过调节可变电阻 R_P 的大小可以使电路增益在 20～200 之间变化。

如图 4.6.5 所示是集成功率放大器 LM386 的接线图。图中 R_P、C_2 如上所述是用来调节电路增益的；R_1 和 C_4 组成容性负载，抵消扬声器部分的感性负载，以防止在信号突变时，扬声器上呈现较高的瞬时电压而遭致损坏，且可改善音质；C_3 为单电源供电时所需的隔值电容；C_5 是电源退耦电容，用以消除自激振荡。

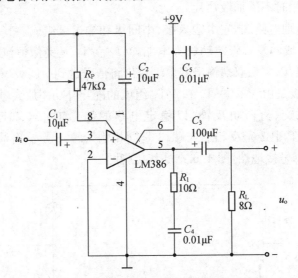

图 4.6.5　由 LM386 构成功率放大器接线图

4.6.4　预习要求

(1) 复习功率放大器的工作原理，按指标要求，估算外电路各参数值，画出实验电路，并标出元件编号和元件参数值。

(2) 按要求自行设计实验电路布线图，并标注元件编号和元件参数值。

(3) 根据 LM386 内部电路和 V_{CC} 电压值，计算各引脚的直流电位，列表以便与实测值进行比较分析。

4.6.5　实验内容

(1) 按照图 4.6.5 连接电路图；调整电源电压，使 $V_{CC}=9$ V；

(2) 列数据表格测量静态工作点。

用万用表测量集成组件 V_6、V_5 引脚的对地电压,在第 6 脚串入电流表测量静态电流 I_o,填入表 4.6.1 中,并对照内部电路分析测试数据的正确性。

（3）测量功率放大器的性能指标

用 8 Ω 喇叭（或 2 W 功率电阻）作为负载 R_L,对电路进行调整与测试,测试前,首先用示波器观察输出电压波形,逐渐增大输入信号 u_i 观察波形无自激振荡方可进行以下测量。

表 4.6.1　测量数据（一）

V_{CC}	I_o	U_5 脚
9 V		

① 将 LM386 的 1、8 脚开路时,调整输入信号 $u_i = 40$ mV 有效值,$f = 1$ kHz,测量输出电压 u_o 及 I_o,填入表 4.6.2 中,计算输出功率及效率,且用示波器观察输入电压 u_i、输出电压 u_o 的波形。

② 将 LM386 的 1、8 脚间接 R_P、C_2,先将输入电压 u_i 用毫伏表调整到 20 mV,再将毫伏表接入输出电压端,调整 R_P 使输出电压等于 1 V（注意：此时函数发生器输出旋钮保持不变）。观察输出波形（不失真）并测量出 I_o,填入表 4.6.2 中,计算输出功率及效率。

③ 测量最大不失真输出功率 P_{omax},调整输入电压 u_i,用示波器观察输出电压波形 u_o 使输出最大不失真,用电子电压表测出此时的 u_i、u_{omax}、I_o。计算 P_{omax}、η。

$P_{omax} = u_{omax}^2 / R_L$（$u_{omax}$ 为最大不失真输出正弦信号的有效值）；$\eta = P_{omax} / (V_{CC} I_o)$。

表 4.6.2　测量数据（二）

脚 1、8 间	开路	接 R_P、C_2	接 10 μF
u_i(mV)	40	20	
u_o		1 V	
$A_u = u_o / u_i$			
I_o(mV)			
P(W)			
η			

注意事项：

① 由于低频功率放大器处于大信号工作状态,在接线中若元件分布排线走向不合理极易产生自激振荡或放大器工作不稳定,严重时甚至无法正常工作导致无法测量,所以在观察波形时无自激振荡方可进行测量。若出现高频自激,可适当加大补偿电容,或合理布局调整元件分布位置消除自激;走线不能迂回交叉,输入输出回路应远离,避免前后级信号交叉耦合。电源接地端应和输出回路的负载接地端靠在一起,各级电路"一点接地";引线应尽量粗而短,充分利用元件引脚线,不用或少用"过渡线"。

② 选择的喇叭功率应符合输出功率要求,试听时要控制音响度,防止烧坏喇叭。

③ 万用表测量电流后应恢复到电压量程,表笔也应同时恢复到原来测量电压的位置。

④ 试听过程中信号源（如录放机）输出引线切勿短路。

4.6.6　实验报告要求

（1）自拟实验数据表格,列出测量数据并进行计算,分析结果。

（2）对实验过程中出现的现象（波形、数据）和调测过程进行分析和讨论。

4.6.7　思考题

（1）如何消除电路中的交越失真,本电路中采取了何种措施?

（2）在图 4.6.3 中,如果没有 VD_1、VD_2（即 VT_8、VT_9 的基极直接相连）,则输出波形是怎样的?

(3) 如实验结果得到效率大于 78.5％,正确吗?

(4) 简述图 4.6.5 中 R_P、C_2 的作用。

(5) 简述图 4.6.5 中 R_1、C_4 的作用。

4.6.8　实验仪器和器材

(1) 示波器 1 台;

(2) 函数发生器 1 台;

(3) 直流稳压电源 DF1701S 1 台;

(4) 交流电压表 SX2172 型 1 台;

(5) 失真度测试仪 BSI 型 1 台;

(6) LM386 1 片及电阻电容若干;

(7) 8Ω/2W 喇叭 1 只;

(8) 收录机 1 台。

4.7　精密整流电路

4.7.1　实验目的

(1) 了解精密半波整流电路及精密全波整流电路的电路组成、工作原理及参数估算;

(2) 学会设计、调试精密全波整流电路,观测输出、输入电压波形及电压传输特性。

4.7.2　知识点

半波精密整流、全波精密整流。

4.7.3　实验原理

将交流电压转换成脉动的直流电压,称为整流。众所周知,利用二极管的单向导电性,可以组成半波及全波整流电路。在图 4.7.1(a)中所示的一般半波整流电路中,由于二极管的伏安特性如图 4.7.1(b)所示,当输入电压 u_i 幅值小于二极管的开启电压 U_{ON} 时,二极管在信号的整个周期均处于截止状态,输出电压始终为零。即使 u_i 幅值足够大,输出电压也只反映 u_i 大于 U_{ON} 的那部分电压的大小,故当用于对弱信号进行整流时,必将引起明显的误差,甚至无法正常整流。如果将二极管与运放结合起来,将二极管置于运放的负反馈回路中,则可将上述二极管的非线性及其温漂等影响降低至可以忽略的程度,从而实现对弱小信号的精密整流或线性整流。

1) 精密半波整流

图 4.7.2(a)给出了一个精密半波整流电路及其工作波形与电压传输特性。下面简述该电路的工作原理:

当输入 $u_i > 0$ 时,$u_o < 0$,二极管 VD$_1$ 导通、VD$_2$ 截止,由于 N 点"虚地",故 $u_o \approx 0$($u_o \approx$ -0.6 V)。

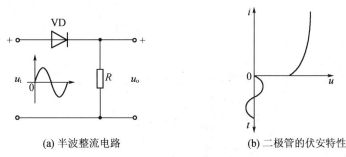

(a) 半波整流电路   (b) 二极管的伏安特性

图 4.7.1 一般半波整流电路

当输入 $u_i < 0$ 时，$u_o' > 0$，二极管 VD_2 导通、VD_1 截止，运放组成反相比例运算器，故 $u_o = -\dfrac{R_2}{R_1}u_i$，若 $R_1 = R_2$，则 $u_o = -u_i$。其工作波形及电压传输特性如图 4.7.2 所示。电路的输出电压 u_o 可表示为

$$u_o = \begin{cases} 0 & u_i > 0 \\ -u_i & u_i < 0 \end{cases}$$

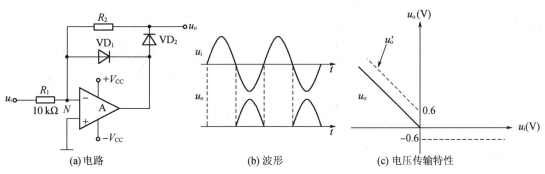

(a) 电路   (b) 波形   (c) 电压传输特性

图 4.7.2 精密半波整流电路

这里，只需极小的输入电压 u_i，即可有整流输出，例如，设运放的开环增益为 10^5，二极管的正向导通压降为 0.6 V，则只需输入为 $|u_i| = \dfrac{0.6\ \text{V}}{10^5} = 6\ \mu\text{V}$ 以上，即有整流输出了。同理，二极管的伏安特性的非线性及温漂影响均被压缩了 10^5 倍。

2）精密全波整流

图 4.7.3 给出一个具有高输入阻抗的精密全波整流电路及其工作波形与电压传输特性。

当输入 $u_i > 0$ 时，$u_o' > 0$，二极管 VD_1 导通、VD_2 截止，故 $u_N = u_i$。运放 A_2 为差分输入放大器，由叠加原理知 $u_o = \dfrac{-2R}{2R}u_N + \left(1 + \dfrac{2R}{2R}\right)u_i = -u_i + 2u_i = u_i$。

当输入 $u_i < 0$ 时，$u_i' < 0$，二极管 VD_2 导通、VD_1 截止，此时，运放 A_1 为同相比例放大器，所以 $u_{o1} = u_i\left(1 + \dfrac{R}{R}\right) = 2u_i$，同样由叠加原理可得运放 A_2 的输出为 $u_o = u_{o1}\left(-\dfrac{2R}{R}\right) + u_i\left(1 + \dfrac{2R}{R}\right) = -4u_i + 3u_i = -u_i$，故最后可将输出电压表示为：

$$u_o = \begin{cases} u_i & u_i > 0 \\ -u_i & u_i < 0 \end{cases}$$

即 $u_o = |u_i|$，

即输出电压为输入电压的绝对值，故此电路又称绝对值电路。

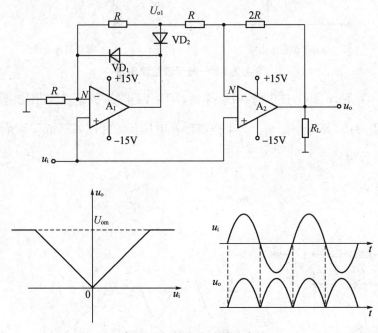

图 4.7.3　精密全波整流电路

4.7.4　预习要求

熟悉精密整流电路的组成、工作原理及其参数估算，考虑如何测量其电压传输特性。

4.7.5　实验内容

（1）根据图 4.7.2 精密半波整流电路，取 $R_1 = R_2 = 10$ kΩ；输入正弦信号 $f = 100$ Hz，取 $u_i = 5$ V、1 V、30 mV 有效值（用交流电压表测量），用万用表 DCV 挡分别测量 u_o 值（列表）。观察并绘出输入输出波形，电压传输特性 $u_i - u_o$。调节 u_i 的幅度，找出输出的最大值 u_{omax}。

（2）根据图 4.7.3 精密全波整流电路，取 $R = 10$ kΩ；输入正弦信号 $f = 100$ Hz，取 $u_i = 5$ V、1 V、30 mV 有效值（用交流电压表测量），用万用表 DCV 挡分别测量 u_o 值（列表）。观察并绘出输入输出波形，电压传输特性 $u_i - u_o$。调节 u_i 的幅度，找出输出的最大值 u_{omax}。

4.7.6　实验报告要求

整理实验结果，取得精密全波整流电路的工作波形及电压传输特性，并与理想精密全波整流特性相比较，指出误差并分析其原因。

4.7.7　思考题

（1）若将图 4.7.2 电路中的两个二极管均反接，试问：电路的工作波形及电压传输特性将会如何变化？

（2）精密整流电路中的运放工作在线性区还是非线性区？为什么？

（3）图 4.7.3 所示电路为什么具有很高的输入电阻？

4.7.8　实验仪器和器材

（1）示波器 1 台；

（2）函数发生器 1 台；

（3）直流稳压电源 1 台；

（4）交流毫伏表 SX2172 1 台；

（5）实验箱 1 台；

（6）万用表 1 只；

（7）μA741 运放若干。

4.8　有源滤波器

4.8.1　实验目的

（1）进一步理解由运放组成的 RC 有源滤波器的工作原理和主要性能；

（2）熟练掌握二阶 RC 有源滤波器的设计方法；

（3）掌握二阶有源滤波器的基本测试方法。

4.8.2　知识点

二阶有源滤波器、品质因数、幅频特性。

4.8.3　实验原理

对于信号频率具有选择性的电路称为滤波电路。其作用是允许一定频率范围内的信号通过，而阻止或削弱（即滤除）其他频率范围的信号。

滤波电路（滤波器）是最通用的模拟电路单元之一，几乎在所有的电路系统中都会用到它。以我们常用的电视和广播为例，当我们调台时，至少用到了 3 个滤波器，稍微高档一点的可能用到 5 个以上，其实"调台"在电路中的意思是使对应频率的信号通过（要想接收的频道），而隔离或抑制其他频率的信号，如图 4.8.1 所示。通常在 200 kHz（调频广播）或 6.5 MHz（电视）范围内相邻调频电台或电视台会有 80 dB 的抑制度。

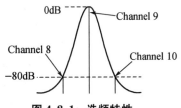

图 4.8.1　选频特性

　　滤波器根据幅频特性或相频特性的不同可分为低通滤波器(LPF)、高通滤波器(HPF)、带通滤波器(BPF)和带阻滤波器(BEF)。其各自的幅频特性如图 4.8.2 所示,每个特性曲线均包含通带、阻带和过渡带三个部分,通带中的电压放大倍数称为通带放大倍数 A_{up}。由幅频特性中可以看出,在通带和阻带之间有过渡带,过渡带越窄,过渡带中电压放大倍数的下降速率越大,滤波特性越好。特性中使通带放大倍数下降到 0.707 倍的频率称为通带截止频率 f_p。

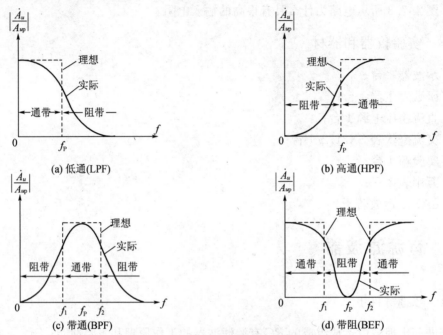

图 4.8.2　各类滤波器的幅频特性

　　滤波器按截止频率附近的幅频特性和相频特性的不同,又可分为巴特沃兹(Butterworth)滤波器、切比雪夫(Chebshev)滤波器和椭圆(Elliptic)滤波器,其各自的幅频特性如图 4.8.3 所示。其中巴特沃兹滤波器在通带内响应最为平坦;切比雪夫滤波器在通带内的响应在一定范围内有起伏,但带外衰减速率较大;椭圆滤波器在通带内和止带内的响应都在一定范围内有起伏,具有最大的带外衰减速率。

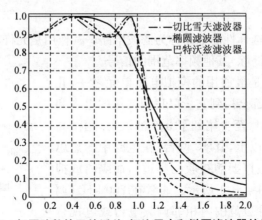

图 4.8.3　相同阶数的巴特沃兹、切比雪夫和椭圆滤波器的幅频特性

　　滤波器按是否采用有源器件又可分为无源滤波器和有源滤波器。由无源元件(电阻、电容、电感)组成的滤波电路称为无源滤波器;由无源元件和有源元件(双极型管、单极型管、集成运放)共同组成的滤波电路称为有源滤波器。无源滤波器电路简单,工作可靠,适用于高电压大电流,但缺点明显,因有能量损耗,带负载能力差,因此电路性能较差;有源滤波器具有体积小、性能好、可放大信号,调整方便等优点,但因受运放本身有限带宽的限制,不适用于高压、高频的大功率的场合,目前适用于低频范围。

　　有源滤波器的传递函数分母中最高次方称为滤波器的阶数。阶数越高,其中角频率特性过渡带越陡,越接近理想特性。大多数高阶滤波器都可以由一阶和二阶的滤波器级联而成。其中一阶滤波器过渡带按每十倍频 20 dB 速率衰减,二阶滤波器按每十倍频 40 dB 衰减。本实验仅着重研究二阶 RC 有源滤波器的有关问题。

　　根据二阶 RC 有源滤波器传递函数零点的不同,也可分为低通、高通、带通和带阻等几种类型,相应的传递函数如表 4.8.1 所示。式中 ω_0($\omega_0 = 1/RC$)为高、低通滤波器的截止角频率或带通、带阻滤波器的几何中心频率;Q 为品质因数;A_{up} 为增益系数。

表 4.8.1　传递函数表

类　型	传递函数	零点情况	备　注
低通	$A(s) = \dfrac{A_{up}\omega_0^2}{s^2 + \dfrac{\omega_0}{Q}s + \omega_0^2}$	无零点	$Q = \dfrac{1}{3 - A_{up}}$
高通	$A(s) = \dfrac{A_{up}s^2}{s^2 + \dfrac{\omega_0}{Q}s + \omega_0^2}$	原点为双重零点	$Q = \dfrac{1}{3 - A_{up}}$
带通	$A(s) = \dfrac{A_0\dfrac{\omega_0}{Q}s}{s^2 + \dfrac{\omega_0}{Q}s + \omega_0^2}$	原点为单零点	$Q = \dfrac{1}{3 - A_{up}}$ $A_0 = \dfrac{A_{up}}{3 - A_{up}}$
带阻	$A(s) = \dfrac{A_{up}(s^2 + \omega_0^2)}{s^2 + \dfrac{\omega_0}{Q}s + \omega_0^2}$	零点为共轭虚数	$Q = \dfrac{1}{4 - 2A_{up}}$

1) 二阶低通有源滤波器

(1) 基本原理

常用的二阶低通有源滤波器如图 4.8.4 所示。它由两节 RC 滤波器和同相比例放大器组成。由于 C_1 接到集成运放的输出端,形成正反馈,使电压放大倍数在一定程度上受输出电压控制,且输出电压近似为恒压源,所以又称之为二阶压控电压源低通滤波器。优点是增益易调节,电路稳定。f_0 为电路的特征频率。通常,调试该电路,使其通带截止频率与一阶低通滤波器的相同,即 $f_p = f_0$。

如图 4.8.4 所示电路中,虽然由 C_1 引入了正反馈,但是,若 $f \ll f_p$,则由于 C_1 的容抗很大,反馈信号很弱,因而对电压放大倍数的影响很小;若 $f \gg f_p$,则由于 C_2 的容抗很小,集成运放同相输入端的信号很小,输出电压必然很小,反馈作用也很弱,因而对电压放大倍数的影响也很小。所以，只要参数选择合适，就可以使 $f=f_p$ 附近的电压放大倍数因正反馈而得到提高，从而使电路更接近于理想低通滤波器。

当 $R_1=R_2=R$、$C_1=C_2=C$ 时，二阶低通有源滤波器主要性能如下：

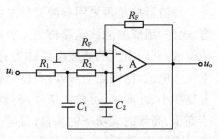

图 4.8.4　单端正反馈型低通滤波器

① 通带电压放大倍数

二阶 LPF 的通带电压放大倍数就是频率 $f=0$ 时的输出电压与输入电压之比，因此也就是同相比例放大器的增益：

$$A_{up}=1+\frac{R_F}{R_f} \tag{4.8.1}$$

② 传递函数

$$A_u=\frac{U_o}{U_i}=\frac{A_{up}}{1+(3-A_{up})j\omega RC+(j\omega RC)^2} \tag{4.8.2}$$

$$A(s)=\frac{A_{up}}{1+(3-A_{up})sRC+(sRC)^2} \tag{4.8.3}$$

其中，

$$s=j\omega$$

③ 品质因数

$$Q=\frac{1}{3-A_{up}} \tag{4.8.4}$$

④ 幅频特性

电路的幅频特性曲线如图 4.8.5 所示，不同 Q 值将使幅频特性具有不同的特点。Q 值小，阻带衰减慢，使得通带与阻带界限不明显；Q 过大，在 f_0 附近曲线出现凸峰，使电路工作不稳定。一般当 $Q=0.707$ 时，滤波器特性最好，阻带内衰减快，通带内曲线平坦。

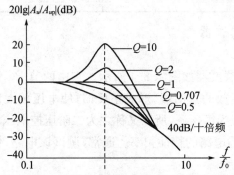

图 4.8.5　单端正反馈型低通滤波器幅频特性

（2）设计方法

下面介绍设计二阶低通有源滤波器时选用 RC 的方法。

已知 $R_1=R_2=R$，$C_1=C_2=C$，则：

$$f_0=\frac{1}{2\pi RC} \tag{4.8.5}$$

其中，由式(4.8.5)得知，f_0、Q 可分别由 R、C 值和运放增益的变化来单独调整，相互影响不大。若已知 Q 值，则由式(4.8.4)得通带电压放大倍数 A_{up}，近而由式(4.8.1)可推导出 R_F 和 R_f。

由以上叙述可知，该设计方法对要求特性保持一定 f_0 而在较宽范围内变化的情况比较适用，但必须使用精度和稳定性均较高的元件。

2) 二阶高通有源滤波器

(1) 基本原理

二阶高通滤波器和二阶低通滤波器几乎具有完全的对偶性，即将二阶低通有源滤波器电路中的 R 和 C 的位置互换，就构成了典型的单端正反馈二阶高通滤波器，如图 4.8.6 所示。二者的参数表达式与性能也有对偶性。当 $R_1=R_2=R$，$C_1=C_2=C$ 时，其主要性能如下：

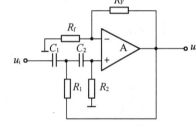

图 4.8.6 单端正反馈型高通滤波器

① 通带电压放大倍数

$$A_{up}=1+\frac{R_F}{R_f}$$

② 传递函数

$$A_u=\frac{U_o}{U_i}=\frac{(j\omega RC)^2}{1+(3-A_{up})j\omega RC+(j\omega RC)^2}A_{up} \tag{4.8.6}$$

$$A(s)=\frac{(sRC)^2}{1+(3-A_{up})sRC+(sRC)^2}A_{up} \tag{4.8.7}$$

③ 品质因数

$$Q=\frac{1}{3-A_{up}}$$

④ 幅频特性

电路的幅频特性曲线如图 4.8.7 所示，不同 Q 值将使幅频特性具有不同的特点。

(2) 设计方法

二阶高通有源滤波器中 R、C 参数的设计方法也与低通滤波器相似，详见低通滤波器设计方法。

3) 二阶带通有源滤波器

带通滤波器(BPF)能通过规定范围的频率，这

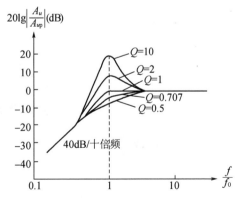

图 4.8.7 单端正反馈型高通滤波器幅频特性

个频率范围就是电路的带宽 B，滤波器的最大输出电压峰值出现在中心频率 f_0 的频率点上。带通滤波器的带宽越窄，选择性越好，也就是电路的品质 Q 越高。

　　只要将二阶低通滤波器中的一阶 RC 电路改为高通的接法,就构成了二阶带通滤波器。如图 4.8.8 所示电路就是典型的单端正反馈型二阶带通滤波器。当 $R_1 = R_3 = R$,$R_2 = 2R$,$C_1 = C_2 = C$ 时,其主要性能如下:

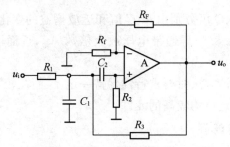

图 4.8.8　二阶带通滤波器

① 传递函数

$$A_u = \frac{U_o}{U_i} = \frac{j\omega RC}{1 + (3 - A_{up})j\omega RC + (j\omega RC)^2} A_{up} \tag{4.8.8}$$

$$A(s) = \frac{sRC}{1 + (3 - A_{up})sRC + (sRC)^2} A_{up} \tag{4.8.9}$$

式中,$A_{up} = 1 + \dfrac{R_F}{R_f}$ 为同相比例放大电路的电压放大倍数。

② 中心频率和通带放大倍数

$$f_0 = \frac{1}{2\pi RC}$$

$$A_0 = \frac{A_{up}}{3 - A_{up}} = QA_{up} \tag{4.8.10}$$

③ 通带截止频率和通带宽度

$$\begin{cases} f_{p1} = \dfrac{f_0}{2}\left(\sqrt{\dfrac{1}{Q^2} + 4} - \dfrac{1}{Q}\right) \\[3mm] f_{p2} = \dfrac{f_0}{2}\left(\sqrt{\dfrac{1}{Q^2} + 4} + \dfrac{1}{Q}\right) \end{cases} \tag{4.8.11}$$

$$B = f_{p2} - f_{p1} = f_0/Q = (3 - A_{up})f_0 = \left(2 - \frac{R_F}{R_f}\right)f_0 \tag{4.8.12}$$

④ 品质因数

$$Q = \frac{1}{3 - A_{up}}$$

⑤ 幅频特性

　　电路的幅频特性曲线如图 4.8.9 所示,不同 Q 值将使幅频特性具有不同的特点。Q 值越大,选择性也越好,通带宽度越窄。因此 Q 值也不宜过大,一般取 $Q \leqslant 10$ 较宜。通过调节 R_F 和 R_f 的比例,可改变带宽,而不会改变 f_0。

如果要求带宽范围很宽,也可将一级二阶低通滤波器和一级二阶高通滤波器串联组成。条件是低通滤波器的截止频率要大于高通滤波器的截止频率。

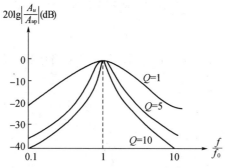

图 4.8.9　二阶带通滤波器幅频特性

4) 二阶带阻有源滤波器

如图 4.8.10 所示电路就是典型的单端正反馈型二阶带阻滤波器。当 $R_1=R_2=R$、$R_3=R/2$、$C_1=2C$、$C_2=C_3=C$ 时,其主要性能如下:

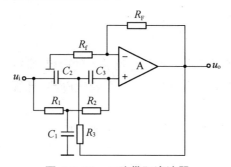

图 4.8.10　二阶带阻滤波器

① 传递函数

$$A_u=\frac{U_o}{U_i}=\frac{1+(j\omega RC)^2}{1+2(2-A_{up})j\omega RC+(j\omega RC)^2}A_{up} \tag{4.8.13}$$

$$A(s)=\frac{1+(sRC)^2}{1+2(2-A_{up})sRC+(sRC)^2}A_{up} \tag{4.8.14}$$

② 中心频率和通带放大倍数

$$f_0=\frac{1}{2\pi RC}$$

$$A_{up}=1+\frac{R_F}{R_f}$$

③ 通带截止频率和通带宽度

$$\begin{cases} f_{p1}=f_0\left[\sqrt{(2-A_{up})^2+1}-(2-A_{up})\right] \\ f_{p2}=f_0\left[\sqrt{(2-A_{up})^2+1}+(2-A_{up})\right] \end{cases} \tag{4.8.15}$$

$$B=f_{p2}-f_{p1}=2(2-A_{up})f_0=f_0/Q \tag{4.8.16}$$

④ 品质因数

$$Q=\frac{1}{2(2-A_{up})} \tag{4.8.17}$$

⑤ 幅频特性

电路的幅频特性曲线如图 4.8.11 所示,不同 Q 值将使幅频特性具有不同的特点。

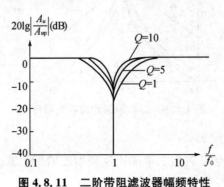

图 4.8.11　二阶带阻滤波器幅频特性

4.8.4　预习要求

(1) 复习模拟电子技术课程中有关有源滤波器的内容,掌握实验电路的基本工作原理;

(2) 根据实验内容的要求,事先设计好各个滤波电路,计算出相关参数,拟定实验方案及步骤;

(3) 条件允许时,用计算机辅助分析工具对实验内容进行计算,给出仿真结果,以备与实验测试结果比较。

4.8.5　实验内容

1) 二阶低通有源滤波器的设计与测试

(1) 设计一个二阶低通有源滤波器(参考图 4.8.4 电路)。设 $f_0=480$ Hz, $Q=0.707$,其中 $C_1=C_2=0.01\ \mu F$, $R_F=16$ kΩ,要求设计电路,选择 R_f、R_1、R_2(令 $R_1=R_2$)。

(2) 测试所设计的低通有源滤波器的幅频特性曲线。输入正弦信号,保持 $u_i=3$ V 有效值恒定不变,改变信号频率,测量不同频率下的输出电压 u_o,表格自拟。

(3) 横坐标 f 按 Hz 得对数分度,纵坐标 $20\lg(A_u/A_{up})$ 按 dB 分度,则由幅频特性曲线决定 -3 dB 频率,即截止频率 f_0。

2) 二阶高通有源滤波器的设计与测试

设计一个二阶高通有源滤波器(参考图 4.8.6 电路),元件参数同上。自行画出实验电路,自拟测试表格测试,画出幅频特性曲线,用幅频特性确定 -3 dB 时的截止频率 f_0。

4.8.6　实验报告要求

(1) 画出实验电路图并标注参数,整理设计过程及结果;

(2) 记录实验中输出电压有效值,完成表格,画出幅频特性;

（3）找出中心频率,并和理论计算值进行比较;

（4）回答第七项所有思考题。

4.8.7 思考题

（1）BEF 和 BPF 是否像 HPF 和 LPF 一样具有对偶关系? 若将 BPF 中起滤波作用的电阻与电容的位置互换,能得到 BEF 吗?

（2）传感器加到精密放大电路的信号频率范围是 400 Hz±10 Hz,经放大后发现输出波形含有一定程度的噪声和 50 Hz 的干扰,试问:应引入什么形式的滤波电路以改善信噪比,并画出相应的电路原理图。

4.8.8 实验仪器和器材

（1）实验箱 1 台;

（2）示波器 1 台;

（3）直流稳压电源 1 台;

（4）函数发生器 1 台;

（5）万用表 1 只;

（6）集成运放 μA741 1 片。

4.9 电平检测器(施密特触发器)

4.9.1 实验目的

（1）了解四种典型电压比较器:过零比较器、电平比较器、滞回比较器和窗口比较器,掌握电路组成及参数设计方法;

（2）掌握电压比较器的特性,学会用电压比较器设计满足一定要求的实用电路。

4.9.2 知识点

比较器、滞回特性比较器、窗口比较器。

4.9.3 实验原理

电压比较器的基本功能是对两个输入电压的大小进行比较,比较的结果用输出电压的高和低来表示。电压比较器可以采用专用的集成比较器,也可以采用集成运算放大器组成。由集成运算放大器组成的比较器,其输出电平在最大输出电压的正极限值和负极限值之间摆动,当要和数字电路相连接时,必须增添附加电路,对它的输出电压采取钳位措施,使它输出的高低电平满足数字电路逻辑电平的要求。

电压比较器通常用于越限报警、波形转换及模数转换等场合。常用的电压比较器有过零比较器、电平比较器、滞回比较器和窗口比较器。

1) 过零比较器

过零比较器主要用来将输入信号与零电位进行比较,以决定输出电压的极性。电路如图 4.9.1(a)所示:

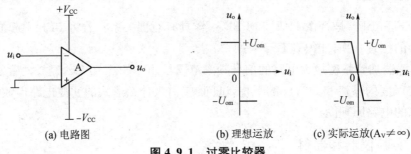

(a) 电路图　　　　　　(b) 理想运放　　　　(c) 实际运放($A_V \neq \infty$)

图 4.9.1　过零比较器

放大器工作在开环状态下,信号 $u_i < 0$ 时,输出电压为正极限值 $+U_{om}$;由于理想运放的电压增益 $A_u \rightarrow \infty$,故当输入信号由小到大,达到 $u_i = 0$ 时,即 $u_- = u_+$ 的时刻,输出电压 u_o 由正极限值 $+U_{om}$ 翻转到负极限值 $-U_{om}$。当 $u_i > 0$ 时,输出电压 u_o 为负极限值 $-U_{om}$。因此,输出翻转的临界条件是 $u_+ = u_- = 0$。

即

$$u_o = \begin{cases} +U_{om} & u_i < 0 \\ -U_{om} & u_i > 0 \end{cases} \tag{4.9.1}$$

其理想传输特性如图 4.9.1(b)所示。从该电路输出电压值就可以鉴别输入信号电压 u_i 是大于零还是小于零,即可用做信号电压过零检测器。

对于实际运算放大器,由于其增益不是无限大,输入失调电压不等于零,因此,输入状态的转换与理想状态存在一定的误差,其传输特性如图 4.9.1(c)所示,存在线性区。

由以上工作原理可知,比较器中运放工作在开环状态下,反相输入端和同相输入端的电压不一定相等。电压比较器是集成运放的非线性应用。

假设输入信号 u_i 为正弦波,在 u_i 过零时,比较器的输出就跳变一次,因此,u_o 为正、负相间的方波电压,如图 4.9.2 所示。

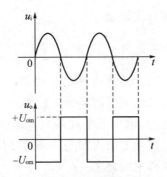

图 4.9.2　过零比较器输入、输出波形

为了使输出电压有确定的数值并改善大信号时的传输特性,经常在比较器的输出端接上限幅器。如图 4.9.3(a)所示,图中 $R = 1$ kΩ,起限流作用,VD_{Z1}、VD_{Z2} 采用稳压管。

图 4.9.3(b)是其传输特性，$+U_Z = U_{VD_1} + U_{Z_2}$，$-U_Z = U_{Z_1} + U_{VD_2}$。

此时

$$u_o = \begin{cases} +U_Z & u_i < 0 \\ -U_Z & u_i > 0 \end{cases} \qquad (4.9.2)$$

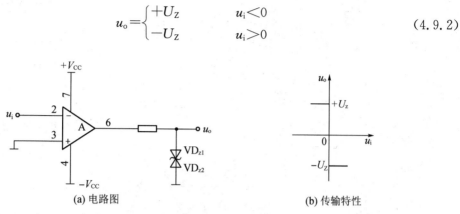

(a) 电路图   (b) 传输特性

图 4.9.3 接上限幅器的过零比较器

2）电平比较器

电路图如图 4.9.4(a)所示，输入信号 u_i 加到运放反相输入端，在同相输入端加一个参考电压 u_{REF}，当输入电压 u_i 小于参考电压 U_{REF} 时，输出为 $+U_{om}$，当输入电压 u_i 大于参考电压 u_{REF} 时，输出为 $-U_{om}$。该电路电压传输特性如图 4.9.4(b)所示。

即

$$u_o = \begin{cases} +U_{om} & u_i < U_{REF} \\ -U_{om} & u_i > U_{REF} \end{cases} \qquad (4.9.3)$$

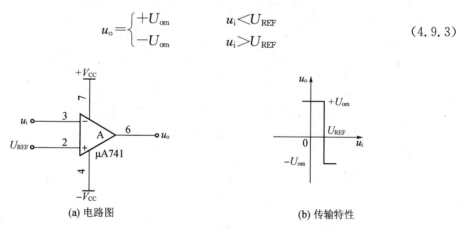

(a) 电路图   (b) 传输特性

图 4.9.4 电平比较器

3）滞回比较器（施密特触发器）

滞回特性比较器与开环比较器的优点是抗干扰性强。

（1）在电平比较器中，如果将集成运放的输出电压通过反馈支路加到同相输入端，形成正反馈，就可以构成滞回比较器，如图 4.9.5(a)所示。它的门限电压随着输出电压的大小和极性的改变而改变。从图 4.9.5(b)中可知，它的门限电压为：

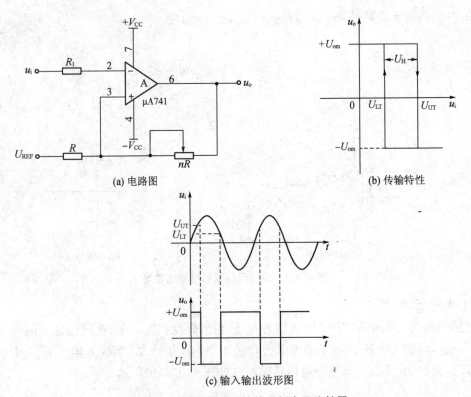

(a) 电路图　　　　　　　　　　　(b) 传输特性

(c) 输入输出波形图

图 4.9.5　具有滞回特性的反相电平比较器

$$U_+ = \frac{nR}{nR+R}U_{REF} + \frac{R}{nR+R}u_o \tag{4.9.4}$$

$$= \frac{n}{n+1}U_{REF} + \frac{u_o}{n+1}$$

而 $u_o = \pm U_{om}$，根据上式可知，它有两个门限电压（比较电平），分别为上限阈值电平 U_{UT} 和下限阈值电平 U_{LT}，两者的差值称为门限宽度（回差电压）U_H，两者的中间值称为中心电压 U_{ctr}。即

$$U_H = U_{UT} - U_{LT} \tag{4.9.5}$$

$$U_{ctr} = \frac{U_{UT} + U_{LT}}{2} \tag{4.9.6}$$

当集成运放的输出为 $+U_{om}$ 时，同相端的电压为：

$$U_+ = \frac{n}{n+1}U_{REF} + \frac{U_{om}}{n+1} = U_{UT}（上限阈值电平） \tag{4.9.7}$$

当集成运放的输出为 $-U_{om}$ 时，同相端的电压为：

$$U_+ = \frac{n}{n+1}U_{REF} + \frac{-U_{om}}{n+1} = U_{LT}（下限阈值电平） \tag{4.9.8}$$

当 u_i 从大变小，在 u_i 达到或稍小于 U_{LT} 的时刻，输出电压 u_o 又从 $-U_{om}$ 跃变到 $+U_{om}$，并

保持不变。当 u_i 从小变大,在 u_i 达到或稍大于 U_{UT} 的时刻,输出电压 u_o 由 $+U_{om}$ 跃变到 $-U_{om}$,并保持不变。电压传输特性如图 4.9.5(b)所示。

根据式(4.9.7)和式(4.9.8),可求得回差电压为:

$$U_H = U_{UT} - U_{LT} = \frac{2U_{om}}{n+1} \tag{4.9.9}$$

中心电压为:

$$U_{ctr} = \frac{U_{UT} + U_{LT}}{2} = \frac{n}{n+1} U_{REF} \tag{4.9.10}$$

由式(4.9.9)和式(4.9.10)可知,回差电压与参考电压 U_{REF} 无关,改变反馈电阻比 n 的值就可以改变回差电压的大小,但中心电压与反馈电阻比 n 和参考电压 U_{REF} 都有关,所以中心电压和回差电压不能独立调节。

(2) 若 $U_{REF} = 0$,图 4.9.5 就成为零电平施密特触发器,其上限阈值电平 U_{UT} 为:

$$U_{UT} = \frac{U_{om}}{n+1} \tag{4.9.11}$$

下限阈值电平 U_{LT} 为:

$$U_{LT} = \frac{-U_{om}}{n+1} \tag{4.9.12}$$

回差电压 U_H 仍由式(4.9.9)决定,与 U_{REF} 无关。中心电压 U_{ctr} 为 0。

(3) 当输入电压 u_i 从同相端输入时,构成滞回特性同相电平比较器,如图 4.9.6 所示。根据上述分析可得:

上限阈值电平:

$$U_{UT} = \frac{U_{om}}{n} - \frac{U_{REF}}{m} \tag{4.9.13}$$

下限阈值电平:

$$U_{LT} = -\frac{U_{om}}{n} - \frac{U_{REF}}{m} \tag{4.9.14}$$

回差电压:

$$U_H = U_{UT} - U_{LT} = \frac{2U_{om}}{n} \tag{4.9.15}$$

中心电压:

$$U_{ctr} = \frac{U_{UT} + U_{LT}}{2} = -\frac{U_{REF}}{m} \tag{4.9.16}$$

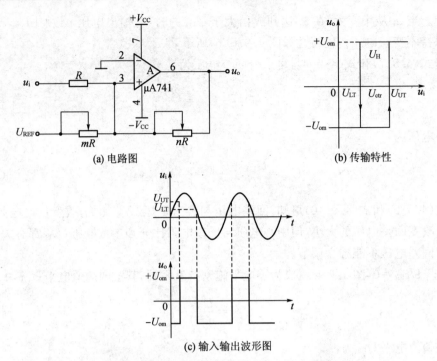

(a) 电路图

(b) 传输特性

(c) 输入输出波形图

图 4.9.6 具有滞回特性的同相电平比较器

由上可知：中心电压 U_{ctr} 取决于参考电压 U_{REF} 和 m；回差电压 U_H 取决于 U_{om} 和 n。即 U_{ctr} 与 U_H 可以分别独立调节。

4）窗口比较器

如果要判别输入信号电压 u_i 是否进入某一范围，则可以用图 4.9.7(a)所示的窗口比较器来进行判别。该窗口比较器是由一个反相输入差动任意电平比较器和另一个同相输入差动任意电平比较器适当地组合而成。

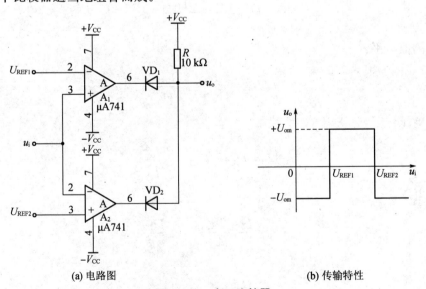

(a) 电路图

(b) 传输特性

图 4.9.7 窗口比较器

假设 $U_{REF_1} < U_{REF_2}$，对于该电路，当 $U_{REF_1} < u_i < U_{REF_2}$ 时，A_1、A_2 输出均为 $+U_{om}$，VD_1、VD_2 均截止，则输出电压 u_o 等于 $+U_{om}$（忽略了二极管正向压降）；当 $u_i > U_{REF_2}$ 时，A_1 输出 $+U_{om}$，A_2 输出 $-U_{om}$，VD_1 截止，VD_2 导通，输出电压 u_o 等于 $-U_{om}$（忽略了二极管正向压降）；当 $u_i < U_{REF1}$ 时，A_1 输出 $-U_{om}$，A_2 输出 $+U_{om}$，VD_1 导通，VD_2 截止，输出电压 u_o 等于 $-U_{om}$（忽略了二极管的正向压降）。窗口比较器电压传输特性如图 4.9.7(b) 所示。

由图中传输特性可知，当输入电压 u_i 处于 U_{REF_1} 和 U_{REF_2} 之间时，输出为 $+U_{om}$，而当输入电压 u_i 处于 U_{REF_1} 和 U_{REF_2} 之外时，输出为 $-U_{om}$。

注意：在图 4.9.7(a) 中集成运放 A_1、A_2 的输出端不能直接相连，因为当两个运放输出电压的极性相反时，将互为对方提供低阻抗通路而导致运放烧毁。

4.9.4　预习要求

(1) 熟悉有关比较器的电路组成、工作原理及参数计算方法；

(2) 设计满足实验要求的控制电路，选择元件参数，拟定实验方案及步骤；

(3) 学会用电平比较器设计满足一定技术要求的实用电路及调试方法。

4.9.5　实验内容

1) 过零比较器的设计与测试

设计一个接有限幅器的反相输入过零比较器（参考图 4.9.3 电路）。$\pm V_{CC}$ 自取，输入频率 $f = 1\ kHz$ 左右的正弦信号，逐渐增大 u_i 的值，直到输出信号为正、负相间的方波。利用示波器观察并记录输入输出波形以及电压传输特性。

2) 电平比较器的设计与测试

设计一个接有限幅器的反相输入差动型任意电平比较器（参考图 4.9.4 电路，$\pm V_{CC}$ 自取）。$U_{REF} = 3\ V$，输入频率 $f = 1\ kHz$ 左右的正弦信号，逐渐增大 u_i 的值，直到出现输出信号为正、负相间的方波。利用示波器观察并记录输入、输出波形以及电压传输特性。

3) 滞回比较器的设计与测试

(1) 设计一个具有滞回特性的反相电平比较器（参考图 4.9.5 电路，$\pm V_{CC} = \pm 15\ V$，其中：$R_1 = R = 10\ k\Omega$）。输入频率 $f = 1\ kHz$ 左右的正弦信号，逐渐增大 U_i 的值，通过调整反馈电阻比值 n 和参考电压使 $U_{UT} = 8\ V$，$U_{LT} = 1\ V$。

① 观察电压传输特性及输入输出波形并记录，准确读取 $\pm U_{om}$。

② 测量此时 U_{REF} 的值，断开电路测量 R、nR 的值，计算比值 n，代入公式计算 U_{UT}、U_{LT}，与理论值进行比较。

(2) 设计一个具有滞回特性的同相电平比较器（参考图 4.9.6 电路，$\pm V_{CC} = \pm 15\ V$，其中：$R = 10\ k\Omega$，$U_{REF} = -15\ V$）。通过调整 mR 和 nR 的值，使 $U_{UT} = 7\ V$，$U_{LT} = 3\ V$。

① 观察电压传输特性及输入输出波形并记录，准确读取 $\pm U_{om}$。

② 断开电路测量 R、mR、nR 的值，计算比值 m、n，代入公式计算 U_{UT}、U_{LT}，与理论值进行比较。

4) 窗口比较器的设计与测试

设计一个窗口比较器（参考图 4.9.7 电路，其中：$U_{REF_1} = 1\ V$，$U_{REF_2} = 4\ V$），利用示波器

观察并记录输入输出波形以及电压传输特性。

4.9.6　实验报告要求

(1) 画出实验电路图并标注参数,整理设计过程及结果;

(2) 记录实验中输入、输出波形及电压传输特性并和理论计算值进行比较。

4.9.7　思考题

(1) 试推导具有滞回特性的同相输入电平比较器的 U_{UT}、U_{LT}、U_H 及 U_{ctr} 公式。

(2) 实验内容 3)(1)中,实验时,若输入正弦信号的大小选择不当,如 $u_{ip\text{-}p}=4\ V$,会有什么结果?

(3) 图 4.9.7(a)电路,如果 $U_{REF_1}>U_{REF_2}$,会有什么结果?

(4) 设计一个具有滞回特性的反相电平比较器,参考电压使 $U_{UT}=6\ V$,$U_{LT}=4\ V$,通过公式计算电路参数。

4.9.8　实验仪器和器材

(1) 实验箱 1 台;

(2) 示波器 1 台;

(3) 直流稳压电源 1 台;

(4) 万用表 1 只;

(5) 集成运放 μA741 若干。

4.10　单相可控整流电路

4.10.1　实验目的

(1) 了解晶闸管和单结晶体管的结构、基本特征和管脚识别方法;

(2) 掌握单结晶体管的基本原理及触发电路调试的方法,观察由单结晶体管组成的晶闸管触发电路各部分电压的波形及其移相范围;

(3) 掌握单相可控整流的基本原理,观察电路中晶闸管的控制角对整流电压的影响。

4.10.2　知识点

晶闸管(可控硅)、单结晶体管、单结晶体管触发电路、导通角、控制角。

4.10.3　实验原理

1) 晶闸管

晶闸管是一种大功率半导体器件,又称可控硅,常用 SCR 表示。其种类较多,有普通型、双向型、快速型以及可关断型等。它具有体积小、耐压高、容量大,使用维护简单的特点,因而在各领域有较广泛的应用。

其管脚排列、结构及电路符号如图 4.10.1 所示。结构是由 P-N-P-N 交替叠合而成的四层元件，形成 $J_1J_2J_3$ 三个 P-N 结，外部引脚三个电极为：阳极（A）、阴极（K）和控制极（G）（又称门极）。

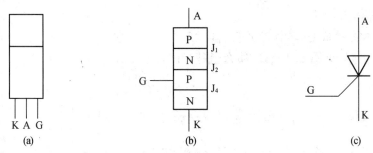

图 4.10.1　晶闸管的管脚排列、结构图及电路符号

（1）晶闸管的特性

晶闸管具有导通和阻断（截止）两种工作方式。

① 导通必须同时具备两个条件：其一，需在晶闸管阳极 A 和阴极 K 之间加上正向电压 U_{AK}；其二，门极 G 与阴极 K 之间加上适当的正向触发脉冲电压 U_{GK}。导通后电流从 A 流向 K，单向流动，与二极管相同。此时晶闸管自身管压降很小（约 1 V 左右），它导通后，门极将失去控制作用。

② 关断途径：其一，阳极电流 $I_A \leqslant I_H$（维持电流）；其二，阳极和阴极之间加反向电压或将阳极与电源断开，即 $U_{AK} \leqslant 0$。

（2）管脚识别与测试

通常引脚名称均在晶闸管上标明，也可在器件手册中根据相应型号查阅。在不明确的情况下，可用万用表欧姆挡（$R \times 100\ \Omega$ 或 $R \times 1\ k\Omega$）测试，不仅可分清其引脚极性，而且还可以简单辨别其好坏。因为三个 P-N 结中 J_2 是反向，G-A 和 A-K 之间正反向电阻均很大，只有 G-K 之间正向电阻小，反向电阻大。符合以上规律证明晶闸管基本完好，同时也辨出了引脚极性。

在工程应用中，晶闸管的弱点是过载能力较差，短时间的过流或过压，都有可能使它损坏。因此，在使用中除要合理选用晶闸管外，还需要在晶闸管电路中采取适当的过流过压保护措施，如并接阻容吸收电路，硅堆保护电路等。

2）单结晶体管的特性和管脚识别

单结晶体管简称"单结管"，因有两个基极，又称"双基极管"。

图 4.10.2 为单结晶体管 BT33 的管脚排列、结构及电路符号。

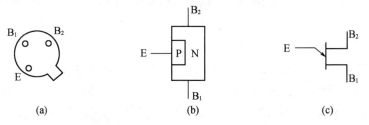

图 4.10.2　单结晶体管 BT33 的管脚排列、结构图及电路符号

它是一块轻掺杂(高电阻率)的 N 型硅片(阻值约为 3～15 kΩ),两端分别引出 B_1、B_2 两个电极,标为基极。在 N 型硅片靠近 B_2 处掺入 P 型杂质形成 P-N 结,引出电极称为发射极 E。

(1) 单结晶体管特性

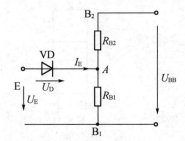

将单结晶体管看成是一个二极管 VD 和两个电阻 R_{B1}、R_{B2} 组成的等效电路(见图 4.10.3),那么当基极间加上稳定的电压 U_{BB} 时,R_{B1} 上分的电压为:

$$U_A = U_{B_1} = \frac{U_{BB}}{R_{B1}+R_{B2}}R_{B1} = \frac{R_{B1}}{R_{BB}}U_{BB} = \eta U_{BB} \quad (4.10.1)$$

图 4.10.3　单结晶体管等效电路

式中,η 称为分压比,与管子结构有关(即 P-N 结制作时,与 B_1、B_2 之间的位置有关),数值在 0.5～0.9 之间。

当发射极电压 $U_E = \eta U_{BB} + U_D$ 时,单结晶体管内的 P-N 结导通,发射极电流 I_E 突然增大。把这个突变点称为峰点 P。对应的电压 U_E 和电流 I_E 分别为峰点电压 U_P 和峰点电流 I_P。显然,峰点电压为:

$$U_P = \eta U_{BB} + U_D \quad\quad\quad (4.10.2)$$

式中,U_D 为单结晶体管中 P-N 结的正向导通压降,一般取 $U_D = 0.7$ V。

导通之后,由于载流子进入,R_{B1} 急剧减小,单结晶体管进入负阻区,发射极电流增大但电压下降。当发射极电压下降到谷点电压 U_V 时,此时电流为谷点电流 I_V,单结晶体管会回到截止状态(见图 4.10.4)。

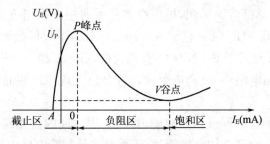

图 4.10.4　单结晶体管伏安特性

(2) 管脚测试与识别

单结管外形类似晶体三极管,用万用表欧姆挡($R \times 100$ Ω 或 $R \times 1$ kΩ)测量。B_1、B_2 正反向阻值相同,一般在 3～15 kΩ 之间。在 E 和 B_1、B_2 之间,反向电阻均很大,为 P-N 结反向电阻,在几百千欧以上。正向电阻 R_{EB_1}、R_{EB_2} 均较小,约为几千欧,一般 R_{EB_1} 要略大于 R_{EB_2}。

3) 单相可控整流

可控整流电路的作用是把交流电变换为电压值可以调节的直流电。图 4.10.5 为实验中所采用的单相可控整流电路的组成框图。图 4.10.6 为实验中所采用的单相可控整流电路图。为教学实验的安全考虑,主电路和触发电路均采用将 220 V 市电通过变压器(此变压器一般是供触发电路的同步变压器)降为交流 24 V。

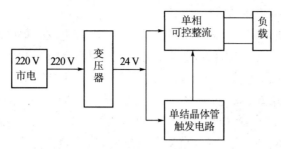

图 4.10.5 单相可控整流电路实验框图

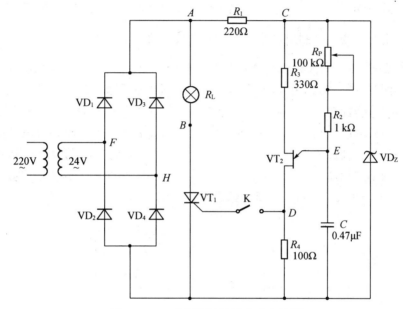

图 4.10.6 单相可控整流实验电路图

工作原理：单相可控整流的主电路，由交流电压 u（已降压为 24 V），经 $VD_1 \sim VD_4$ 全波整流桥、晶闸管 VT_1 和负载 R_L（灯泡）组成。

经桥式全波整流后电压为 U_A（波形参见图 4.10.7 所示）。在晶闸管 VT_1 未触发导通时，回路中无电流。负载 R_L（灯不亮），电压 U_o，电流 I_o 均为 0，晶闸管 VT_1 上电压 U_B 即为 U_A；晶闸管 VT_1 在第一个触发脉冲到来时导通，导通后 VT_1 管压降近似为 0，为一条水平线。此时整流电流流过负载 R_L（灯亮），R_L 上的整流输出电压 U_o 的波形为 $U_L = U_A - U_B$（见图 4.10.7）。图中 α 称为控制角，θ 为导通角。整流输出电压 U_o（电流 I_o）的直流平均值，理论上为：

$$U_o = 0.9U \frac{1 + \cos\alpha}{2}$$

$$I_o = 0.9I \frac{1 + \cos\alpha}{2}$$

只要改变控制角 α 的大小，即可改变整流输出电压 U_o（电流 I_o）的大小，实现整流输出电压的可控性。

4）触发电路的组成和原理

触发电路是由单结管 VT_2、稳压管 VD_Z 及电阻、电容组成的单结晶体管弛张振荡电路。

(1) 工作原理：假定接通电源前，电容 C 上的电压 U_C 为零。接通电源后，U_{BB}（即稳压管稳定电压 U_Z）经 R_P、R_2 向电容 C 充电，U_C 按指数曲线上升，当 $U_C=U_P$（峰点电压）时，单结管 VT_2 导通。电容 C 向 R_4 放电，因 R_4 阻值较小，放电很快，在 R_4 上形成陡峭的脉冲电压，去触发晶闸管导通。当 C 上放电电压低于谷点电压 U_V 和电流小于谷点电流 I_V 时，单结管截止；电源再次经 R_P、R_2 对 C 充电。重复上述过程，形成弛张振荡，在 R_4 上形成一个又一个脉冲（除第一个脉冲外，后面的脉冲在半个周期内对晶闸管已无影响）。由此可见，通过改变时间常数 R_P+R_2 和 C 的大小，就改变了充电的快慢，即弛张振荡的频率，$f=\dfrac{1}{RC}\ln\left(\dfrac{1}{1-\eta}\right)$，也就改变和控制出现第一个脉冲时段 α 的大小。

(2) 梯形波的作用：全波整流后的电压（U_A），在 R_1 和稳压管 VD_Z 组成的电路中，稳压管上形成梯形波（见图 4.10.7）U_C，即为单结管的直流电压 U_{BB}。其作用一：U_{BB} 为稳压管稳压值 U_Z，使单结晶体管输出脉冲幅度和每半个周期产生的第一脉冲的时间（即控制角 α）不受交流电源电压波动的影响。其二：同步作用，因为梯形波 U_C 和主电路交流电压每半个周期过零点保持一致。在过零点时，U_{BB} 为零，保证电容 C 充分放电，电压为零。因而保证了电容器在每半个周期之初，U_C 均为 0 时，开始充电，从而使每半周产生的第一个脉冲时间 α 保持一致，才能使输出电压 U_o 的平均值得到稳定和可控。

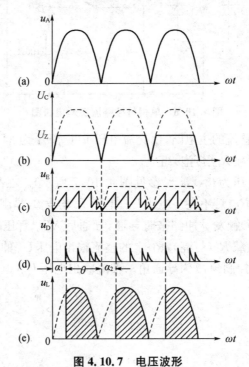

图 4.10.7　电压波形

(3) R_P、R_1、R_2、R_3、R_4 的作用及选择

电阻 R_1：是稳压管 VD_Z 的限流电阻，按稳压管稳压电路设计要求来选择。

电阻 R_P 和 R_2：可调电阻 R_P 的大小，改变对 C 充电的快慢，即改变第一个脉冲出现的时间(α 大小),它起移相作用,达到调压目的。电阻 R_2 的作用,当 R_P 调到零值时,U_{BB} 通过 R_2 到单结晶体管的导通电流,要限制在谷点电流以下,否则单结管不能截止。一般 $R_P + R_2$ 选择在几千欧到几十千欧。

电阻 R_4:起形成脉冲电压作用,其值大小,对脉冲宽度和陡峭度有影响。因晶闸管对触发脉冲宽度要求在 $10\ \mu s$ 以上。放电时间常数 $R_4 C$ 中,R_4 太小,脉冲宽度太小,不能保证可靠触发,若 R_4 过大,单结晶体管在尚未导通时,其漏电流会在 R_4 上形成较大电压,造成对晶闸管的误触发。一般 R_4 选取在 $50\sim100\ \Omega$ 为宜。

电阻 R_3:作温度补偿用。补偿温度对 U_D 的影响,使 U_P 保持稳定。

4.10.4 预习要求

(1) 掌握晶闸管的工作原理和主要参数的意义。
(2) 了解由单结晶体管组成的触发电路中各元器件的作用。

4.10.5 实验内容

1)晶闸管的简易测试

用万用表 $R\times1\ k\Omega$ 挡分别测量 A—K、A—G 间正、反向电阻;用 $R\times100\ \Omega$ 挡测量 G—K 间正、反向电阻,记入表 4.10.1 中。

表 4.10.1 测量数据(一)

$R_{AK}(k\Omega)$	$R_{KA}(k\Omega)$	$R_{AG}(k\Omega)$	$R_{GA}(k\Omega)$	$R_{GK}(k\Omega)$	$R_{KG}(k\Omega)$	结论

2)单结晶体管的简易测试

用万用表 $R\times100\ \Omega$ 挡分别测量 EB_1、EB_2 间正、反向电阻,记入表 4.10.2 中。

表 4.10.2 测量数据(二)

$R_{EB_1}(\Omega)$	$R_{EB_2}(\Omega)$	$R_{B_1E}(\Omega)$	$R_{B_2E}(\Omega)$	结论

3)晶闸管可控整流电路

(1) 掌握可控整流电路的基本原理,对照实验装置明确各元件及波形测试点的位置。

(2) 插上电源,当二极管红灯亮,证明电源接通,调节 R_P 旋钮,看灯泡亮度是否可调,若不可调,检查触发信号开关 K 是否按下。调节灯泡到合适亮度,不要太亮。

(3) 将示波器 CH_1 通道接 A 点,CH_2 接 B 点,利用示波器 CH_1-CH_2 双踪工作方式,观察灯泡上的波形,根据波形调节 R_P,在 $\alpha=90°$ 和 $\alpha=36°$ 时,完成表 4.10.3。(注:T 和 D 从示波器读取,U_{FH} 用万用表交流电压挡测量,U_A 及 U_{AB} 用万用表直流电压挡测量)

表 4.10.3　测量数据(三)

控制角 α	测量值					理论值		误　差
	$T(\text{ms})$	$D=\dfrac{\alpha}{360°}T(\text{ms})$	$U_{FH}(V)$	$U_A(V)$	$U_{AB}(V)$	$T(\text{ms})$	$U'_{AB}=0.9U_{FH}\dfrac{1+\cos\alpha}{2}(V)$	$\eta=\dfrac{U_{AB}-U'_{AB}}{U'_{AB}}\times100\%$
90°								
36°								

(4) 测试并记录 A、B、C、D、E 各点波形。(注:测量 D 点波形时将触发信号开关断开,其余点测量时将触发信号开关闭合)

4.10.6　实验报告要求

(1) 分析 U_{FH} 和 U_A 的理论与实测误差原因。

(2) 对应于不同的控制角,测量负载电压值,并与理论值 $U'_{AB}=0.9U_{FH}\dfrac{1+\cos\alpha}{2}$ 进行比较。

(3) 了解各测量点的意义,并整理绘出对应的波形(注意各波形间对应关系),标注参数值。

(4) 分析实验中出现的异常现象。

4.10.7　思考题

(1) 简述晶闸管导通和截止的条件。

(2) 可否用万用表 $R\times10\ \text{k}\Omega$ 挡测试管子,为什么?

(3) 单结晶体管触发电路的电源部分为什么要用梯形波? C 点可否并联一个大电容? 为什么?

(4) 电路中电阻 R_1、R_2、R_3、R_4 各具有什么作用,简述其取值范围该如何考虑?

4.10.8　实验仪器和器材

(1) 双踪示波器 1 台;

(2) 万用表 1 只;

(3) 单相可控整流电路实验板(附灯泡)1 块。

4.11　整流滤波及稳压电路

4.11.1　实验目的

(1) 研究单相桥式整流、电容滤波电路的特性;

(2) 熟悉集成稳压器的特点,会合理选择使用;

(3) 掌握集成稳压电源主要技术指标的测试方法;

(4) 了解整流滤波电路的主要技术指标。

4.11.2 知识点

整流、滤波、稳压

4.11.3 实验原理

电子设备一般都需要直流电源供电。这些直流电除了少数直接利用干电池和直流发电机外,大多数是采用把交流电(市电)转变为直流电的直流稳压电源。

小功率稳压电源由电源变压器、整流电路、滤波电路和稳压电路四部分组成。其原理框图如图 4.11.1 所示。电网供给的交流电压 u_1(220 V,50 Hz)经电源变压器降压后,得到符合电路需要的交流电压 u_2,然后由整流电路变换成方向不变、大小随时间变化的脉动电压 u_3,再用滤波器滤去其交流分量,就可得到比较平直的直流电压 U_i。由于该电压会随着电网电压波动、负载和温度的变化而变化,所以需接稳压电路,以维持输出直流电压的稳定。

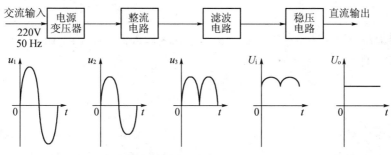

图 4.11.1 直流稳压电路框图

电容滤波电路如图 4.11.2 所示。它的特点是结构简单、负载直流电压 U_o 较高、纹波较小。它的缺点是输出特性较差,故适用于负载电压较高、负载变动不大的场合。加了电容滤波以后,整流电路的平均输出电流提高了,而整流二极管的导电角却减小了。整流管在短暂的导电时间内会流过一个很大的冲击电流,所以必须选择电流容量较大的整流二极管。通常选择其最大整流平均电流 I_F 大于负载电流的 2～3 倍。

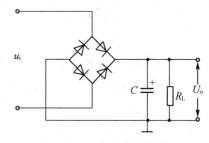

图 4.11.2 电容滤波电路

为了得到比较好的滤波效果,在工程实际中,电容滤波电路经常根据下式来选择滤波电容的容量:

$$R_L C \geqslant (3-5)\frac{T}{2}$$

式中,T 在全波或桥式整流情况下为电网交流电压的周期,在半波整流情况下为电网交流电压周期的两倍。

稳压电路现在一般都采用集成稳压器来做。集成稳压器具有体积小、重量轻、使用方便、温度特性好和可靠性高等一系列优点。

稳压电源的主要质量指标有:

(1) 稳压系数 S_r 及电压调整率 S_V

稳压系数定义为负载一定时稳压电路输出电压相对变化量与其输入电压相对变化量之比,即

$$S_r = \frac{\Delta U_o/U_o}{\Delta U_i/U_i}\bigg|_{R_L=常数}$$

在额定负载一定,输入电压相对变化 $\pm 10\%$ 的情况下,输出电压的相对变化量即为电压调整率。即

$$S_V = \left(\frac{\Delta U_o}{U_o}\bigg/\Delta U_i\right) \times 100\%$$

(2) 输出电阻 R_o 及电流调整率 S_i

输出电阻是稳压电路输入电压一定时输出电压变化量与输出电流变化量之比,即

$$R_o = \frac{\Delta U_o}{\Delta I_o}\bigg|_{U_i=常数}$$

在输入电压一定的情况下,负载电流从 0 变化到最大值 I_{Lmax},输出电压的相对变化量即为电流调整率。即

$$S_i = \frac{\Delta U_o}{U_o} \times 100\%$$

(3) 纹波电压 U_r

纹波电压是指叠加在输出电压 U_o 上的交流分量。用示波器观测其峰—峰值,ΔU_{op-p} 一般为毫伏级。也可以用交流电压表测量其有效值,但因 ΔU_o 不是正弦波,所以用有效值衡量其纹波电压,存在一定误差。

集成稳压器一般不需外接元件,并且内部有限流保护、过热保护和过压保护,使用方便、安全。在使用时一般在集成稳压器外壳加装适当大小的散热片,当整流器能够提供足够的输入电流时,稳压器可提供相应的输出电流;若散热条件不够时,集成稳压器中的过热保护电路还可以起到保护作用。常见的集成稳压器分为多端式和三端式。三端式集成稳压器外部只有三个引线端子,分别为输入端、输出端和公共端。

集成三端稳压器种类较多,这里仅介绍常用的几种。

(1) 三端固定正输出稳压器

LM7800 系列,通常有金属外壳封装和塑料外壳封装两种。按其输出最大电流划分(在足够的散热条件情况下):LM78Lxx 100 mA;LM78Mxx 500 mA;LM78xx 1.5 A。按其输出固定正电压划分:7 805、7 806、7 808、7 810、7 812、7 815、7 818、7 824。例如 LM78L05 输出电压 $U_o = 5$ V,输出最大电流 $I_{om} = 100$ mA。

(2) 三端固定负输出稳压器

LM7900 系列。同样按输出最大电流划分为 LM79Lxx、LM79Mxx、LM79xx,按其输出固定负电压划分为 7 905、7 906、7 908、7 910、7 912、7 915、7 918、7 924。

(3) 三端可调正输出稳压器

LM117/217/317 系列,按最大输出电流划分,如 LM317L 100 mA;LM317M 0.5 A;

LM317 1.5 A。通过改变调整端对地外接电阻的阻值即可调整输出正电压在 1.25～37 V 范围内变化(输入输出压差 $U_i-U_o\leqslant40$ V)。

（4）三端可调负输出稳压器

LM137/237/337 系列,可调整输出电压在－1.25 V～－37 V 范围内变化。

三端线性稳压芯片使用注意事项一般有以下几点:

（1）稳压芯片的输入电压和输出电压必须要有一个差值。稳压芯片的输入电压和输出电压极性应该相同,并且一般输入电压的绝对值至少要比输出电压的绝对值大 3 V。

为保证稳压器在电网电压较低时仍处于稳压状态,应满足 $U_i\geqslant U_{omax}+(U_i-U_o)_{min}$。其中,$(U_i-U_o)_{min}$ 是稳压器最小输入/输出压差,典型值为 3 V。

当输入 220 V 交流电压在 ±10% 变化时,稳压电源也应该能正常工作。为保证稳压器安全工作,一般应满足 $U_i\leqslant U_{omin}+(U_i-U_o)_{max}$。其中,$(U_i-U_o)_{max}$ 为稳压器允许的最大输入/输出压差,典型值为 35 V。

（2）将稳压芯片反向连接则会造成永久损坏。在输入电压和输出电压极性相同的情况下,如果输入电压的绝对值,小于输出电压的绝对值,则稳压芯片会处在反向连接状态,从而造成损坏。

（3）三端线性稳压芯片的输出电流不允许大于它的最大输出电流。

（4）三端线性稳压芯片本身消耗的功率等于其输出电流和芯片本身压降的乘积,这个功率将引起稳压芯片的温升,所以应该对稳压芯片进行散热设计,使三端线性稳压芯片不至于因为温度过高而烧毁。

可调输出三端线性稳压芯片的基本应用如图 4.11.3 和图 4.11.4 所示。

图中,C_1、C_2、C_4 为滤波电容,对其的要求与固定电压输出稳压电路的相同。

可调正输出稳压电路的输出电压为:

$$U_o=1.25\left(1+\frac{R_2}{R_1}\right)$$

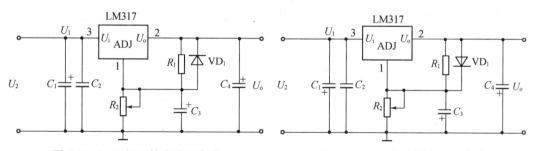

图 4.11.3　可调正输出稳压电路　　　　　　图 4.11.4　可调负输出稳压电路

可调负输出稳压电路的输出电压为:

$$U_o=-1.25\left(1+\frac{R_2}{R_1}\right)$$

其中,R_1 的选取应保证稳压芯片空载时集成稳压块也工作在正常工作状态,考虑到一般集成稳压块的正常工作电流是 5～10 mA,集成稳压块的内部基准电压值是 1.25 V,所以 R_1

一般取 120～240 Ω。电容 C_3 接在调整端和地之间,用以滤去电阻 R_2 上的纹波。

固定集成稳压芯片本身的输出电压不能满足要求时,也可通过外接电路来进行扩展。图 4.11.5 是一种简单的输出电压扩展电路,它通过改变原稳压芯片的接地端电压,从而达到调输出电压的目的。如 LM7812 稳压芯片的 3、2 端输出电压为 12 V,因此只要适当选择 R 的值,使稳压管 VD_W 工作在稳压区,则输出电压 $U_o = 12 + U_Z$,可以高于稳压芯片本身的输出电压。负电压输出稳压芯片的输出电压 $U_o = -12 - U_Z$。

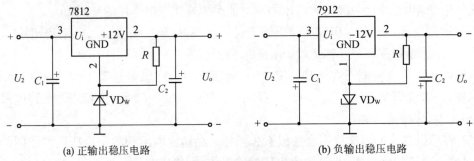

(a) 正输出稳压电路　　　　　　　　　　(b) 负输出稳压电路

图 4.11.5　固定输出三端稳压器输出电压的扩展

图 4.11.6 是一种简单的输出电流扩展电路。它是通过外接晶体管 VT 及电阻 R_1 来进行电流扩展的。在这个电路中,电阻 R_1 决定三极管的工作点,需要仔细设定。以正输出扩流电路为例,见图 4.11.6(a),电阻 R_1 的阻值由外接晶体管的发射结导通电压 U_{BE}、三端线性稳压芯片的输入电流 I_i(近似等于三端线性稳压芯片的输出电流 I_{oI})和 VT 的基极电流 I_B 来决定,即

$$R_1 = \frac{U_{ZI}}{I_R} = \frac{U_{ZI}}{I_I - I_R} = \frac{U_{ZI}}{I_{oZ} - \dfrac{I_C}{\beta}}$$

式中,I_C 为晶体管 VT 的集电极电流,它应等于 $I_C = I_o - I_{oI}$;β 为三极管 VT 的电流放大倍数;对于锗管 U_{BE} 可按 0.3 V 估算,对于硅管 U_{BE} 可按 0.7 V 估算。

图 4.11.6 中的电路以 7812 和 7912 为例进行扩流,实际上任意三端线性稳压芯片都可以采用这种方法进行扩流。LM317 和 LM337 的扩流当然也可以依此方法进行,读者可自行绘制 LM317 和 LM337 的扩流电路。

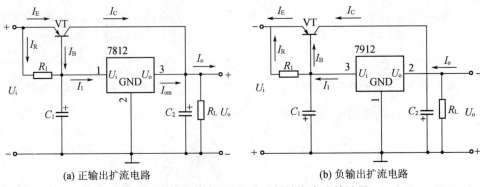

(a) 正输出扩流电路　　　　　　　　　　(b) 负输出扩流电路

图 4.11.6　固定输出三端稳压器输出电流的扩展

4.11.4 实验内容

1) 固定输出集成稳压电路

按照图 4.11.7 或图 4.11.8 连接实验电路。将变压器副边交流转换开关 A 接抽头 u_{22} 点（$u_{21}=19.8\ \text{V}$；$u_{22}=18\ \text{V}$；$u_{23}=16.2\ \text{V}$），接通 220 V 交流电源，完成以下稳压电压性能指标测试。

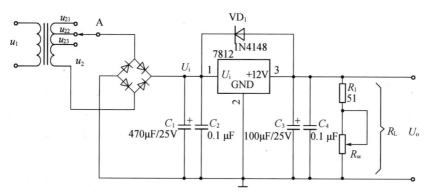

图 4.11.7　固定正输出稳压电路

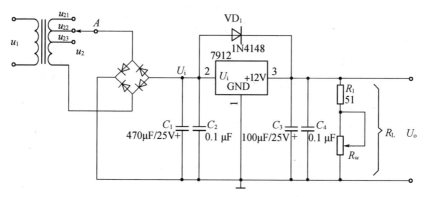

图 4.11.8　固定负输出稳压电路

（1）测量稳压系数 S_r 和电压调整率

① 将变压器副边交流转换开关 A 接抽头 u_{22} 点，调节 R_L 为 120 Ω，接通 220 V 交流电源，输出电压 U_o 应为 12 V。测量 U_i 的值记入表 4.11.1 中。

表 4.11.1　稳压系数测量数据记录

测试条件	交流输入电压	测量值		稳压系数 $S_r=(\Delta U_o/U_o)/(\Delta U_i/U_i)$	电压调整率 $(\Delta U_o/U_o)\times100\%$
		$U_o(\text{V})$	$U_i(\text{V})$		
$R_L=120\ \Omega$	$u_{21}=19.8\ \text{V}$				
	$u_{22}=18\ \text{V}$	12			
	$u_{23}=16.2\ \text{V}$				

② 保持 R_L 为 120 Ω 不变，将变压器副边交流转换开关 A 分别接抽头 u_{21} 和 u_{23} 点，即改变输入交流电压，变化 $\pm10\%$，分别为 19.8 V 和 16.2 V，测量稳压输出电压 U_o 和稳压电路

的输入电压 U_i。将结果记入表 4.11.1 中,并计算稳压系数 S_r 和电压调整率。

（2）测量输出电阻 R_o 及电流调整率

① 将变压器付边交流转换开关 A 接抽头 u_{22} 点,输入交流电压 u_1 为 220 V,调节 R_L 为 120 Ω,测量输出电压 U_o。

② 断开负载,保持 220 V 交流输入电压和 $u_{22}=18$ V 不变,测量此时的输出电压 U'_o 和输出电流 I_o,将结果记入表 4.11.2 中,并计算 R_o 和电流调整率。

表 4.11.2　　输出电压和输出电阻测量数据记录

测试条件	$R_L(\Omega)$	$U_o(V)$	$I_o(mA)$	$R_o=\lvert \Delta U_o\rvert/\lvert \Delta I_o\rvert$	电流调整率 $\Delta U_o/U_o\times100\%$
交流输入电压 220 V	120				
	0	∞			

（3）测量纹波电压 U_r

用示波器测量稳压输出 $U_o=12$ V, $I_o=100$ mA 时的纹波电压幅度 $\Delta U_{op\text{-}p}$,同时用毫伏表测量纹波电压 U_r 的大小。将数据记录在表 4.11.3 中。（I_o 可通过改变 R_L 直接用万用表测量）

表 4.11.3　　　纹波电压测量数据记录

$U_o(V)$	$I_o(A)$	$\Delta U_{op\text{-}p}(mV)$（示波器测量值）	$U_r(mV)$（毫伏表测量值）

2）可调正输出稳压电路

按照图 4.11.9 连接实验电路。将变压器付边交流转换开关 A 接抽头 U_{22} 点,接通 220 V 交流电源,

（1）调节电位器 R_2,测量并记录输出电压 U_o 的调节范围,即 U_{omin} 和 U_{omax}。

（2）调节电位器 R_2,使输出端直流电压 $U_o=10$ V,测量 u_2、U_i、电位器 R_2 滑动端到地的阻值及输出端直流电压 U_o 的值,并用示波器观察各点波形,记录在自拟表格中。

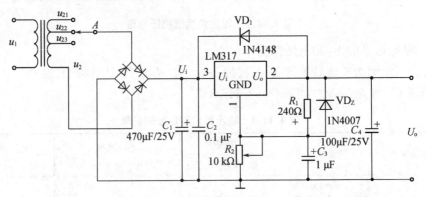

图 4.11.9　可调正输出稳压实验电路

3）可调负输出稳压电路

将变压器副边交流转换开关 A 接抽头 u_{22} 点,接通 220 V 交流电源(见图 4.11.10)。

（1）调节电位器 R_2,测量并记录输出电压 U_o 的调节范围,即 U_{omin} 和 U_{omax}。

(2) 调节电位器 R_2，使输出端直流电压 $U_o = -10$ V，测量 u_2、U_i、电位器 R_2 滑动端到地的阻值及输出端直流电压 U_o 的值，并用示波器观察各点波形，记录在自拟表格中。

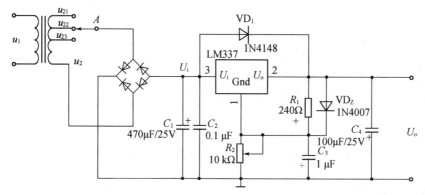

图 4.11.10　可调负输出稳压实验电路

4.11.5　预习要求

(1) 复习教材中有关稳压电路的工作原理及三端稳压器的使用方法。
(2) 预习稳压电路主要性能指标及其测量方法。

4.11.6　实验报告要求

(1) 简述实验电路的工作原理，画出电路并标注元件编号和参数值。
(2) 自拟表格整理实验数据，与理论值进行比较分析讨论。

4.11.7　思考题

(1) 整流滤波电路输出电压 U_o 是否会随负载变化？为什么？
(2) 实验中使用集成稳压器应注意哪些问题？
(3) 在整流滤波电路中，能否用双踪示波器同时观察 u_2 和 U_o 的波形？为什么？
(4) 在整流滤波电路中，如果某个二极管发生开路、短路或反接三种情况，将会出现什么问题？

4.11.8　实验仪器和器材

(1) 示波器 1 台；
(2) 交流毫伏表 1 台；
(3) 万用表 1 只；
(4) 多路输出变压器 1 台。

4.12 LC 振荡器及选频放大器

4.12.1 实验目的

(1) 研究 LC 正弦波振荡器的特性。
(2) 研究 LC 选频放大器的幅频特性。

4.12.2 知识点

LC 振荡器及选频放大器的原理,涉及性能参数的使用和测试。

4.12.3 实验原理

正弦波振荡器通常是利用正反馈原理构成的反馈振荡器,它是由放大器和反馈回路构成的闭合回路。根据选频网络的不同,可分为 RC 振荡器,LC 振荡器和晶体振荡器。LC 振荡器的频率通常在几十千赫到几十兆赫,主要用来产生高频正弦波信号,由于常用的集成运算放大器的频带较窄,所以 LC 振荡电路一般由分立元件组成,LC 振荡电路按照反馈方式

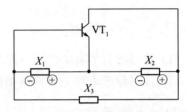

图 4.12.1 三点式 LC 振荡器的等效电路

不同,通常有变压器反馈式,电感三点式和电容三点式。图 4.12.1 为三点式 LC 振荡器的基本等效电路,根据相位平衡条件,同时对应其振荡电路中的三个电抗 X_1、X_2 必须为同性质电抗,X_3 必须为异性质电抗,即当回路谐振时($\omega=\omega_0$),$X_3=-(X_1+X_2)$。回路呈纯阻。当 X_1 和 X_2 均为容抗,X_3 为感抗,称为电容三点式 LC 振荡器(也称柯兹别克振荡器);若 X_1、X_2 为感抗,X_3 为容抗,则为电感三点式 LC 振荡器(也称哈特莱振荡器)。其中电容三点式具有较好的振荡波形和稳定性。电路形式简单,适于在较高的频段工作。

1) LC 并联谐振回路

上述三种 LC 振荡电路的共同特点是用 LC 并联谐振回路作为选频网络。LC 并联谐振回路电路如图 4.12.2 所示,其中 R 是折算到该回路的等效负载电阻及该回路本身的损耗电阻,通常较小。

其谐振角频率:

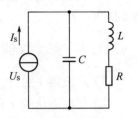

图 4.12.2 LC 并联谐振回路

$$\omega_0=\frac{1}{\sqrt{\left(1+\frac{1}{Q^2}\right)}\sqrt{LC}}, \quad Q=\frac{\omega_0 L}{R}$$

通常

$$Q\gg1,\text{因此 } \omega_0\approx\frac{1}{\sqrt{LC}}\text{或} f_0=\frac{1}{2\pi\sqrt{LC}}$$

Q 称为品质因数,它是 LC 并联谐振回路的重要指标,Q 越大,阻抗的相角在 ω_0 附近变

化越快,选频效果越好。

2) 选频放大电路

LC 并联谐振回路作为单管共射放大电路的集电极负载则可组成选频放大电路,如图 4.12.3 所示。该电路由于并联谐振回路的阻抗只是在信号频率 $f=f_0$ 时才呈现出最大值,且为纯电阻性,所以,输出幅度最大。而在其他频率时,集电极等效电阻很小,输出幅度也很小,同时,因为在 $f=f_0$ 时,为纯电阻性,则此时输出电压与输入电压反相,即 $\varphi_A=\pi$。

因为放大器只对谐振频率 f_0 的信号有放大作用,故称之为选频放大器。它是构成 LC 振荡器的基础。对应如图 4.12.3 所示电路。其谐振频率为:

$$f_0=\frac{1}{2\pi\sqrt{LC}}=\frac{1}{2\pi\sqrt{L\dfrac{C_1 C_2}{C_1+C_2}}}$$

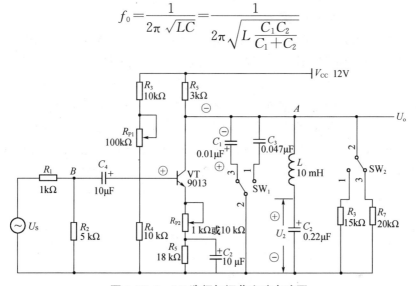

图 4.12.3　LC 选频与振荡实验电路图

3) 电容三点式正弦波振荡电路

在如图 4.12.3 所示选频放大电路中,将 B 点和 U_s、R_1、R_2 断开,改接到 C 点,即构成电容三点式正弦波振荡电路。(相位关系见图 4.12.3 中 +、− 所示,可对应图 4.12.1 分析)

(1) 静态工作点的调整

合理选择振荡器的静态工作点,对振荡器工作的稳定性及波形的好坏有一定的影响,偏置电路一般采用分压式偏置电路。在图 4.12.3 中即通过调整 R_{P1} 来调整分压比,使集电极电压调至 6 V 左右。

当振荡器稳定工作时,振荡器工作在非线性状态,通常是依靠晶体管本身的非线性实现稳幅。若选择晶体管进入饱和区来实现稳幅,则将使振荡回路的等效 Q 值降低,输出波形变差,频率稳定度降低。因此,一般在小功率振荡器中总是使静态工作点远离饱和区,靠近截止区。

(2) 振荡频率 f_0 的计算

$$f_0=\frac{1}{2\pi\sqrt{LC}}=\frac{1}{2\pi\sqrt{\dfrac{(C_3\times C_5)\times L}{C_3+C_4}}}=\frac{1}{6.28\sqrt{10\times10^3\dfrac{0.01\times0.22\times10^{-6}}{0.01+0.22}}}=16.28\text{ kHz}$$

(3) 反馈系数 $\dot{F}$ 的选择

$$\dot{F}(w_0) = \frac{\dot{U}_2}{\dot{U}_0} = \frac{C_1}{C_2}$$

通过适当选取 C_1、C_2 的比值,以获得足够大的反馈量,F 也不宜过大和过小,一般经验数据取值 $F \approx 0.1 \sim 0.5$。

同时,通过调整放大器射极反馈电阻 R_{P2},使放大电路具有足够的放大倍数,使振荡电路起振条件和振幅平衡条件得到满足和保证即 $\dot{A}\dot{F} = 1$,电路就能产生自激振荡。电容三点式振荡电路的反馈电压从电容器 C_2 的两端取得,所以对于高次谐波 C_2 的阻抗很小,使输出波形较好。而且 C_1 和 C_2 可以选择得很小,因而振荡频率可以很高,一般可达 100 MHz。

4)LC 振荡器的频率稳定度

频率稳定度是振荡器的重要技术标准,它表示在一定时间范围内或一定的温度、湿度、电源、电压等变化范围内振荡频率的相对变化程度,常用表达式:$\Delta f_0 / f_0$ 来表示(f_0 为所选择的测试频率,一般为标定频率;$\Delta f_0 = f_{02} - f_{01}$ 为振荡频率的频率误差,f_{02} 和 f_{01} 为不同时刻的 f_0),频率相对变化量越小,表明振荡频率的稳定度越高。由于振荡回路的元件是决定频率的主要因素,所以要提高频率稳定度,就要设法提高振荡回路的标准性,除了采用高稳定性和高 Q 值的回路电容和电感外,其振荡管可以采用部分接入,以减少晶体管极间电容和分布电容对振荡回路的影响,还可采用负温度系数元件实现温度补偿。

4.12.4　预习要求

(1) 用 LC 电路三点式振荡条件及频率计算方法,计算如图 4.12.2 所示电路中当电容 C 分别为 0.047 μF 和 0.01 μF 时的振荡频率。

(2) LC 选频放大器的频率特性分析方法。

4.12.5　实验内容

1)测试选频放大器的幅频特性

(1) 按如图 4.12.3 所示实验电路搭接电路,先接入电容 C_1(0.01 μF)。

(2) 调整合适静态工作点,通过调节 R_{P1},使晶体管 T 集电极 U_A 在 6 V 左右。

(3) 调整函数发生器输出的正弦波幅度和频率。先在理论计算的谐振频率 f_0 左右。先微调 f,同时用示波器和电子电压表观察输出电压 U_o(U_A)出现最大值的频点 f_0',即实际谐振频率点。依据此频率(f_0'),在不失真的条件下,尽可能使 U_o 较大,同时确定所对应的输入电压 U_S 值。

(4) 在 U_S 值保持不变的条件下,以 f_0' 为基点按表 4.12.1 递增和递减若干 Δf 分别测出对应的输出电压值,并按此表测量数据,绘出选频放大器的幅频特性曲线图。

(5) 将 C_1 改成 C_3(0.047 μF)重复以上实验步骤。

表 4.12.1　选频放大器的幅频特性测试表

频率 f(kHz)	$f_0' - 2$ kHz	$f_0' - 1$ kHz	$f_0' - 0.5$ kHz	f_0'	$f_0' + 0.5$ kHz	$f_0' + 0.5$ kHz	$f_0' + 0.5$ kHz
输出电压 U_o(V)							
A_u							

2）LC 振荡器的研究

将图 4.12.1 中的信号源 U_S、R_1、R_2 去除从 B 点引线至 C 点连接。构成电容三点式振荡电路。

（1）现将 R_{P2} 调至零，振荡器起振，并用示波器观测振荡器输出电压 U_o 的波形。

（2）调整负反馈可调电阻 R_{P2}，改变放大倍数。使被测正弦波调整为不失真且稳定的正弦波。此时满足 $\dot{A}\dot{F}=1$ 的振荡条件。

（3）测出振荡波的频率 f_0'' 和理论值 f_0 及选频放大器测出的实际值 f_0'，并进行误差计算与分析。

（4）用电子电压表分别测量 U_o（即 U_A）、U_B、U_2 的电压值，验证 $\dot{A}\dot{F}=1$ 的振荡条件。

（5）调整 R_{P2}，加大负反馈。观察振荡器是否停振。

（6）输出分别接入负载电阻 $R_7=20\ \text{k}\Omega$ 和 $R_8=15\ \text{k}\Omega$ 时，观察波形的变化。

4.12.6　实验报告要求

（1）由实验内容（1）测试的数据，作出选频放大器的 $|A_u|-f$ 曲线。

（2）记录实验内容（2）的各步实验现象，并解释原因。

（3）总结负反馈对振荡幅度和波形的影响。

（4）分析静态工作点对振荡条件和波形的影响。

4.12.7　思考题

（1）振荡电路起振的基本条件是什么？

（2）结合如图 4.12.1 所示电路分析如何调节电路参数使电路满足振荡条件而起振。

4.12.8　实验仪器和器材

（1）示波器　1 台；

（2）函数发生器　1 台；

（3）频率计　1 台；

（4）实验箱　1 台；

（5）阻容元件若干。

4.13　555 集成定时器及其应用

4.13.1　实验目的

（1）了解 555 集成定时器的电路结构和工作原理。

（2）熟悉定时元件 RC 对振荡周期和脉冲宽度的影响。

（3）通过 555 集成定时器的典型应用电路的设计，掌握集成定时器的基本功能及基本应用电路的设计与调试方法。

4.13.2　知识点

555 定时器、单稳态触发器、多谐振荡器、施密特触发器。

4.13.3　实验原理

555 集成定时器(又称时基集成电路)是一种多用途的模拟与数字混合的单片中规模集成电路,由于内部电压基准采用了三个 5 kΩ 电阻故取名 555 电路。它巧妙地将模拟功能与逻辑功能结合在一起,具有使用灵活、方便的特点,只需要外接少量的阻容元件就可以构成单稳、多谐和施密特触发器,因而在测量与控制、波形产生与变换、家用电器和电子玩具等诸多领域得到广泛的应用。

555 式集成定时器按其工艺可分为双极型和 CMOS 型两类。常见封装为双列直插塑料封装形式,又分为单定时器和双定时器两种。其功能引脚如图 4.13.1 所示。

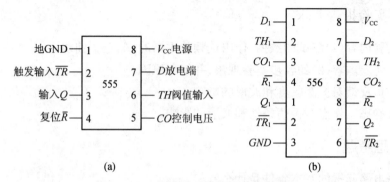

图 4.13.1　集成定时器电路功能引脚图

双极型单定时器和双定时器型号分别为 NE555 和 NE556。CMOS 型单定时器和双定时器型号分别为 CC7555 和 CC7556。无论双极型或是 CMOS 型定时器,二者工作原理类似,逻辑功能和引脚排列也完全相同。一般双极型定时器具有较大的驱动能力,工作电压范围为 4.5～16 V,最大负载电流可达 200 mA;而 CMOS 型定时器具有输入阻抗高、低功耗等优点,其工作电压范围为 3～18 V,最大负载电流在 4 mA 以下。其输出电压可与 TTL、CMOS 及运算放大器的电平相兼容。例如,当 NE555 工作电压 $V_{CC}=+5$ V 时其电源电流 $I_{CC}=3$ mA,输出低电平 $U_{OL}=0.25$ V,吸电流 $I_{OL}=5$ mA,输出高电平 $U_{OH}=3.3$ V,放电流 $I_{OH}=100$ mA。使用中要注意的是,555 在转换瞬间其最大电流可达 350 mA 以上,易引起电源干扰,对电源应加高频去耦电容,而 CC7555 则不需要。

图 4.13.2 给出了 NE555 的电路原理框图,其内部电路结构及工作原理介绍如下:

1)单定时器的内部结构

(1)电压比较器

两个相同的电压比较器 C_1 和 C_2;其中 C_1 的同相端接基准电压,反相端接外触发输入电压,称高触发端 TH。电压比较器 $\dot{C_2}$ 的反相输入端接基准电压,其同相端接外触发电压,称低触发端 $\overline{TR}$。

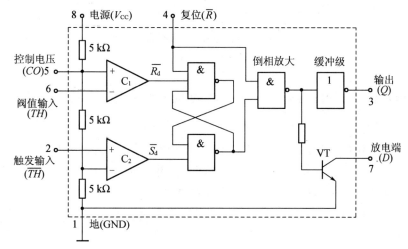

图 4.13.2　集成定时器电路框图

（2）基本 RS 触发器

它由交叉耦合的两个与非门组成。比较器 C_1 的输出作为基本 RS 触发器的复位输入 $\overline{R}_d$，比较器 C_2 的输出作为基本 RS 触发器的置位输入 $\overline{S}_d$。此外，还有一个直接复位控制端 $\overline{R}$（4 脚）。

（3）分压器

由 3 个阻值为 5 kΩ 的电阻组成分压器，将电源电压 V_{CC} 分压后分别对比较器 C_1、C_2 提供基准电压，因 1 脚接地，则 C_1 的基准电压为 $\frac{2}{3}V_{CC}$，C_2 的基准电压为 $\frac{1}{3}V_{CC}$。同时，C_1 的基准电压端 5 脚也可以外接控制电压，此时，C_1 与 C_2 的基准电压将随外接控制电压而变化。当 5 脚不接外部控制电压时，通常将 5 脚对地接一个 $0.01\ \mu F$ 的小电容，以滤除高频干扰。

（4）放电三极管及缓冲器

为完成外电路的充、放电及满足电平转移的需要，将放电开关管 VT 接成漏极开路（CMOS 型）或集电极开路（双极型）形式，放电开关管 VT 的饱和或截止由基本 RS 触发器的 $\overline{Q}$ 端电平的高低来控制。

缓冲器由反相器构成，其作用是提高定时器的带负载能力并隔离负载对定时器的影响。

2）555 集成定时器的工作原理

由 555 集成定时器的电路原理图可知：

当 5 脚悬空时，比较器 C_1 和 C_2 的比较电压分别为 $\frac{2}{3}V_{CC}$ 和 $\frac{1}{3}V_{CC}$。

（1）当 $u_{i1} > \frac{2}{3}V_{CC}$，$u_{i2} > \frac{1}{3}V_{CC}$ 时，比较器 C_1 输出低电平，C_2 输出高电平，基本 RS 触发器被置 0，放电三极管 VT 导通，输出端 u_o 为低电平。

（2）当 $u_{i1} < \frac{2}{3}V_{CC}$，$u_{i2} < \frac{1}{3}V_{CC}$ 时，比较器 C_1 输出高电平，C_2 输出低电平，基本 RS 触发器被置 1，放电三极管 VT 截止，输出端 u_o 为高电平。

（3）当 $u_{i1} < \frac{2}{3}V_{CC}$，$u_{i2} > \frac{1}{3}V_{CC}$ 时，比较器 C_1 输出高电平，C_2 输出高电平，即基本 RS 触

发器$\overline{R}_d=1$，$\overline{S}_d=1$，触发器状态不变，电路亦保持原状态不变。

因阈值输入端(u_{i1})为高电平$\left(<\frac{2}{3}V_{CC}\right)$时，定时器输出低电平，故将该端称为高触发端($TH$)。

因触发输入端(u_{i2})为低电平$\left(<\frac{1}{3}V_{CC}\right)$时，定时器输出高电平，故将该端称为低触发端($\overline{TR}$)。

当在电压控制端(5 脚)施加一个外加电压(其值在 0～V_{CC}之间)，比较器的参考电压将发生变化，电路相应的阈值、触发电平也将随之变化，并进而影响电路的工作状态。

$\overline{R}$ 为直接复位输入端，只要 $\overline{R}$ 接低电平，则无论高触发端 TH，低触发端$\overline{TR}$及电路原态输出状态如何，定时器均输出 0，放电开关管 VT 饱和导通。555 定时器正常工作时，一般应将其接高电平。

综上所述，555 集成定时器的功能如表 4.13.1 所示。

表 4.13.1　555 集成定时器功能表

$\overline{R}$	TH	$\overline{TR}$	Q^{n+1}	T	功　能
0	x	x	0	导通	直接复位
1	$>\frac{2}{3}V_{CC}$	$>\frac{1}{3}V_{CC}$	0	导通	直接复位
1	$<\frac{2}{3}V_{CC}$	$<\frac{1}{3}V_{CC}$	1	截止	置1
1	$<\frac{2}{3}V_{CC}$	$>\frac{1}{3}V_{CC}$	Q^n	不变	保持

3) 555 集成定时器的基本应用电路

555 集成定时器的应用电路较多，本节主要介绍单稳态触发器、多谐振荡器和施密特触发器三种基本应用电路。

(1) 单稳态触发器

单稳态触发器在数字系统和装置中，通常用于定时、整形以及延时等。其工作过程具有下列特点：① 它有一个稳定状态和一个暂稳状态，② 在外来触发脉冲作用下，能够由稳定状态翻转到暂稳状态，③ 暂稳状态维持一段时间后，将自动返回到稳定状态。暂稳态时间的长短，与触发脉冲无关，仅决定于电路本身的参数。

用 555 集成定时器构成的单稳态触发器及其工作波形如图 4.13.3 所示。

① 无触发信号输入时电路工作在稳定状态

当电路无触发信号时，U_I 保持高电平，电路工作在稳定状态，即输出端 U_O 保持低电平，555 内部放电三极管 T 饱和导通，管脚 7 接地，电容电压 U_C 为 0 V。

② U_I 下降沿触发

当 U_I 下降沿到达时，555 触发输入端(2 脚)由高电平跳变为低电平，电路被触发，U_O 由低电平跳变为高电平，电路由稳态转入暂稳态。

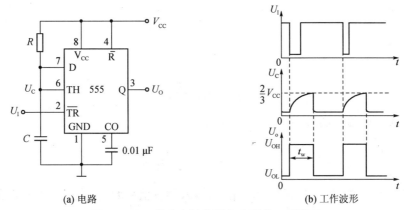

(a) 电路　　　　　　　　　　(b) 工作波形

图 4.13.3　单稳态触发器电路及其工作波形

③ 暂稳态的维持时间

在暂稳态期间,555 内放电三极管 VT 截止,V_{CC} 经 R 向 C 充电。其充电回路为 $V_{CC} \rightarrow R \rightarrow C \rightarrow$ 地,时间常数 $\tau_1 = RC$,U_C 由 0 V 开始增大,在 U_C 上升到阈值电压 $\frac{2}{3}V_{CC}$ 之前,电路保持暂稳态不变。

④ 自动返回(暂稳态结束)时间

当 U_C 上升至阈值电压 $\frac{2}{3}V_{CC}$ 时,输出电压 U_o 由高电平跳变为低电平,放电三极管 VT 由截止转化为饱和导通,管脚"7"接地,电容 C 经三极管对地迅速放电,电压 U_C 由 $\frac{2}{3}V_{CC}$ 迅速降至 0 V(放电三极管的饱和压降),电路由暂稳态重新转入稳态。

⑤ 恢复过程

当暂稳态结束后,电容 C 通过 VT 放电,时间常数 $\tau_2 = R_{CES}C$,式中 R_{CES} 是三极管 VT 的饱和导通电阻,其阻值非常小,因此 τ_2 之值也非常小。经过 3～5 个周期的 τ_2 之后,电容 C 放电完毕,恢复过程结束。电路返回到稳定状态,单稳态触发器可以继续接收下一个触发信号,重复上述过程。

单稳态触发器的主要技术参数有:

① 输出脉冲宽度 t_W

输出脉冲宽度就是暂稳态维持时间,即定时电容的充电时间:

$$t_W \approx 1.1RC$$

上式表明,单稳态触发器输出脉冲宽度 t_W 仅取决于定时元件 R、C 的取值,与输入触发信号和电源电压无关,调节 R、C 的取值,即可调节 t_W。

注意,在 t_W 时间内不能再次输入触发脉冲,即触发输入信号的脉宽应不小于 t_W。

② 恢复时间 t_{re}

一般认为 $t_{re} = (3 \sim 5)\tau_2$,电容放电完毕。

③ 最高工作频率 f_{max}

当输入触发信号周期为 T 的连续脉冲 U_I 时,为保证单稳态触发器能够正常工作,应满足以下条件：

$$T > t_W + t_{re}$$

即 U_I 周期的最小值 T_{min} 应为：

$$T_{min} = t_W + t_{re}$$

因此，单稳态触发器的最高工作频率为：

$$f_{max} = \frac{1}{T_{min}} = \frac{1}{t_W + t_{re}}$$

需要指出的是，在图 4.13.9 所示电路中，输入触发信号 U_I 低电平的保持时间必须小于电路输出 U_O 的脉冲宽度，否则电路将不能正常工作。因此当单稳态触发器被触发翻转到暂稳态后，如果 U_I 端的低电平一直保持不变，那么 555 集成定时器的输出端将会一直保持低电平。

（2）多谐振荡器

多谐振荡器是一种产生矩形脉冲波的自激振荡器。多谐振荡器一旦起振之后，电路没有稳态，只有两个暂稳态交替变化，输出连续的矩形脉冲信号，因此又称为无稳态电路，常用来设计脉冲信号源。

用 555 集成定时器构成的多谐振荡器及其工作波形如图 4.13.4 所示。

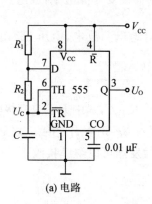

(a) 电路

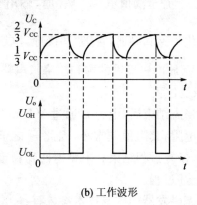

(b) 工作波形

图 4.13.4　多谐振荡器及工作波形

多谐振荡器的主要技术参数有：

① 电容充电时间 T_{PH}

电容充电时，时间常数 $\tau_1 = (R_1 + R_2)C$，起始值 $u_C(0^+) = \frac{1}{3}V_{CC}$，终了值 $u_C(\infty) = V_{CC}$，转换值 $u_C(T_{PH}) = \frac{2}{3}V_{CC}$。$T_{PH}$ 从 $\frac{1}{3}V_{CC}$ 充电到 $\frac{2}{3}V_{CC}$ 所需的时间：

$$T_{PH} \approx 0.7(R_1 + R_2)C$$

② 电容放电时间 T_{PL}

电容放电时，时间常数 $\tau_2 = R_2 C$，起始值 $u_C(0^+) = \frac{2}{3}V_{CC}$，终了值 $u_C(\infty) = 0$，转换值 u_C

$(T_{PL}) = \frac{1}{3}V_{CC}$。$T_{PL}$ 从 $\frac{2}{3}V_{CC}$ 放电到 $\frac{1}{3}V_{CC}$ 所需的时间：

$$T_{PL} \approx 0.7R_2C$$

③ 电路振荡周期 T

$$T = T_{PH} + T_{PL} = 0.7(R_1 + 2R_2)C$$

④ 电路振荡频率 f

$$f = \frac{1}{T} = \frac{1.43}{(R_1 + 2R_2)C}$$

⑤ 输出波形占空比 D

$$D = \frac{T_{PH}}{T} = \frac{R_1 + R_2}{R_1 + 2R_2}$$

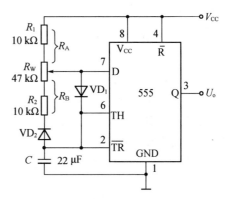

图 4.13.5　多谐振荡器(周期固定,占空比可调)

如图 4.13.5 所示电路 $T_{PL} \neq T_{PH}$,而且占空比不可调整,将图 4.15.1 电路改接成图 4.13.5 的形式,利用二极管的单向导电原理将电容的充放电回路分开,并采用电位器进行调节便构成了占空比可调的多谐振荡器。其工作过程自行分析。

（3）施密特触发器

施密特触发器能将边沿变化缓慢的电压波形整形为边沿陡峭的矩形脉冲波形,成为适合于数字电路需要的脉冲,由于具有滞回特性,所以抗干扰能力很强。在脉冲的产生和整形电路中得到广泛应用。

555 集成定时器构成的施密特触发器电路、工作波形及电压传输特性如图 4.13.6 所示。

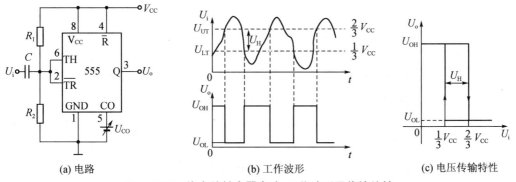

(a) 电路　　　　　　(b) 工作波形　　　　　　(c) 电压传输特性

图 4.13.6　施密特触发器电路、工作波形及传输特性

分析可知,其上限阈值电平 U_{UT} 和下限阈值电平 U_{LT} 分别为：

$$U_{UT} = \frac{2}{3}V_{CC}$$

$$U_{LT} = \frac{1}{3}V_{CC}$$

回差电压：

$$U_{\mathrm{H}} = U_{\mathrm{UT}} - U_{\mathrm{LT}} = \frac{1}{3} V_{\mathrm{CC}}$$

若在电压控制端(5 脚)外加控制电压 U_{CO}。则可以通过调节 V_{CO} 来改变施密特触发器的上、下限阈值电平及回差电压 U_{H}。

4.13.4　实验内容

1) 试用 555 定时器设计一个间歇单音发生器。具体指标如下：

(1) 参考电路如图 4.13.7 所示,由两块 555 集成定时器分别连接成振荡频率不同的多谐振荡器电路构成。试设计单音频率约为 380 Hz,其间歇周期约为 0.8 s 的间歇单音发生器电路。(占空比不做要求)

(2) 若要求发生器的发音时间远大于休止时间,且保持间歇周期不变,试设计电路并确定参数。

(3) 用示波器观察其输出波形并测量 U_{o1}、U_{o2} 的幅值和周期 T_1、T_2,画出理论工作波形并进行分析。

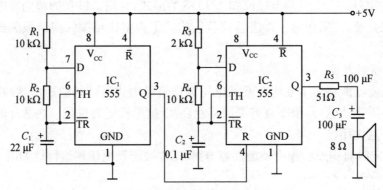

图 4.13.7　间歇单音发生器

2) 滑音输出电路

滑音是高低两种音调交替出现的结果,如图 4.13.8 所示是用 555 集成定时器构成的滑音电路,I_{C_1} 输出的低频方波经 RC 积分电路送至 I_{C_2} 的外接基准电压控制端 CO 构成。具体指标如下：

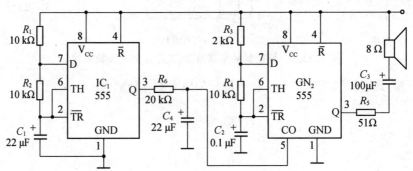

图 4.13.8　滑音输出电路

（1）调节 100 kΩ 电位器使 I_{C_1} 的振荡频率约为 1 Hz 左右（用示波器观察其输出波形）。

（2）缓慢调节电位器 W_2，改变滑音的变化程度。

（3）在 W_2 最大时用示波器观察其输出波形并测量 U_{o1}、U_{o2} 的幅值和周期 T_1、T_2，画出理论工作波形并进行分析。

4.13.5 预习要求

（1）熟悉 555 集成定时器芯片的引脚、电路组成、基本功能及基本应用电路。

（2）按实验内容要求，设计电路、估算参数并画出理论工作波形。

4.13.6 实验报告要求

（1）实测间歇单音发生器的输出波形，记录单音频率间歇周期值并与理论计算值相比较，说明误差原因。

（2）分析滑音发生器电路的工作原理。

4.13.7 思考题

（1）如图 4.13.10 所示多谐振荡器的输出波形，其占空比能达到 50% 吗？若不能，请作改动设计一占空比 $D=0.4$ 的多谐振荡器，并简述其工作过程。

（2）简述间歇单音发生器的工作原理。

4.13.8 实验仪器和器材

（1）示波器 1 台；

（2）函数信号发生器 1 台；

（3）实验箱 1 台；

（4）直流稳压源 1 台；

（5）万用表 1 只；

（6）555 集成定时器 2 片、电阻电容若干。

5 电子技术仿真及 EDA 技术

Multisim 10 是基于 PC 机平台的电子设计软件,支持模拟和数字混合电路的分析和设计,创造了集成的一体化设计环境,把电路的输入、仿真和分析紧密地结合起来,实现了交互式的设计和仿真,是 NT 公司早期 EWB5.0、Multisim 2001、Multisim 7、Multisim 8.x、Multisim 9 等版本的升级换代产品。Multisim 10 提供了功能更强大的电子仿真设计界面,能进行包括微控制器件、射频、PSPICE、VHDL 等方面的各种电子电路的虚拟仿真,提供了更为方便的电路图和文件管理功能,且兼容 Multisim 7 等,可在 Multisim 10 的基本界面下打开在 Multisim 7 等版本软件下创建和保存的仿真电路。

近些年来,电子设计自动化(EDA)技术发展迅速。一方面,各种大容量、高性能、低功耗的可编程逻辑器件不断推出,使得专用集成电路(ASIC)的生产商感受到空前的竞争压力。另一方面,出现了许多 EDA 设计辅助工具,这些工具大大提高了新型集成电路的设计效率,使更低成本、更短周期的复杂数字系统开发成为可能。于是一场 ASIC 与 FPGA/CPLD 之争在所难免。然而 PLD 器件具有先天的竞争优势,那就是可以反复编程,在线调试。EDA 技术正是这场较量的推动引擎之一。一般来说,EDA 技术就是以计算机为平台,以 EDA 软件工具为开发环境,以 HDL 为设计语言,以可编程器件为载体,以 ASIC、SOC 芯片为目标器件,以电子系统设计为应用方向的电子产品自动化设计过程。设计者只需编写硬件描述语言代码,然后选择目标器件,在集成开发环境里进行编译,仿真,综合,最后在线下载调试。整个过程,大部分工作由 EDA 软件完成。全球许多著名的可编程器件提供商都推出了自己的集成开发工具软件,如 Altera 公司的 Max＋plus Ⅱ、Quartus Ⅱ 软件;Xilinx 公司的 Foundation、ISE 软件,Lattice 公司的 ispExpert 软件,Actel 公司的 Libero 软件等。这些软件的推出,极大地促进了集算法设计、芯片编程、电路板设计于一体的 EDA 技术的发展。另外,在以 SOC 芯片为目标器件的电子系统设计要求下,可编程器件的内部开始集成高速的处理器硬核、处理器软核、DSP 模块、大量的存储资源、高速的串行收发模块、系统时钟管理器、多标准的 I/O 接口模块,亦使得设计者更加得心应手,新一轮的数字革命由此引发。

5.1 Multisim 10 基本操作

5.1.1 基本界面

Multisim 的基本界面见图 5.1.1 所示。

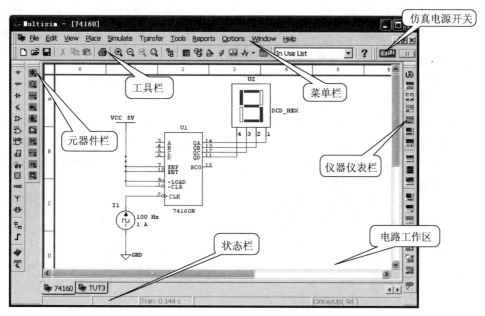

图 5.1.1 Multisim 基本界面

5.1.2 文件基本操作

与 Windows 常用的文件操作一样,Multisim 10 中也有:

New(新建文件)、Open(打开文件)、Save(保存文件)、Save As(另存文件)、Print(打印文件)、Print Setup(打印设置)和 Exit(退出)等相关的文件操作。

以上这些操作可以在菜单栏"File"的子菜单下选择命令,也可以应用快捷键或工具栏的图标进行快捷操作。

5.1.3 元器件基本操作

常用的元器件编辑功能有:90 Clockwise(顺时针旋转 90°)、90 CounterCW(逆时针旋转 90°)、Flip Horizontal(水平翻转)、Flip Vertical(垂直翻转)、Component Properties(元件属性)等(见图 5.1.2)。这些操作可以在菜单栏"Edit"的子菜单下选择命令,也可以应用快捷键进行快捷操作。

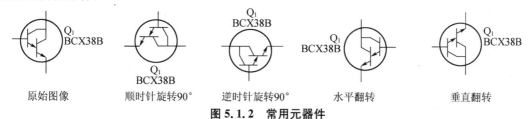

| 原始图像 | 顺时针旋转90° | 逆时针旋转90° | 水平翻转 | 垂直翻转 |

图 5.1.2 常用元器件

5.1.4 文本基本编辑

对文字的注释方式有两种:直接在电路工作区输入文字或者在文本描述框输入文字,两种操作方式有所不同。

1) 电路工作区输入文字

单击"Place"→"Text"命令或使用〈Ctrl〉+〈T〉快捷操作,然后用鼠标单击需要输入文字的位置,输入需要的文字。用鼠标指向文字块,单击鼠标右键,在弹出的菜单中选择"Color"命令,选择需要的颜色。双击文字块,可以随时修改输入的文字。

2) 文本描述框输入文字

利用文本描述框输入文字不占用电路窗口,可以对电路的功能、实用说明等进行详细的说明,可以根据需要修改文字的大小和字体。单击"View"→"Circuit Description Box"命令或使用快捷操作〈Ctrl〉+〈D〉,打开电路文本描述框(见图5.1.3),在其中输入需要说明的文字,可以保存和打印输入的文本。

图 5.1.3　文本描述框

5.1.5　图纸标题栏编辑

单击"Place"→"Title Block"命令,在打开对话框的查找范围处指向"Multisim"→"Title Blocks"目录,在该目录下选择一个"＊.tb7"图纸标题栏文件,放在电路工作区。

用鼠标指向文字块,单击鼠标右键,在弹出的菜单中选择"Modify Title Block Data"命令。如图5.1.4所示。

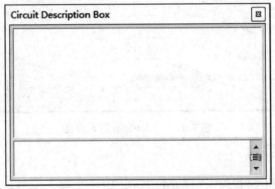

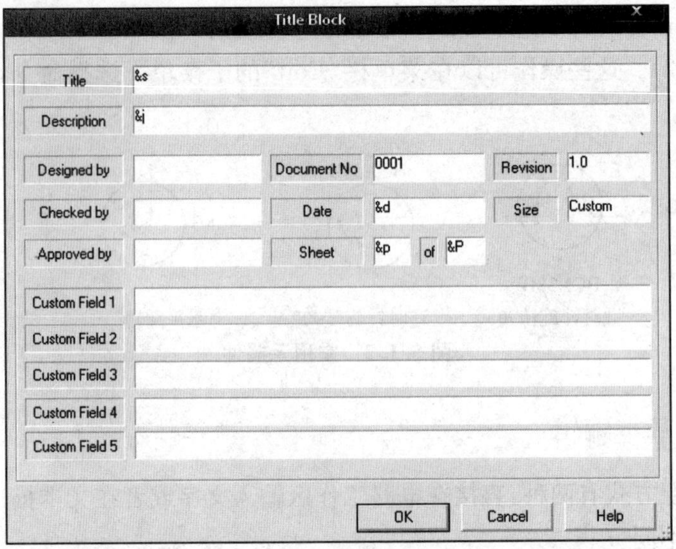

图 5.1.4　图纸标题栏

5.1.6 子电路创建

子电路是用户自己建立的一种单元电路。将子电路存放在用户器件库中,可以反复调用并使用子电路。利用子电路可使复杂系统的设计模块化、层次化,可增加设计电路的可读性,提高设计效率,缩短电路周期。创建子电路的工作需要以下几个步骤:选择、创建、调用、修改。

子电路创建:单击"Place"→"Replace by Subcircuit"命令,屏幕出现"Subcircuit Name"的对话框在其中输入子电路名称"sub1",单击"OK",选择电路复制到用户器件库,同时给出子电路图标,完成子电路的创建。

子电路调用:单击"Place"→"Subcircuit"命令或使用〈Ctrl〉+〈B〉快捷操作,输入已创建的子电路名称"sub1",即可使用该子电路。

子电路修改:双击子电路模块,在出现的对话框中单击"Edit Subcircuit"命令,屏幕显示子电路的电路图,直接修改该电路图。

子电路的输入/输出:为了能对子电路进行外部连接,需要对子电路添加输入/输出。单击"Place"→"HB"→"SB Connecter"命令或使用〈Ctrl〉+〈I〉快捷操作,屏幕上出现输入/输出符号,将其与子电路的输入/输出信号端进行连接。带有输入/输出符号的子电路才能与外电路连接。

子电路选择:把需要创建的电路放到电子工作平台的电路窗口上,按住鼠标左键拖动,选定电路。被选择电路的部分由周围的方框标示,完成子电路的选择。

5.2 Multisim 10 电路创建

5.2.1 元器件

1)选择元器件

在元器件栏中单击要选择的元器件库图标,打开该元器件库。在屏幕出现的元器件库对话框中选择所需的元器件,常用元器件库有 13 个:信号源库、基本元件库、二极管库、晶体管库、模拟器件库、TTL 数字集成电路库、CMOS 数字集成电路库、其他数字器件库、混合器件库、指示器件库、其他器件库、射频器件库、机电器件库等。

2)选中元器件

鼠标点击元器件,可选中该元器件。

3)元器件操作

选中元器件,单击鼠标右键,在菜单中出现如图 5.2.1 所示的操作命令,表 5.2.1 为具体元器件的操作命令。

4)元器件特性参数

双击该元器件,在弹出的元器件特性对话框中,可以设置或编辑元器件的各种特性参数。元器件不同,每个选项下将对应不同的参数。

例如:NPN 三极管的选项为:Label(标识)、Display(显示)、Value(数值)、Pins(管脚)。

表 5.2.1　元器件操作命令

命令名称	功能注释
Cut	剪贴所选对象到剪贴板
Copy	复制所选对象到剪贴板
Paste	粘贴剪贴板中的内容到工作区中
Delete	删除所选对象
Filp Horizontal	将选中对象水平翻转
Filp Vertical	将选中对象垂直翻转
90 Clockwise	将选中对象顺时针旋转 90º
90 CounterCW	将选中对象逆时针旋转 90º
Bus Vector Connect	显示总线向量连接器对话框
Replace by Hierarchical Block	用层次电路模块替换
Replace by Subcircuit	用子电路模块替换
Replace Components	用新元件替换当前元件
Edit Symbol/Title Block	编辑当前元件的符号或标题块
Reverse Probe Direction	为选中的仪器探针或电流探针设置反极性
Change Color	改变所选对象的颜色
Font	字体设置
Properties	打开所选元件或仪器的属性对话框

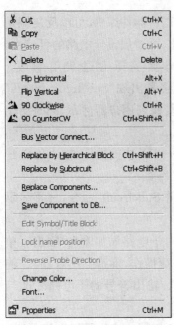

图 5.2.1　元器件操作菜单

5.2.2　电路图

选择菜单"Options"栏下的"Sheet Properties"命令,出现如图 5.2.2 所示的对话框,每个选项下又有各自不同的对话内容,用于设置与电路显示方式相关的选项。

(1) Circuit 选项

Show 栏目的显示控制如下:

Labels 标签

RefDes 元件序号

Values 值

Attributes 属性

Pin names 管脚名字

Pin numbers 管脚数目

(2) Workspace 环境

Sheet size 栏目实现图纸大小和方向的设置;Zoom level 栏目实现电路工作区显示比例的控制。

(3) Wiring 连线

Wire width 栏目设置连接线的线宽;Autowire 栏目控制自动连线的方式。

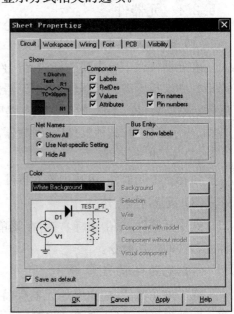

图 5.2.2　"Sheep Properties"对话框

（4）Font 字体

（5）PCB 电路板

　　PCB 选项选择与制作电路板相关的命令。

（6）Visibility 可视选项

5.3　Multisim 10 操作界面

5.3.1　Multisim 10 菜单栏

　　11 个菜单栏包括了该软件的所有操作命令（见图 5.3.1）。从左至右为：File（文件）、Edit（编辑）、View（窗口）、Place（放置）、Simulate（仿真）、Transfer（文件输出）、Tools（工具）、Reports（报告）、Options（选项）、Window（窗口）和 Help（帮助）。

File　Edit　View　Place　Simulate　Transfer　Tools　Reports　Options　Window　Help

图 5.3.1　Multisim 10 菜单栏

1）File（文件）菜单（见图 5.3.2）

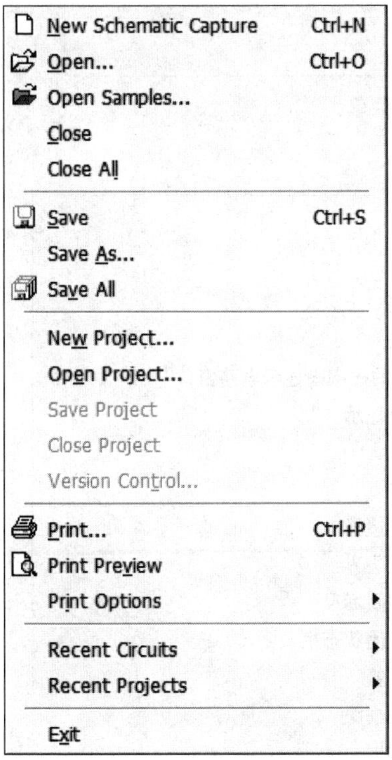

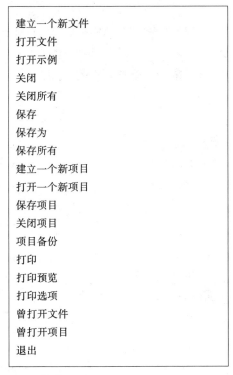

File 菜单	说明
New Schematic Capture　Ctrl+N	建立一个新文件
Open...　Ctrl+O	打开文件
Open Samples...	打开示例
Close	关闭
Close All	关闭所有
Save　Ctrl+S	保存
Save As...	保存为
Save All	保存所有
New Project...	建立一个新项目
Open Project...	打开一个新项目
Save Project	保存项目
Close Project	关闭项目
Version Control...	项目备份
Print...　Ctrl+P	打印
Print Preview	打印预览
Print Options	打印选项
Recent Circuits	曾打开文件
Recent Projects	曾打开项目
Exit	退出

图 5.3.2　File 菜单

2) Edit(编辑)菜单(见图 5.3.3)

Undo　　　Ctrl+Z	撤销
Redo　　　Ctrl+Y	重做
Cut　　　　Ctrl+X	剪切
Copy　　　Ctrl+C	拷贝
Paste　　　Ctrl+V	粘贴
Delete　　　Delete	删除
Select All　　Ctrl+A	全选
Delete Multi-Page	删除电路中的其他页
Paste as Subcircuit	作为子电路粘贴
Find...　　　Ctrl+F	查找
Graphic Annotation	图形
Order	顺序
Assign to Layer	分配到层
Layer Settings...	层设置
Orientation	元件旋转
Title Block Position	表题区位置
Edit Symbol/Title Block...	编辑表题
Font...	字体对话框
Comment...	注释
Properties...　　Ctrl+M	所选元件属性

图 5.3.3　Edit 菜单

3) View(窗口)菜单(见图 5.3.4)

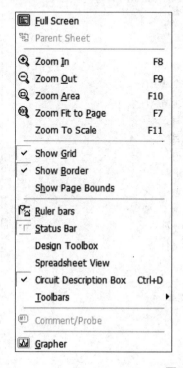

Full Screen	全屏显示
Parent Sheet	参数列表
Zoom In　　　F8	放大电路
Zoom Out　　F9	缩小电路
Zoom Area　　F10	以 100% 的比率来显示电路窗口
Zoom Fit to Page　F7	适合窗口显示
Zoom To Scale　F11	按比率放大
Show Grid	显示窗格
Show Border	显示电路边界
Show Page Bounds	显示纸张边界
Ruler bars	显示或关闭标尺
Status Bar	显示或关闭状态栏
Design Toolbox	设计工具箱
Spreadsheet View	电子表格视图
Circuit Description Box　Ctrl+D	电路描述框
Toolbars	工具
Comment/Probe	注释/
Grapher	图表

图 5.3.4　View 菜单

4) Place(放置)菜单(见图 5.3.5)

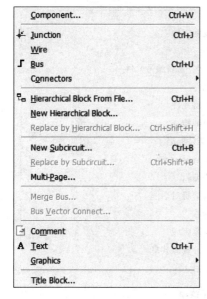

图 5.3.5　Place 菜单

5) Simulate(仿真)菜单(见图 5.3.6)

图 5.3.6　Simulate 菜单

6) Transfer(文件输出)菜单(见图 5.3.7)

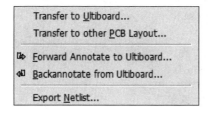

图 5.3.7　Transfer 菜单

7) Tools(工具)菜单(见图 5.3.8)

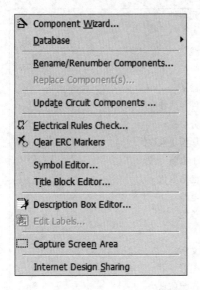

Component Wizard...	元件设计向导
Database	数据库
Rename/Renumber Components...	重新命名/重新编号元件
Replace Component(s)...	置换元件
Update Circuit Components ...	更新电路元件
Electrical Rules Check...	电气规则检查
Clear ERC Markers	清除 ERC 标记
Symbol Editor...	符号编辑器
Title Block Editor...	标题块编辑
Description Box Editor...	描述框编辑对话框
Edit Labels...	编辑标签
Capture Screen Area	捕获屏幕区域
Internet Design Sharing	网络设计资源共享

图 5.3.8　Tools 菜单

8) Reports(报告)菜单(见图 5.3.9)

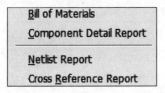

Bill of Materials	电路图使用器件报告
Component Detail Report	元器件详细参数报告
Netlist Report	电路图网络连接报告
Cross Reference Report	产生主电路所有元件详细列表

图 5.3.9　Reports 菜单

9) Options(选项)菜单(见图 5.3.10)

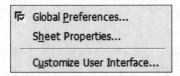

Global Preferences...	全局设置操作环境
Sheet Properties...	工作表单属性
Customize User Interface...	用户命令交互设置

图 5.3.10　Options 菜单

10) Window(窗口)菜单(见图 5.3.11)

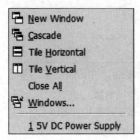

New Window	新窗口
Cascade	层叠窗口
Tile Horizontal	水平分割排列显示
Tile Vertical	垂直分割排列显示
Close All	关闭所有窗口
Windows...	窗口对话框
1 5V DC Power Supply	当前用户文档名称

图 5.3.11　Window 菜单

11）Help（帮助）菜单（见图 5.3.12）

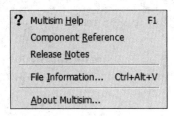

图 5.3.12　Help 菜单

5.3.2　Multisim 元器件栏

由于该工具栏是浮动窗口（见图 5.3.13），所以不同用户显示会有所不同（方法是：用鼠标右击该工具栏就可以选择不同工具栏，或者鼠标左键单击工具栏不要放，便可以随意拖动）。

图 5.3.13　Multisim 元器件栏

从左到右依次是：新建，打开，保存，打印，打印预览，剪切，复制，粘贴，撤销，重做；满屏显示，放大，缩小，选择放大，100％显示；电源，电阻，二极管，三极管，集成电路，TTL 集成电路，COMS 集成电路，数字器件，混合器件库，指示器件库，其他器件库，电机类器件库，射频器件库；导线，总线；显示或隐藏设计项目栏，电路属性栏，电路元件属性栏，新建元件对话框，启动仿真分析，图表，电气规则检查，从 Unltiboard 导入数据，导出数据到 unltiboard，使用元件列表，帮助。

5.3.3　Multisim 仪器仪表栏

Multisim 在仪器仪表栏（见图 5.3.14）提供了 17 个常用仪器仪表，依次为数字万用表、函数发生器、瓦特表、双通道示波器、四通道示波器、波特图仪、频率计、字信号发生器、逻辑分析仪、逻辑转换器、IV 分析仪、失真度仪、频谱分析仪、网络分析仪、Agilent 信号发生器、Agilent 万用表、Agilent 示波器。

图 5.3.14　Multisim 仪器仪表栏

5.4　Multisim 仪器仪表使用

5.4.1　数字万用表（Multimeter）

Multisim 提供的万用表外观和操作与实际的万用表相似，可以测电流 A、电压 V、电阻 Ω 和分贝值 dB，测直流或交流信号。万用表有正极和负极两个引线端（见图 5.4.1）。

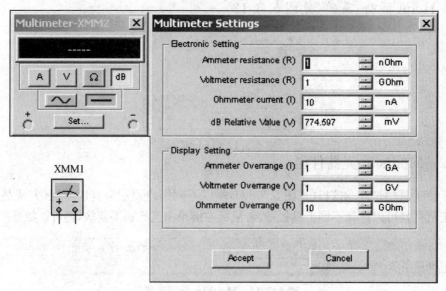

图 5.4.1　数字万用表

5.4.2　函数发生器(Function Generator)

Multisim 提供的函数发生器可以产生正弦波、三角波和矩形波,信号频率可在 1 Hz～999 MHz 范围内调整。信号的幅值以及占空比等参数也可以根据需要进行调节。信号发生器有三个引线端口:负极、正极和公共端(见图 5.4.2)。

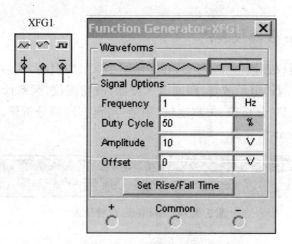

图 5.4.2　函数发生器

5.4.3　瓦特表(Wattmeter)

Multisim 提供的瓦特表用来测量电路的交流或者直流功率,瓦特表有四个引线端口:电压正极和负极、电流正极和负极(见图 5.4.3)。

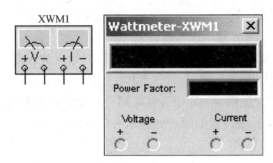

图 5.4.3 瓦特表

5.4.4 双通道示波器(Oscilloscope)

Multisim 提供的双通道示波器与实际的示波器外观和基本操作基本相同,该示波器可以观察一路或两路信号波形的形状,分析被测周期信号的幅值和频率,时间基准可在秒直至纳秒范围内调节。示波器图标有四个连接点:A 通道输入、B 通道输入、外触发端 T 和接地端 G(见图 5.4.4)。

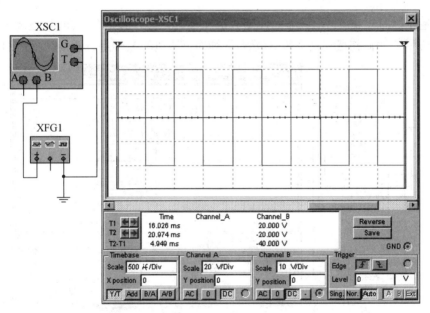

图 5.4.4 双通道示波器电器电路图及面板

示波器的控制面板分为四个部分:

1) Time base(时间基准)

Scale(量程):设置显示波形时的 X 轴时间基准。

X position(X 轴位置):设置 X 轴的起始位置。

显示方式设置有四种:Y/T 方式指的是 X 轴显示时间,Y 轴显示电压值;Add 方式指的是 X 轴显示时间,Y 轴显示 A 通道和 B 通道电压之和;A/B 或 B/A 方式指的是 X 轴和 Y 轴都显示电压值。

2) Channel A(通道 A)

Scale(量程):通道 A 的 Y 轴电压刻度设置。

Y position(Y 轴位置):设置 Y 轴的起始点位置,起始点为表明 Y 轴和 X 轴重合,起始点为正值表明 Y 轴原点位置向上移,否则向下移。

触发耦合方式:AC(交流耦合)或 DC(直流耦合),交流耦合只显示交流分量,直流耦合显示直流和交流之和,在 Y 轴设置的原点处显示一条直线。

3) Channel B(通道 B)

通道 B 的 Y 轴量程、起始点、耦合方式等项内容的设置与通道 A 相同。

4) Trigger(触发)

触发方式主要用来设置 X 轴的触发信号、触发电平及边沿等。Edge(边沿):设置被测信号开始的边沿,设置先显示上升沿或下降沿。Level(电平):设置触发信号的电平,使触发信号在某一电平时启动扫描。触发信号选择:Auto(自动)、通道 A 和通道 B 表明用相应的通道信号作为触发信号;Ext 为外触发;Sing 为单脉冲触发;Nor 为一般脉冲触发。

5.4.5　四通道示波器(4 Channel Oscilloscope)

四通道示波器与双通道示波器的使用方法和参数调整方式完全一样,只是多了一个通道控制器旋钮"",当旋钮拨到某个通道位置,才能对该通道的 Y 轴进行调整(见图 5.4.5)。

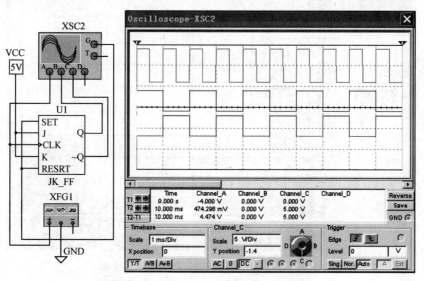

图 5.4.5　四通道示波器电路图及面板

5.4.6　波特图仪(Bode Plotter)

利用波特图仪可以方便地测量和显示电路的频率响应,波特图仪适合于分析滤波电路或电路的频率特性,特别易于观察截止频率。需要连接两路信号,一路是电路输入信号,另一路是电路输出信号,需要在电路的输入端接交流信号。

波特图仪控制面板分为 Magnitude(幅值)或 Phase(相位)的选择、Horizontal(横轴)设置、Vertical(纵轴)设置、显示方式的其他控制信号,面板中的 F 指的是终值,I 指的是初值。

在波特图仪的面板上,可以直接设置横轴和纵轴的坐标及其参数。

例如:构造一阶 RC 滤波电路,输入端加入正弦波信号源,电路输出端与示波器相连,目的是为了观察不同频率的输入信号经过 RC 滤波电路后输出信号的变化情况(见图 5.4.6、图 5.4.7)。

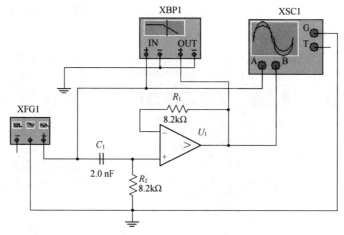

图 5.4.6 RC 滤波电路

调整纵轴幅值测试范围的初值 I 和终值 F,调整相频特性纵轴相位范围的初值 I 和终值 F。

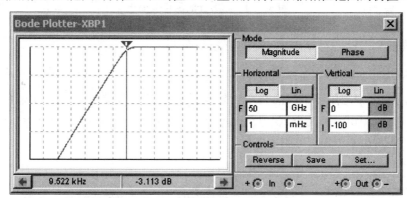

图 5.4.7 输出信号幅频特性曲线

打开仿真开关,点击幅频特性,在波特图观察窗口可以看到幅频特性曲线;点击相频特性可以在波特图观察窗口显示相频特性曲线(见图 5.4.8)。

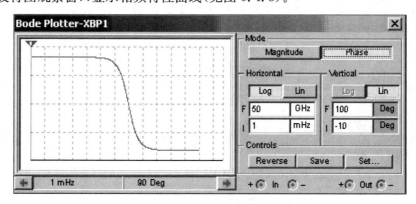

图 5.4.8 输出信号相频特性曲线

5.4.7　频率计(Frequency Couter)

频率计主要用来测量信号的频率、周期、相位,脉冲信号的上升沿和下降沿,频率计的图标、面板以及使用如图 5.4.9 所示。使用过程中应注意根据输入信号的幅值调整频率计的 Sensitivity(灵敏度)和 Trigger Level(触发电平)。

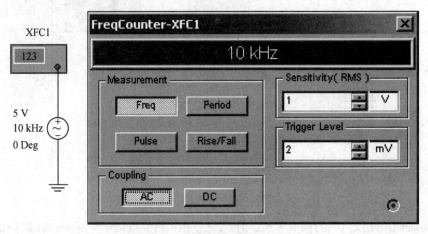

图 5.4.9　频率计的图标及面板

5.4.8　数字信号发生器(Word Generator)

数字信号发生器是一个通用的数字激励源编辑器,可以多种方式产生 32 位的字符串,在数字电路的测试中应用非常灵活。左侧是控制面板,右侧是数字信号发生器的字符窗口。控制面板分为 Controls(控制方式)、Display(显示方式)、Trigger(触发)、Frequency(频率)等几个部分(见图 5.4.10)。

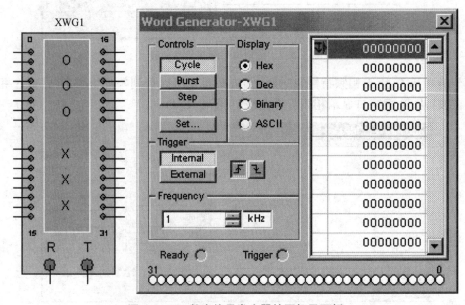

图 5.4.10　数字信号发生器的图标及面板

5.4.9　逻辑分析仪(Logic Analyzer)

Multiuse 面板分上下两个部分,上半部分是显示窗口,下半部分是逻辑分析仪的控制窗口,控制信号有:Stop(停止)、Reset(复位)、Reverse(反相显示)、Clock(时钟)设置和 Trigger(触发)设置。

提供了 16 路的逻辑分析仪,用来作数字信号的高速采集和时序分析。逻辑分析仪的图标如图 5.4.11 所示。逻辑分析仪的连接端口有:16 路信号输入端、外接时钟端 C、时钟限制Q 以及触发限制 T。

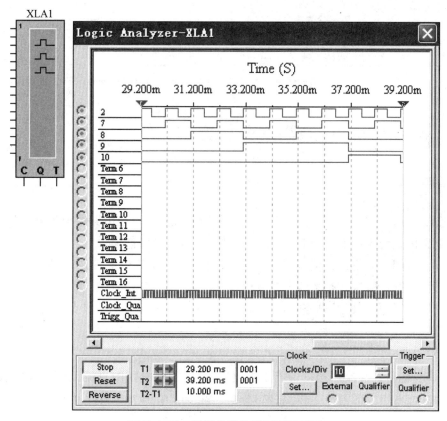

图 5.4.11　逻辑分析仪的图标及面板

Clock setup(时钟设置)对话框(见图 5.4.12)。

Clock Source(时钟源):选择外触发或内触发;

Clock Rate(时钟频率):1 Hz～100 MHz 范围内选择;

Sampling Setting(取样点设置):Pre-trigger Samples (触发前取样点)、Post-trigger Samples(触发后取样点)、Threshold Volt.(开启电压)设置。

点击"Trigger"下的"Set"(设置)按钮时,出现 Trigger Setting(触发设置)对话框,如图 5.4.13 所示。

Trigger Clock Edge(触发边沿):Positive(上升沿)、Negative(下降沿)、Both(双向触发)。

Trigger Patterns(触发模式)：由 A、B、C 定义触发模式，在 Trigger Combination(触发组合)下有 21 种触发组合可以选择。

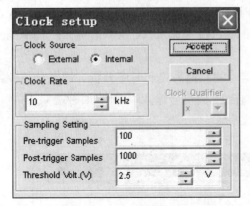
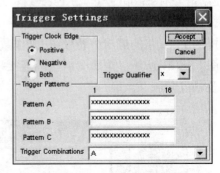

图 5.4.12　时钟设置对话框　　　　　图 5.4.13　Trigger Settings 对话框

5.5　Multisim 10 的基本分析方法

5.5.1　直流工作点分析

直流工作点分析也称静态工作点分析，电路的直流分析是在电路中电容开路、电感短路时，计算电路的直流工作点，即在恒定激励条件下求电路的稳态值。

在电路工作时，无论是大信号还是小信号，都必须给半导体器件以正确的偏置，以便使其工作在所需的区域，这就是直流分析要解决的问题。了解电路的直流工作点，才能进一步分析电路在交流信号作用下电路能否正常工作。求解电路的直流工作点在电路分析过程中是至关重要的。

1）构造电路

为了分析电路的交流信号是否能正常放大，必须了解电路的直流工作点设置得是否合理，所以首先应对电路的直流工作点进行分析。在 Multisim 9 工作区构造一个单管放大电路，电路中电源电压、各电阻和电容取值如图 5.5.1 所示。

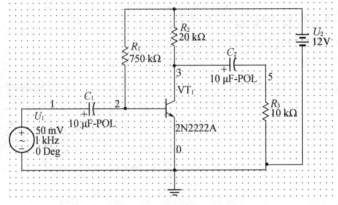

图 5.5.1　单管放大电路

注意:图中的 1、2、3、4、5 等编号可以从"Options"→"sheet properties"→"circuit"→"show all"调试出来。

执行菜单命令"Simulate"→"Analyses",在列出的可操作分析类型中选择"DC Operating Point",则出现直流工作点分析对话框,如图 5.5.2(a)所示。直流工作点分析对话框如图 5.5.2(b)所示。

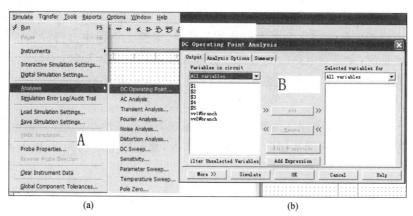

图 5.5.2 "直流工作点分析"对话框

(1) Output 选项

Output 用于选定需要分析的节点。

左边 Variables in circuit 栏内列出电路中各节点电压变量和流过电源的电流变量。右边 Selected variables for 栏用于存放需要分析的节点。

具体做法是先在左边 Variables in circuit 栏内选中需要分析的变量(可以通过鼠标拖拉进行全选),再单击"Add"按钮,相应变量则会出现在 Selected variables for 栏中。如果 Selected variables for 栏中的某个变量不需要分析,则先选中它,然后单击"Remove"按钮,该变量将会回到左边 Variables in circuit 栏中。

(2) Analysis Options 和 Summary 选项

分析的参数设置和 Summary 页中排列了该分析所设置的所有参数和选项。用户通过检查可以确认这些参数的设置。

2)检查测试结果

点击图 5.5.2(b)下部"Simulate"按钮,测试结果如图 5.5.3 所示。测试结果给出电路各个节点的电压值,根据这些电压的大小,可以确定该电路的静态工作点是否合理。如果不合理,可以改变电路中的某个参数,利用这种方法,可以观察电路中某个元件参数的改变对电路直流工作点的影响。

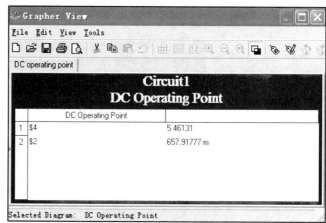

图 5.5.3 测试结果图

5.5.2　交流分析

交流分析是在正弦小信号工
作条件下的一种频域分析。它计算电路的幅频特性和相频特性,是一种线性分析方法。
Multisim 10 在进行交流频率分析时,首先分析电路的直流工作点,并在直流工作点处对各
个非线性元件做线性化处理,得到线性化的交流小信号等效电路,并用交流小信号等效电路
计算电路输出交流信号的变化。在进行交流分析时,电路工作区中自行设置的输入信号将
被忽略。也就是说,无论给电路的信号源设置的是三角波还是矩形波,进行交流分析时,都
将自动设置为正弦波信号,分析电路随正弦信号频率变化的频率响应曲线。

1) 构造电路

这里仍采用单管放大电路作为实验电路,电路如图 5.5.4 所示。这时,该电路直流工作
点分析的结果如下:三极管的基极电压约为 0.653 V,集电极电压约为 5.46 V,发射极电压
为 0 V。

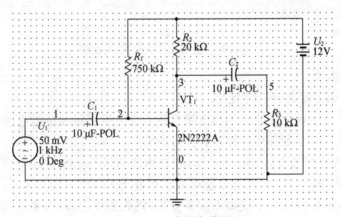

图 5.5.4　实验电路图

2) 启动交流分析工具

执行菜单命令"Simulate"→"Analyses",在列出的可操作分析类型中选择"AC Analy-
sis",则出现交流分析对话框,如图 5.5.5 所示。

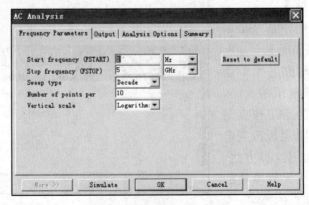

图 5.5.5　"交流分析"对话框

对话框中 Frequency Parameters 页的设置项目、单位以及默认值等内容如表 5.5.1 所示。

表 5.5.1　Frequency Parameters 内容表

项　目	默认值	单　位	注　释
Start frequency （起始频率）	1	Hz	交流分析时的起始频率,可选单位有：Hz、kHz、MHz、GHz
Stop frequency （终止频率）	10	GHz	交流分析时的终止频率,可选单位有：Hz、kHz、MHz、GHz
Sweep type （扫描类型）	Decade		交流分析曲线的频率变化方式,可选项有：Decade、Linear、Octave
Number of points per （扫描点数）	10		指的是起点到终点共有多少个频率点,对线性扫描才有效
Vertical scale （垂直刻度）	Logarithmic		扫描时的垂直刻度,可选项有：Linear、Logarithmic、Decibel、Octave

3）检查测试结果

电路的交流分析测试曲线如图 5.5.6 所示,测试结果给出了电路的幅频特性曲线和相频特性曲线,幅频特性曲线显示了 3 号节点（电路输出端）的电压随频率变化的曲线;相频特性曲线显示了 3 号节点的相位随频率变化的曲线。由交流频率分析曲线可知,该电路大约在 7 Hz ～ 24 MHz 范围内放大信号,放大倍数基本稳定,且相位基本稳定。超出此范围,输出电压将会衰减,相位会改变。

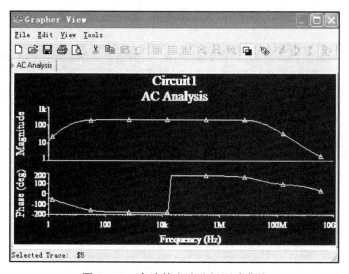

图 5.5.6　电路的交流分析测试曲线

5.5.3　瞬态分析

瞬态分析是一种非线性时域分析方法,是在给定输入激励信号时,分析电路输出端的瞬态响应。Multisim 在进行瞬态分析时,首先计算电路的初始状态,然后从初始时刻起,到某个给定的时间范围内,选择合理的时间步长,计算输出端在每个时间点的输出电压,输出电压由一个完整周期中的各个时间点的电压来决定。启动瞬态分析时,只要定义起始时间和终止时间,Multisim 可以自动调节合理的时间步进值,以兼顾分析精度和计算时需要的时间,也可以自行定义时间步长,以满足一些特殊要求。

1) 构造电路

构造一个单管放大电路,电路中电源电压、各电阻和电容取值如图 5.5.7 所示。

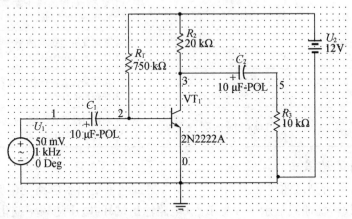

图 5.5.7 单管放大电路

2) 启动瞬态分析工具

执行菜单命令"Simulate"→"Analyses",在列出的可操作分析类型中选择"Transient Analysis",出现瞬态分析对话框,如图 5.5.8 所示。

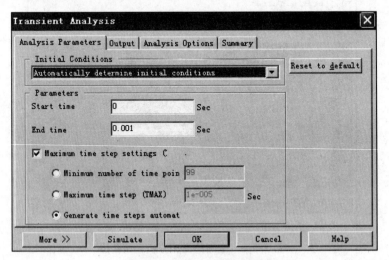

图 5.5.8 瞬态分析对话框

瞬态分析对话框中 Analysis Parameters 页的设置项目、单位以及默认值等内容如表 5.5.2 所示。

表 5.5.2　Analysis Parameters 内容表

选项框	项　目	默认值	单　位	注　释
Initial conditions（初始条件）	Set to Zero（设为零）	不选		如果希望从零初始状态起,则选择此项
	User-defined（用户自定义）	不选		如果希望从用户自己定义的初始状态起,则选择此顶
	Calculate DC operating point（计算静态工作点）	不选		如果从静态工作点起始分析,则选择此项
	Automatically determine initial conditions（系统自动确定初始条件）	选中		Multisim 以静态工作点作为分析初始条件,如果仿真失败,则使用用户定义的初始条件
Parameters（参数）	Start time（起始时间）	0	s	瞬态分析的起始时间必须大于或等于零,且应小于结束时间
	End time（终止时间）	0.001	s	瞬态分析的终止时间必须大于起始时间
	Maximum time step settings（最大步进时间设置）	选中		如果选中该项,则可在以下三项中挑选一项
	Minimum number of time point（最小时间点数）	100		自起始时间至结束时间之间,模拟输出的点数
	Maximum time step（最大步进时间）	1e-005	s	模拟时的最大步进时间
	Generate time steps automat（自动产生步进时间）	选中	s	Multisim 将选择模拟电路的最为合理及最大的步进时间

3) 检查分析结果

放大电路的瞬态分析曲线如图 5.5.9 所示。分析曲线给出输入节点 2 和输出节点 5 的电压随时间变化的波形,纵轴坐标是电压,横轴是时间轴。从图中可以看出输出波形和输入波形的幅值相差不太大,这主要是因为该放大电路晶体管发射极接有反馈电阻,从而影响了电路的放大倍数。

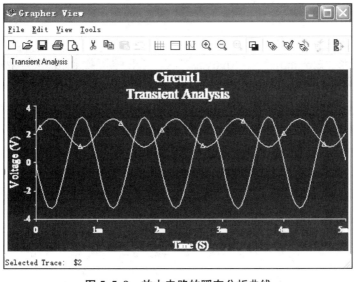

图 5.5.9　放大电路的瞬态分析曲线

5.5.4　傅立叶分析

傅立叶分析是一种分析复杂周期性信号的方法。它将非正弦周期信号分解为一系列正弦波、余弦波和直流分量之和。根据傅立叶级数的数学原理，周期函数 $f(t)$ 可以写为：

$$f(t) = A_0 + A_1\cos\omega t + A_2\cos2\omega t + \cdots + B_1\sin\omega t + B_2\sin2\omega t + \cdots$$

傅立叶分析以图表或图形的方式给出信号电压分量的幅值频谱和相位频谱。傅立叶分析同时也计算了信号的总谐波失真（THD），THD 定义为信号的各次谐波幅度平方和的平方根再除以信号的基波幅度，并以百分数表示：

$$THD = \left[\left\{\sum_{i=2}U_i^2\right\}^{\frac{1}{2}}/U_1\right]\times100\%$$

1）构造电路

构造一个单管放大电路，电路中电源电压、各电阻和电容取值如图 5.5.10 所示。该放大电路在输入信号源电压幅值达到 50 mV 时，输出端电压信号已出现较严重的非线性失真，这也就意味着在输出信号中出现了输入信号中没有的谐波分量。

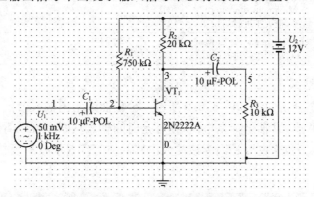

图 5.5.10　单管放大电路

2）启动交流分析工具

执行菜单命令"Simulate"→"Analyses"，在列出的可操作分析类型中选择"Fourier Analysis"，则出现傅立叶分析对话框，如图 5.5.11 所示。

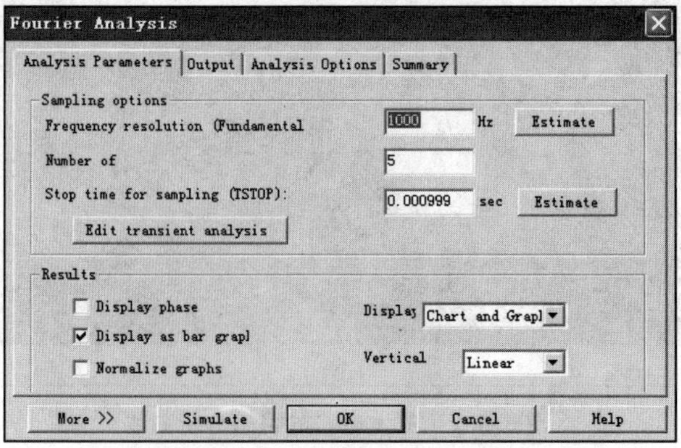

图 5.5.11　傅立叶分析对话框

傅立叶分析对话框中 Analysis Parameters 页的设置项目及默认值等内容如表 5.5.3 所示。

表 5.5.3   Analysis Parameters 内容表

方　式	项　目	注　释
Sampling options（采样选项）	Frequency resolution（基频）	取交流信号源频率。如果电路中有多个交流信号源，则取各信号源频率的最小公因数。单击"Estimate"按钮，系统将自动设置
	Number of harmonics（谐波数）	设置需要计算的谐波个数
	Stop time for sampling（停止采样时间）	设置停止采样时间。如单击"Estimate"按钮，系统将自动设置
Results（结果）	Display phase（相应显示）	如果选中，分析结果则会同时显示相频特性
	Display as bar graph（线条图形方式显示）	如果选中，以线条图形方式显示分析的结果
	Normalize graphs（归一化图形）	如果选中，分析结果则绘出归一化图形
	Displays（显示）	显示形式选择：可选 Chart（图表）、Graph（图形）或 Chart and Graph（图表和图形）
	Vertical Scale（纵轴刻度）	纵轴刻度选择：可选 Linear（线性）、logarithmic（对数）、Decibel（分贝）或 Octave（八倍）

3）检查分析结果

傅立叶分析结果如图 5.5.12 所示。如果放大电路输出信号没有失真，在理想情况下，信号的直流分量应该为零，各次谐波分量幅值也应该为零，总谐波失真也应该为零。

从图中可以看出，输出信号直流分量幅值约为 1.15 V，基波分量幅值约为 4.36 V，2 次谐波分量幅值约为 1.58 V，从图表中还可以查出 3 次、4 次及 5 次谐波幅值。同时可以看到总谐波失真（THD）约为 35.96％，这表明输出信号非线性失真相当严重。线条图形方式给出的信号幅频图谱直观地显示了各次谐波分量的幅值。

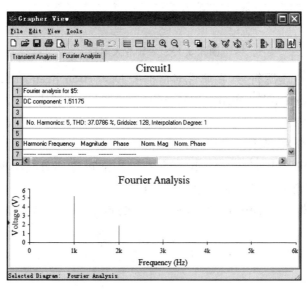

图 5.5.12   傅立叶分析结果

5.5.5 失真分析

放大电路输出信号的失真通常是由电路增益的非线性与相位不一致造成的。增益的非线性将会产生谐波失真,相位的不一致将产生互调失真。Multisim 失真分析通常用于分析那些采用瞬态分析不易察觉的微小失真。如果电路有一个交流信号,Multisim 的失真分析将计算每点的二次和三次谐波的复变值;如果电路有两个交流信号,则分析三个特定频率的复变值,这三个频率分别是:(f_1+f_2),(f_1-f_2),$(2f_1-f_2)$。

1) 构造电路

设计一个单管放大电路,电路参数及电路结构如图 5.5.13 所示。对该电路进行直流工作点分析后,表明该电路直流工作点设计合理。在电路的输入端加入一个交流电压源作为输入信号,其幅度为 4 V,频率为 1 kHz。

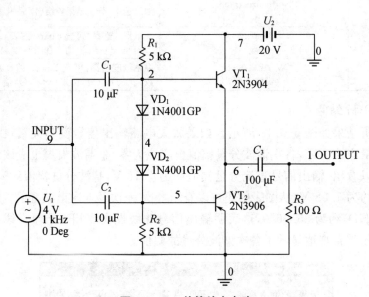

图 5.5.13 单管放大电路

注意:双击信号电压源符号,在属性对话框中 Distortion Frequency 1 Magnitude:项目下设置为 4 V。Distortion Frequency 2 Magnitude:项目下设置为 4 V。然后继续分析该放大电路。

2) 启动失真分析工具

执行菜单命令"Simulate"→"Analyses",在列出的可操作分析类型中选择"Distortion Analysis",则出现瞬态分析对话框,如图 5.5.14 所示。

失真分析对话框中 Analysis Parameters 页的设置项目、单位以及默认值等内容如表 5.5.4所示。

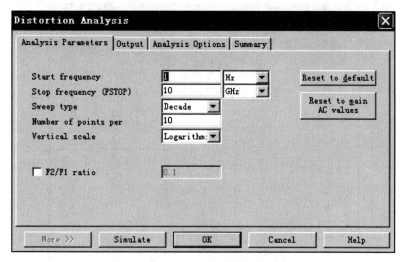

图 5.5.14 "瞬态分析"对话框

表 5.5.4 Analysis Parameters 内容表

项 目	默认值	单 位	注 释
Start frequency (起始频率)	1	Hz	设置起始频率
Stop frequency (终止频率)	10	GHz	设置终止频率
Sweep type (扫描类型)	Decade		扫描类型可选 Decade、Linear 或 Octave
Number of points per decade (十位频点数)	10		设置每十倍频的采样点数
Vertical scale (垂直刻度)	Logarithmic		垂直刻度可以选 Linear、logarithmic、Decibel 或 Octave
F2/F1 ratio	0.1(不选)		选中时,在 F1 扫描期间,F2 设定为该比率乘以起始频率,应 0<F1<1
Reset to default			按钮将所有设置恢复为默认值
Reset to main AC values			按钮将所有设置恢复为与交流分析相同的设置值

3） 检查分析结果

电路的失真分析结果如图 5.5.15 所示。由于该电路只有一个输入信号,因此,失真分析结果给出的是谐波失真幅频特性和相频特性图。

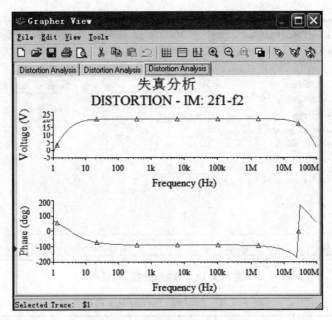

图 5.5.15　电路的失真分析结果

5.5.6　噪声分析

　　电路中的电阻和半导体器件在工作时都会产生噪声,噪声分析就是定量分析电路中噪声的大小。Multisim 提供了热噪声、散弹噪声和闪烁噪声等三种不同的噪声模型。噪声分析利用交流小信号等效电路,计算由电阻和半导体器件所产生的噪声总和。假设噪声源互不相关,而且这些噪声值都独立计算,总噪声等于各个噪声源对于特定输出节点的噪声均方根之和。

　　1) 构造电路

　　构造单管放大电路,双击信号电压源符号,在属性对话框中 Distortion Frequency 1 Magnitude:项目下设置为 1 V。然后继续分析该单管放大电路(见图 5.5.16)。

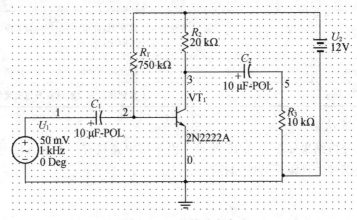

图 5.5.16　单管放大电路

2）启动噪声分析工具

执行菜单命令"Simulate"→"Analyses"，在列出的可操作分析类型中选择"Noise Analysis"，则出现噪声分析对话框，如图 5.5.17 所示。

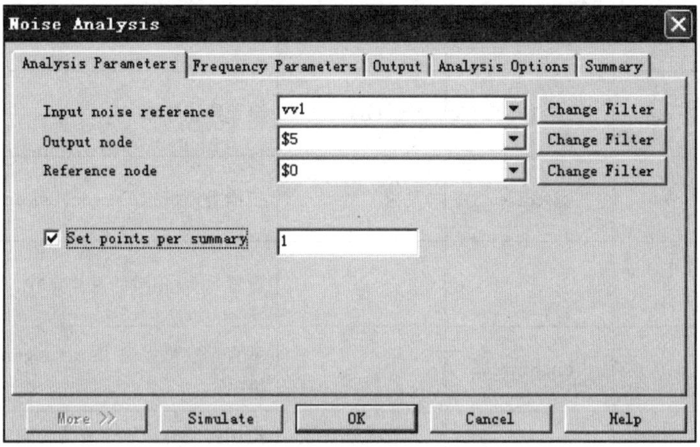

图 5.5.17　噪声分析对话框

噪声分析对话框中 Analysis Parameters 页的设置项目及其注释等内容如表 5.5.5 所示。

表 5.5.5　Analysis Parameters 内容表

项　目	默认值	单　位	注　释
Input noise reference source（输入噪声参考源）	电路的输入源		选择交流信号源输入
Output node（输出节点）	电路中的节点		选择输出噪声的节点位置。在该节点计算电路所有元器件产生的噪声电压均方根之和
Reference node（参考节点）	0		默认值为接地点
Set points per summary（设置每汇总时计算的点数）	1(不选)		选中时，噪声分析时将产生所选元件的噪声轨迹，在右边填入频率步进数

噪声分析对话框中 Frequency Parameters 页如图 5.5.18 所示。

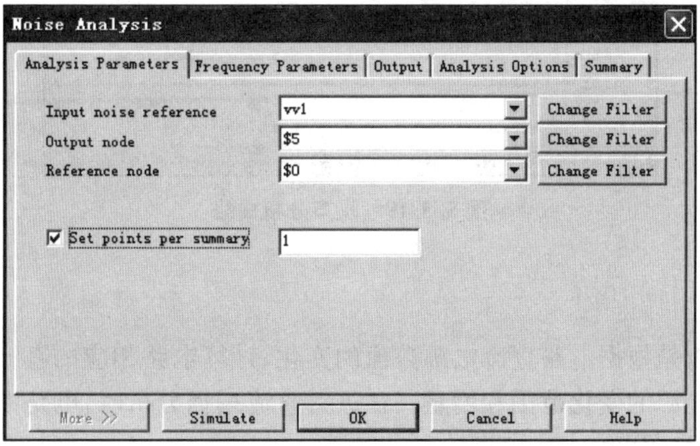

图 5.5.18　噪声分析对话框

其中设置项目及其注释等内容如表 5.5.6 所示。

表 5.5.6　Frequency Parameters 内容表

项　目	默认值	单　位	注　释
Start frequency（起始频率）	1	Hz	设置起始频率
Stop frequency（终止频率）	10	GHz	设置终止频率
Sweep type（扫描类型）	Decade		扫描类型可选 Decade、Linear 或 Octave
Number of points per decade（10 倍频点数）	10		设置每 10 倍频的采样点数
Vertical scale（垂直刻度）	Logarithm		垂直刻度可以选 Lnear、logarithm、Decibel 或 Octave
Reset to main AC values			按钮将所有设置恢复为与交流分析相同的设置值
Reset to default			按钮将所有设置恢复为默认值

3）检查分析结果

噪声分析曲线如图 5.5.19 所示。其中上面一条曲线是总的输出噪声电压随频率变化的曲线，下面一条曲线是等效的输入噪声电压随频率变化的曲线。

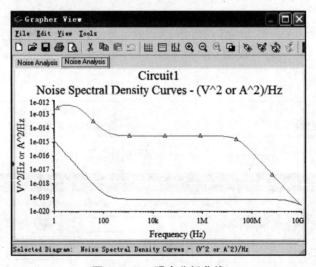

图 5.5.19　噪声分析曲线

5.5.7　直流扫描分析

直流扫描分析是根据电路直流电源数值的变化，计算电路相应的直流工作点。在分析前可以选择直流电源的变化范围和增量。在进行直流扫描分析时，电路中的所有电容视为开路，所有电感视为短路。

在分析前，需要确定扫描的电源是一个还是两个，并确定分析的节点。如果只扫描一个电源,得到的是输出节点值与电源值的关系曲线。如果扫描两个电源,则输出曲线的数目等于第二个电源被扫描的点数。第二个电源的每一个扫描值,都对应一条输出节点值与第一个电源值的关系曲线。

1) 构造电路

构造如图 5.5.20 所示的电路,MOS 管型号为 2N7000,属于 N 沟道增强型 MOS 管。现在要利用直流扫描来测绘 MOS 管的输出特性曲线。

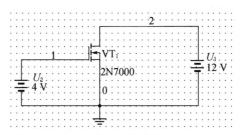

图 5.5.20　构造电路图

执行菜单命令"Simulate"→"Analyses",在列出的可操作分析类型中选择"DC Sweep Analysis",则出现直流扫描分析对话框(见图 5.5.21)。

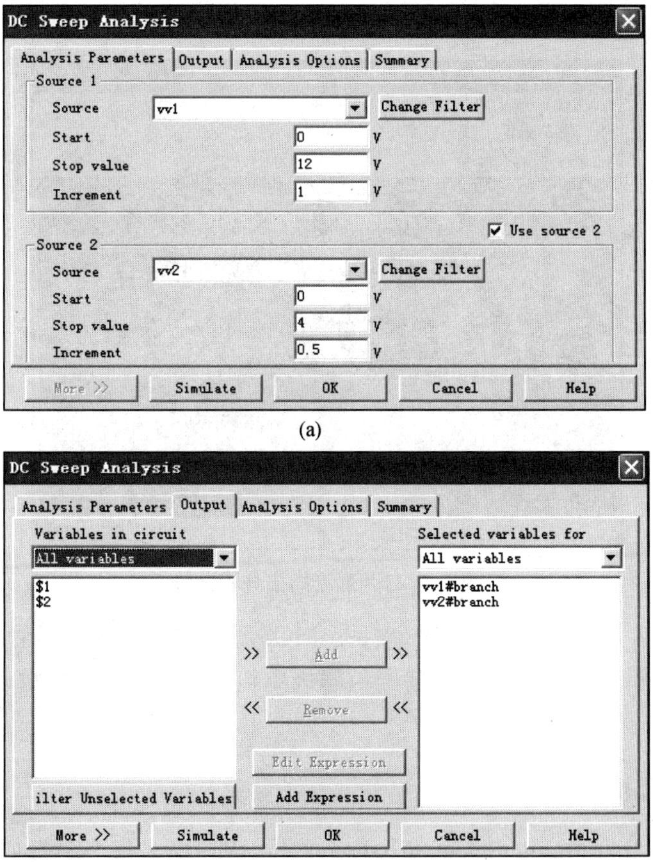

(a)

(b)

图 5.5.21　直流扫描分析对话框

　　直流扫描分析对话框中 Analysis Parameters 页中包含 Source1 和 Source 2 两个区,区中设置项目及其注释等内容如表 5.5.7 所示。

表 5.5.7　Analysis Parameters 内容表

项　目	单　位	注　释
Source (电源)		选择要扫描的直流电源
Start value (开始值)	V	设置扫描开始值
Stop value (终止值)	V	设置扫描终止值
Increment (增量)	V	设置扫描增量
Use source 2 (使用电源 2)		如需要扫描两个电源,则选中该选项

3) 检查分析结果

　　直流扫描分析曲线即 MOS 管的输出特性曲线,如图 5.5.22 所示。

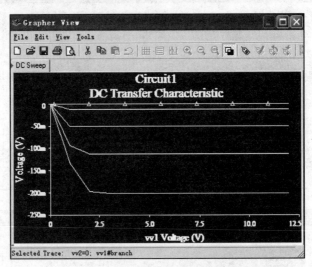

图 5.5.22　直流扫描分析曲线

　　横坐标为 MOS 管的漏极电压,纵坐标是 MOS 管的漏极电流(尽管图上标的是 Voltage)。每一条曲线都是 MOS 管漏极电压与漏极电流的关系曲线,且对应一个固定的栅极电压。

5.5.8　参数扫描分析

　　参数扫描分析(Parameter Sweep Analysis)是在用户指定每个参数变化值的情况下,对电路的特性进行分析。在参数扫描分析中,变化的参数可以从温度参数扩展为独立电压源、独立电流源、温度、模型参数和全局参数等多种参数。显然,温度扫描分析也可以通过参数扫描分析来完成。

1) 构造电路(见图 5.5.23)

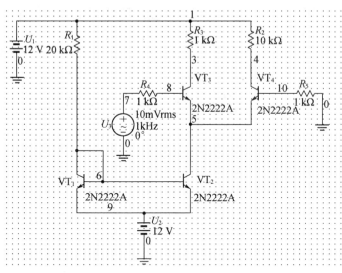

图 5.5.23　电路图

2) 启动参数扫描分析工具

选择"Simulate"→"Analysis"→"Parameter Sweep"(见图 5.5.24)。

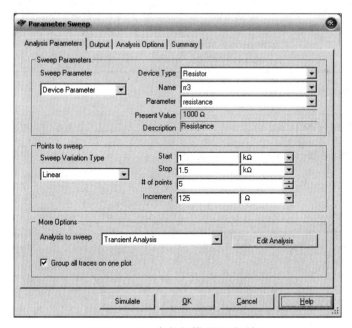

图 5.5.24　参数扫描分析对话框

3) 启动参数扫描分析工具(见表 5.5.8)

表 5.5.8　参数扫描分析内容表

选项框	项　目	默认值	注　释
Sweep Parameters (选择扫描元件及参数)	Device Parameter (元件参数)	BJT. (晶体管)	可选电路中出现的元件种类(Device),如 Diode、Resistor、Vsource 等,元件序号(Name)以及元件参数(Parameter)
	Model Parameter (元件模型参数)		表示选中的是元件模型参数类型,各参数不仅与电路有关,还与 Device Parameter 对应的选项有关
Points to sweep (选择扫描方式)	Decade (十倍刻度扫描)		确定扫描起始值、终止值及增量步长
	Liner (线性刻度值)	选中	确定扫描起始值、终止值及增量步长
	Octave (八倍刻度扫描)		确定扫描起始值、终止值及增量步长
	Liste (取列表值扫描)		列出扫描时的参数值,数字间可用空格、逗点或分号隔开
More Options (选择分析类型)	DC Operating Point (直流工作点)	未选	选中该项,进行直流工作点的参数扫描分析
	Transient Analysis (瞬态分析)	选中	选中该项,进行瞬态参数扫描分析,可以修改瞬态分析时的参数设置
	AC Frequency Analysis (交流频率分析)	未选	选中该项,进行交流频率参数扫描分析,可以修改交流频率分析时的参数设置

4) 查看分析结果(见图 5.5.25)

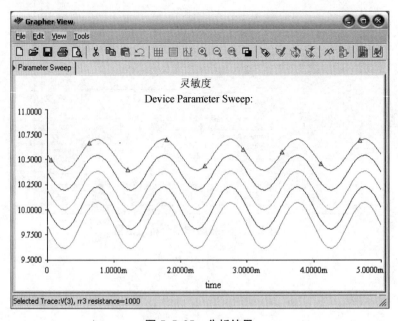

图 5.5.25　分析结果

5.6　Quartus Ⅱ 9.0 介绍及使用

Quartus Ⅱ可编程逻辑开发软件是 Altera 公司为其 FPGA/CPLD 芯片设计的集成化专用开发工具,是 Altera 最新一代功能更强的集成 EDA 开发软件。使用 Quartus Ⅱ可完成从设计输入,综合适配,仿真到下载的整个设计过程。

Max+plus Ⅱ是 Altera 公司早期的开发工具,曾经是最优秀的 PLD 开发平台之一,现在正在逐步被 Quartus Ⅱ代替。并且 Max+plus Ⅱ已经不再支持 Altera 公司的新器件,同时,Quartus Ⅱ也放弃了对少数较老器件的支持。Quartus Ⅱ界面友好,具有 Max+Plus Ⅱ界面选项,这样 Max 的老用户就无须学习新的用户界面就能够充分享用 Quartus Ⅱ软件的优异性能。所以,无论是初学者,还是 Max+plus Ⅱ的老用户,都能较快的上手。

Quartus Ⅱ根据设计者需求提供了一个完整的多平台开发环境,它包含 FPGA 和 CPLD 设计阶段的解决方案。Quartus Ⅱ软件提供的完整,操作简易的图形用户界面可以完成整个设计流程中的各个阶段。Quartus Ⅱ集成环境包括以下内容:系统级设计,嵌入式软件开发,可编程逻辑器件(PLD)设计,综合,布局和布线,验证和仿真。

Quartus Ⅱ也可以与 Cadence、Exemplar Logic、Mentor Graphics、Synopsys 和 Synplicity 等 EDA 供应商的开发工具相兼容,可以与第三方 EDA 工具来完成设计任务的综合与仿真。Quartus Ⅱ与 MATLAB 和 DSP Builder 结合可以进行基于 FPGA 的 DSP 系统开发,方便且快捷,还可以与 SOPC Builder 结合,实现 SOPC 系统的开发。

5.6.1　使用 Quartus Ⅱ建立工程

每个开发过程开始时都应建立一个 Quartus Ⅱ工程,Quartus Ⅱ是以工程的方式对设计过程进行管理,Quartus Ⅱ工程中存放创建 FPGA 配置文件需要的所有设置和设计文件。

1) 打开 Quartus Ⅱ软件并建立工程

从"【开始】"→"【程序】"→"Altera"→"Quartus Ⅱ 9.0"打开 Quartus Ⅱ 9.0 软件,软件界面如图 5.6.1 所示。

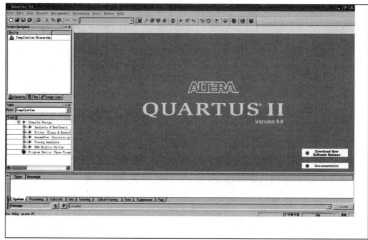

图 5.6.1　Quartus Ⅱ软件界面

在图 5.6.1 中从"File"→"New Project Wizard…"来新建一项工程,注意不要把"New"误认为"New Project Wizard…"。新建工程向导对话框如图 5.6.2 所示。

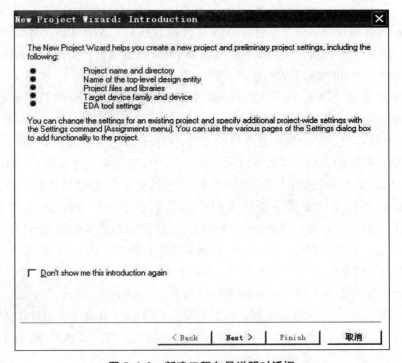

图 5.6.2　新建工程向导说明对话框

在如图 5.6.2 所示的新建工程向导说明对话框中可以了解在新建工程的过程中我们要完成哪些工作,这些工作包括:

① 指定项目目录、名称和顶层实体。

② 指定项目设计文件。

③ 指定该设计的 Altera 器件系列。

④ 指定用于该项目的其它 EDA 工具。

⑤ 项目信息报告。

在图 5.6.2 中点击 NEXT 进入图 5.6.3 所示的新建工程路径、名称、顶层实体指定对话框。

任何一项设计都是一项工程(project),必须首先为此工程建立一个放置与此工程相关的所有文件的文件夹,此文件夹将被 Quartus Ⅱ 默认为工作库(Work Library)。一般,不同的设计项目最好放在不同的文件夹中,而同一工程的所有文件都必须放在同一文件夹中。

不要将文件夹设在计算机已有的安装目录中,更不要将工程文件直接放在安装目录中。文件夹所在路径名和文件夹名中不能用中文,不能用空格,不能用括号(),可用下划线_,最好也不要以数字开头。

图 5.6.3 第一栏用于指定工程所在的工作库文件夹;第二栏用于指定工程名,工程名可以取任何名字,也可以直接用顶层文件的实体名作为工程名(建议使用);第三栏用于指定顶层文件的实体名。例工程的路径为 E:\EDA\Example\led_test 文件夹,工程名与顶层文件的实体名同名为 led_test。

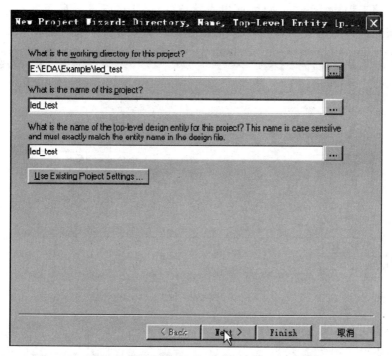

图 5.6.3　新建工程路径、名称、顶层实体指定对话框

接着单击 NEXT 进入图 5.6.4 所示的添加文件对话框。

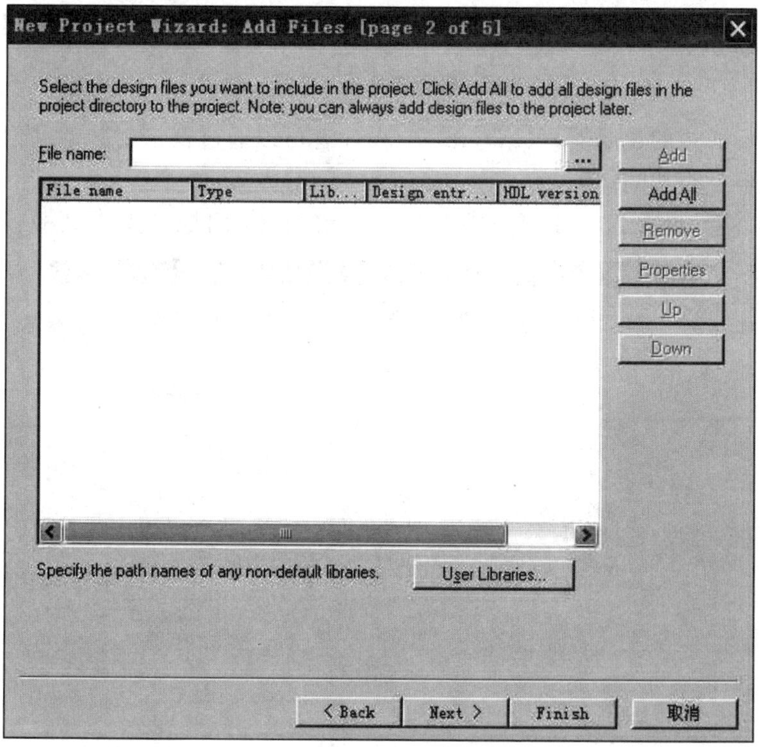

图 5.6.4　新建工程添加文件对话框

由于是新建工程,暂无输入文件,所以直接单击,进入图 5.6.5 所示的指定目标器件对话框。这里我们选择的是 QuickSOPC 核心板上用的 Cyclone Ⅲ 系列的 EP3C25F324C8。

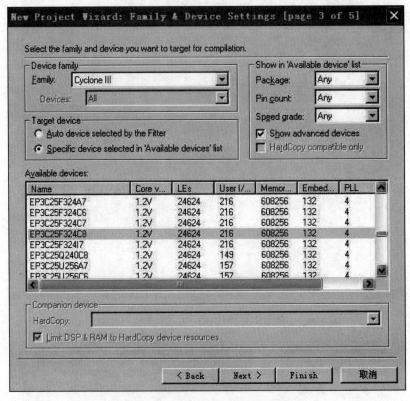

图 5.6.5　新建工程器件选择对话框

在图 5.6.5 右边的过滤器栏(Filters)中,设计者可以通过指定封装、管脚数以及器件速度等级来加快器件查找的速度。

指定完器件后,单击 NEXT 进入图 5.6.6 所示的指定 EDA 工具对话框。

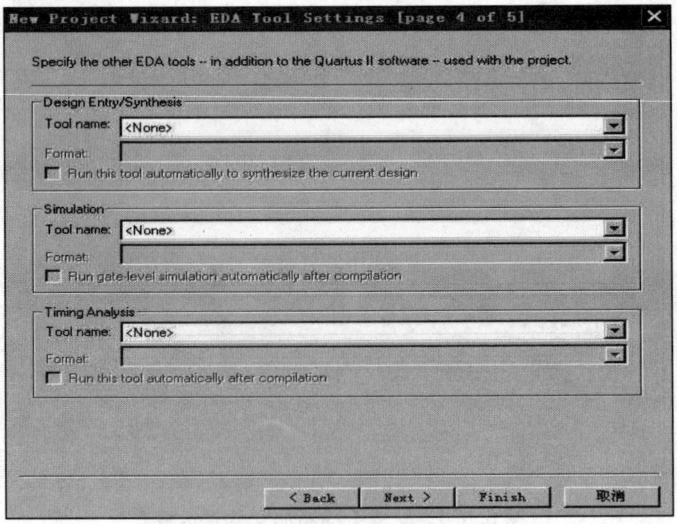

图 5.6.6　新建工程 EDA 工具设置对话框

如果实验时仅利用 Quartus Ⅱ 的集成环境进行开发，不使用任何 EDA 工具，因此这里不作任何改动。图 5.6.6 中单击 NEXT 进入图 5.6.7 所示的工程信息报告对话框。从工程信息报告对话框，设计者可以看到工程文件配置信息报告。点击，完成新建工程的建立。

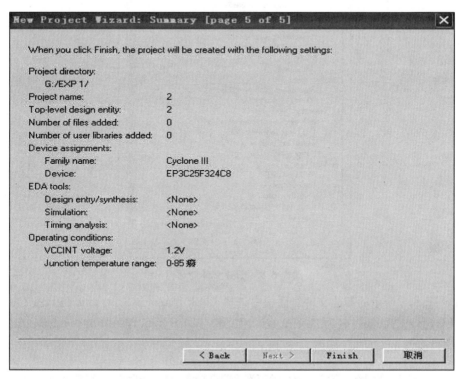

图 5.6.7　新建工程配置信息报告对话框

需要注意的是，建立工程后，还可以根据设计中的实际情况对工程进行重新设置，可选择"Assignments"→"Settings…"进行设置，也可以选择工具栏上的"✐"按钮。

2）建立图形设计文件

Quartus Ⅱ 图形编辑器也称为块编辑器（Block Editor），用于以原理图（Schematics）和结构图（Block Diagrams）的形式输入和编辑图形设计设计信息。Quartus Ⅱ 的块编辑器可以读取并编辑结构图设计文件（Block Design Files）和 Max＋Plus Ⅱ 图形设计文件（Graphic Design Files）。可以在 Quartus Ⅱ 软件中打开图形设计文件并将其另存为结构图设计文件。

如图 5.6.8 所示，从"File"→"New…"打开新建文件对话框如图 5.6.9 所示。

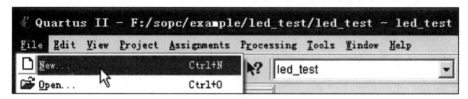

图 5.6.8　新建文件

图 5.6.9　新建文件对话框

在如图 5.6.9 所示的新建文件对话框中选择 Block Diagram/Schematic File,按 OK 建立一个空的图形设计文件,缺省名为 Block1. bdf。如图 5.6.10 所示,点击"File"→"Save As…"打开将 BDF 文件存盘的对话框,如图 5.6.11 所示。

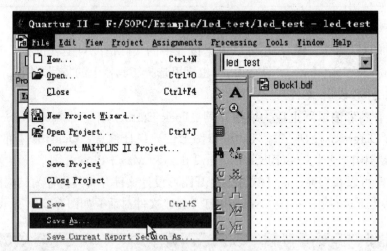

图 5.6.10　将 BDF 文件存盘

在 BDF 文件存盘对话框中接受默认的文件名,并默认 Add file to current project 选项选中,以使该文件添加到工程中去。至此,完成了顶层模块的建立。在下面的步骤中将会将VHDL 文件生成的模块加入到顶层模块中去。

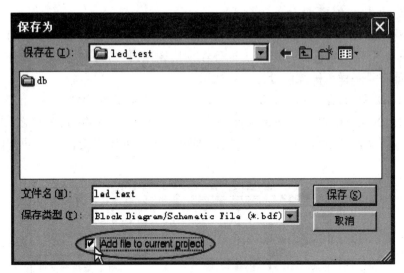

图 5.6.11 BDF 文件存盘对话框

3）建立文本编辑文件

Quartus II 的文本编辑器是一个非常灵活的编辑工具,用于以 AHDL(Altera Hardware Description Language)、VHDL 和 Verilog HDL 语言形式以及 Tcl 脚本语言输入文本型设计,还可以在该文本编辑器下输入、编辑和查看其他 ASCII 文本文件。在这里我们要建立的是 VHDL 文件,建立的流程和建立图形设计文件一样。

在创建好一个设计工程以后,如图 5.6.8 所示,从"File"→"New…"打开新建文件对话框如图 5.6.9 所示,在新建文件对话框中选择"VHDL File"(若要新建"Verilog HDL"文件,则选择"Verilog HDL File"),按"OK"建立一个空的 VHDL 文件,缺省名为"Vhdl1. vhd"(Verilog HDL 文件为"Verilog1. v")。如图 5.6.10 所示,点击"File"→"Save As…"如改名为"LED. vhd"文件并保存。

5.6.2 Quartus II 工程设计

在第 5.6 步中已经建立好了 Quartus II 工程文件,现在要对 Quartus II 工程进行编程设计。

1）在 VHDL 文件中编写源程序

在新建 VHDL 源程序文件输入程序代码并保存。

对该 VHDL 文件进行编译处理,具体操作如下:

① 如图 5.6.12 所示,在 Project Navigator 窗口的"Files"标签中的"led. vhd"文件单击鼠标右键,在弹出的菜单中点击"Set at Top-level Entity"选项。将"led. vhd"设置为顶层实体。

② 选择"Processing"→"Start"→"Start Analysis & Synthesis"进行综合编译,也可以选择工具栏上的 按钮启动编译。

③ 若在编译过程中发现错误,则找出并更正错误,直至编译成功为止。

2) 从设计文件创建模块

在层次化工程设计中,经常需要将已经设计好的文件生成一个模块符号文件(Block Symbol Files. bsf)作为自己的功能模块符号在顶层调用,该符号就像图形设计文件中的任何其他宏功能符号一样可被高层设计重复调用。

如图 5.6.12 所示,在 Project Navigator 窗口的“Files”标签中的“led. vhd”文件单击鼠标右键,在弹出的菜单中点击“Create Symbol Files for Current File”选项。之后会弹出一对话框提示原理图文件创建成功,点 确定 按钮即可创建一个代表现行文件功能的符号文件(led. bsf)。

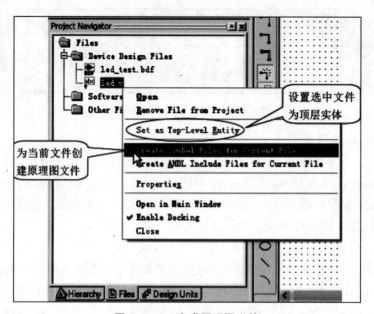

图 5.6.12　生成原理图文件

设计好的图形设计文件(Block Symbol Files. bdf)也可以生成一个模块符号文件(BlockSymbol Files. bsf)作为自己的功能模块符号在顶层调用。操作如下:

① 如图 5.6.12 所示,在 Project Navigator 窗口的 Files 标签中的“. bdf”文件单击鼠标右键,在弹出的菜单中点击“Set at Top-level Entity”选项。将“. bdf”设置为顶层实体。

② 在“File”→“Create/Updata”项选择“Create Symbol Files for Current file”,点击“确定”按钮即可创建一个代表现行文件功能的符号文件(. bsf)。

3) 添加 led. bsf 模块到 Quartus Ⅱ顶层模块

执行下列步骤将 led 符号(led. bsf)加入到 BDF 文件中(在第 5.6.1 中已经建立好的 led_test. bdf)。

① 在 Quartus Ⅱ中,在“led_test. bdf”窗口的任意处双击,弹出添加符号(Symbol)的对话框,如图 5.6.13 所示。

② 在 Project 下,选择 led,在右边的窗口中出现一个大的符号,这就是由 led. vhd 源文件生成模块符号。

③ 单击“OK”。“Symbol”对话框被关闭,led 符号被附在鼠标的指针上,在 led_test. bdf 的窗口中的适当位置,放置该符号。

④ 选择"File"→"Save"来保存 Quartus Ⅱ顶层文件 led_test. bdf。

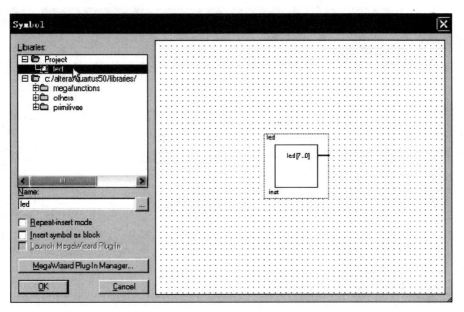

图 5.6.13 添加 Symbol 对话框

4）添加引脚和其它基本单元

引脚包括输入（input）、输出（output）和双向（bidir）三种类型，在添加引脚和其他基本单元时，将使用到模块编辑工具栏中的各种工具。图 5.6.14 显示了工具栏中各工具的功能。

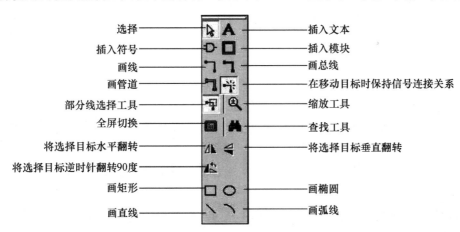

图 5.6.14 模块编辑工具栏

执行下面步骤为顶层模块添加输出管脚：

① 单击模块编辑工具栏中的 按钮，插入符号对话框如图 5.6.15 所示。读者可以发现，这个对话框就是图 5.6.13 所示的对话框，不同之处，使用该按钮时，默认重复插入模式（Repeatinsert mode）选中，这样可重复的插入符号。当然，前面插入 led 符号也可使用按钮。

② 单击"＋"展开 C:/altera/quartus50/libraries 文件夹，再单击"＋"展开 primitives 文件夹和 pin 文件夹。

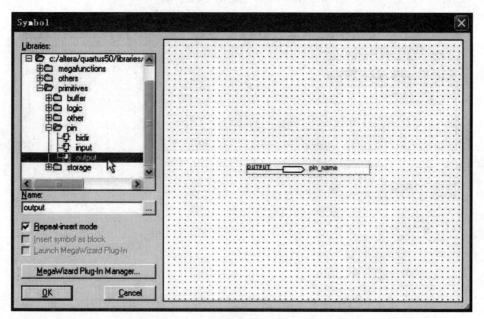

图 5.6.15　添加输入管脚对话框

③ 在 pin 文件夹下选择 output 组件(也可以在 Name 栏目下直接输入名称)。

④ 单击"OK"按钮。

⑤ 在 led 符号的左侧的空白处单击 1 次,插入 1 个 output 引脚符号。

⑥ 拖动管脚符号连接到 led 符号的输出口。

g. 双击各管脚符号,进行管脚命名。

h. 选择"File"→"Save"保存 BDF 文件。

5）波形仿真

(1) 选择"File"→"New…"命令,打开新建文件对话框,在新建对话框中选择标签页,从中选择"Vector Waveform File",如图 5.6.16 所示。按"OK"建立一个空的波形编辑器窗口,缺省名为 Waveform1. vwf。点击"File"→"Save As…"改名为"full_add. vwf"并保存。

(2) 在如图 5.6.17 所示的 Name 标签区域内双击鼠标左键,弹出如图 5.6.18 所示的添加节点对话框。

在如图 5.6.18 所示的添加节点对话框中按 Node Finder… 按钮,弹出如图 5.6.19 所示的对话框,按图 5.6.19 所示步骤进行选择和设置,按按钮后又弹出如图 5.6.18 所示的对话框,再按"OK"按钮完成节点添加,如图 5.6.20 所示。

(3) 波形编辑器默认的仿真结束时间为 1 μS,根据仿真需要,可以自由设置仿真文件的结束时间。选择"Edit"→"End Time"命令,弹出结束时间对话框,在"Time"框内输入仿真结束时间,时间单位可选为 s、ms(10^{-3} s)、μs(10^{-6} s)、ns(10^{-9} s)、ps(10^{-12} s)。点击"OK"按钮完成设置。在这里采用默认设置(1 μs)。

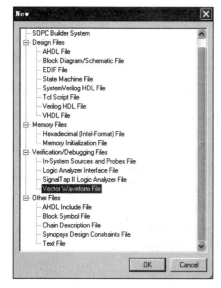

图 5.6.16 新建波形文件对话框

图 5.6.17 新建波形文件界面

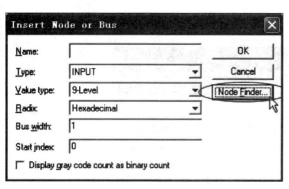

图 5.6.18 添加节点对话框

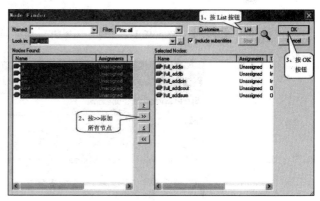

图 5.6.19 添加节点

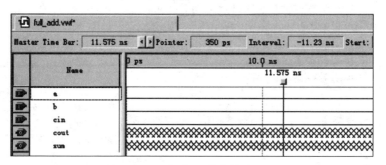

图 5.6.20 添加完节点的波形图

（4）编辑输入节点波形。编辑时将使用到波形编辑工具栏中的各种工具。图 5.6.21 显示了工具栏中各工具的功能。

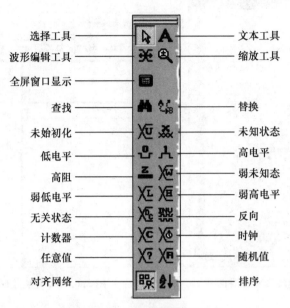

左侧标注（从上到下）：选择工具、波形编辑工具、全屏窗口显示、查找、未始初化、低电平、高阻、弱低电平、无关状态、计数器、任意值、对齐网络

右侧标注（从上到下）：文本工具、缩放工具、替换、未知状态、高电平、弱未知态、弱高电平、反向、时钟、随机值、排序

图 5.6.21　波形编辑器工具条

（5）选择"Processing"→"Simulator Tool"命令，弹出如图 5.6.22 所示的对话框。

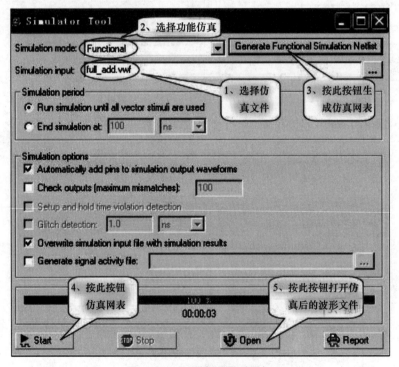

图 5.6.22　仿真设置对话框

（6）验证仿真结果是否与设计相符合，如果不符合，需重新设计文件，再进行综合编译、仿真。直到仿真结果与设计相符合为止。

6）选择器件型号

每种型号的 FPGA 芯片的管脚可能都不相同，因此在进行管脚分配之前都应选择相应目标 FPGA 芯片型号。这一步其实在第 5.6.1 步中已经完成，这里只是让读者了解，在 Quartus II 工程创建好后仍然可以选择并修改器件型号。

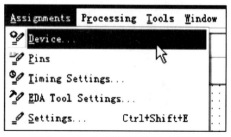

如图 5.6.23 所示，选择"Assignments"→"Device…"打开器件选择对话框如图 5.6.24 所示。在对话框中，指定所需的目标器件型号，本实验为 EP3C25F324C8。

图 5.6.23　打开器件选择对话框

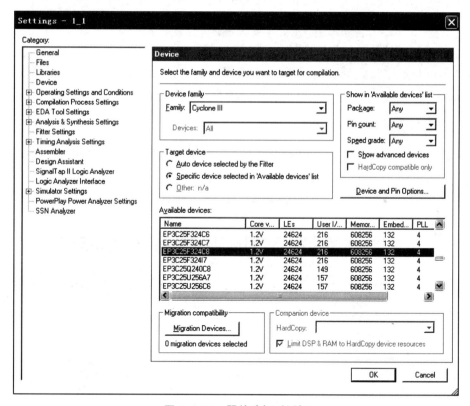

图 5.6.24　器件选择对话框

7）分配 FPGA 管脚

要执行 FPGA 管脚的分配，可按下面步骤进行：

① 如图 5.6.23 所示，选择"Assignments"→"Pins"打开管脚分配对话框如图 5.6.25 所示。

② 按照要求在 Node Name 栏中，输入各管脚名称，在 Location 下拉选择相应的管脚，也可以在 Location 下输入管脚号（如 pin_50）来快速定位，最终分配的结果如图 5.6.25

所示。

③ 选择"File"→"Save"来保存分配,然后关闭 Assignment Editor。

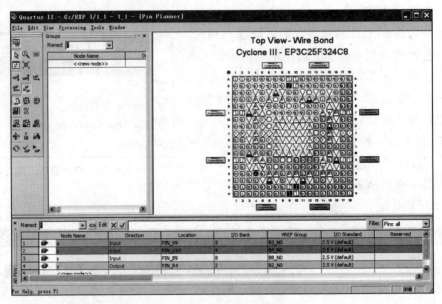

图 5.6.25　分配管脚对话框

8) 器件和管脚的其它设置

点击图 5.6.24 中的 Device and Pin Options... ,打开"Device&Pin Options"对话框。在 "Device&PinOptions"对话框中选择"Unused Pins"标签页进行没有使用管脚的设置,按照 图 5.6.26 所示设置将未使用管脚设置为高阻输入,这样上电后 FPGA 的所有不使用管脚后 将进入高阻抗状态。

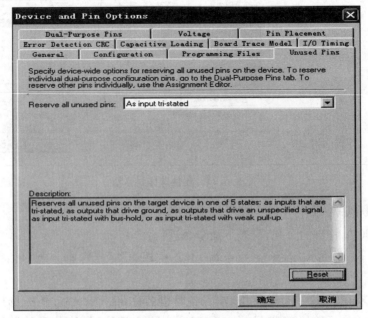

图 5.6.26　未用管脚设置

在设计中一定要将未定义的管脚定义为三态输入,如图 5.6.26 所示。注意一定不能将未定义(不使用)管脚模式设置为输出,并连接到地(As outputs,driving ground)。否则,可能会造成连接在核心板上的 Flash、sram 等未使用的芯片冲突而损坏芯片。

5.6.3　设置编译选项并编译硬件系统

1) 设置编译选项

在图 5.6.1 中的左边框中,选择相应的设置选项进行设置,一般实验采用默认的编译设置,不进行任何修改,若要进行编译选项设置,请参考 Altera 的 Quartus Ⅱ使用手册。

2) 编译硬件系统

在编译过程中,编译器定位并处理所有工程文件,生成与编译相关的消息与报告,创建 SOF 文件及任何可选配置文件。

如图 5.6.12 所示,在 Project Navigator 窗口的 Files 标签中的 led_test.bqf 文件单击鼠标右键,在弹出的菜单中点击 Set at Top-level Entity 选项。将 led_test.bqf 设置为顶层实体。

选择"Processing"→"Start Compilation"进行全程编译,也可以选择工具栏上的▶按钮启动编译,对该工程文件进行编译处理,若在编译过程中发现错误,则找出并更正错误,直至编译成功为止。在编译硬件系统时,状态窗口显示整个编译进程及每个编译阶段所用的时间。编译结果显示在 Compilation Report 窗口中。整个编译时间大约几十秒到一分钟,这取决于计算机的性能以及编译选项设置。

在编译过程中,可能产生很多警告信息,但这些不会影响设计结果。

3) 查看编译报告

编译结束后,对话框显示消息"Full compilation was successful.",单击进入 Compilation Report 窗口,如图 5.6.27 所示,包括编译报告、综合报告、适配报告、时序分析报告等。

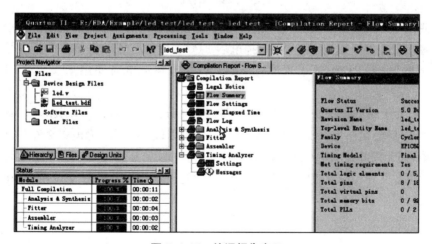

图 5.6.27　编译报告窗口

5.6.4　下载硬件设计到目标 FPGA

成功编译硬件系统后,将产生 led_test. sof 的 FPGA 配置文件输出。本步骤简单介绍将 SOF 文件下载到到目标 FPGA 器件的步骤。

① 按要求连接实验电路。

② 通过 ByteBlaster Ⅱ下载电缆连接实验箱 JTAG 口和主计算机,JTAG 下载线接头有块突起,突起的方向朝向 FPGA 芯片插入连接,然后接通实验箱电源。

③ 在 Quartus Ⅱ软件中选择"Tools"→"Programmer",也可以按工具栏上的 按钮。打开编程器窗口并自动打开配置文件(led_test. sof),如图 5.6.28 所示。如果没有自动打开配置文件,则需要自己添加需要编程的配置文件。

④ 确保编程器窗口左上角的 Hardware Setup 栏中硬件已经安装。

⑤ 确保 Program/Configure 下的方框选中。

⑥ 单击 ▶ Start 开始使用配置文件对 FPGA 进行配置,Progress 栏显示配置进度。

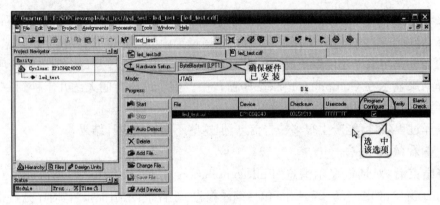

图 5.6.28　编程窗口

如果使用 Quick SOPC 核心板,板上的配置绿色指示灯 CONF 亮,说明配置成功。本例只讲述了将配置文件下载到 FPGA 中,掉电后 FPGA 中的配置数据将丢失。也可以将配置文件写入掉电保持的 EPCS(或者配置 Flash 芯片),在上电时使用 EPCS 对 FPGA 进行配置。

Quartus Ⅱ工程的顶层文件的扩展名可以是:. bdf、. tdf、. vhd、. vhdl、. v、. vlg、. edif 或. edf。在本例中顶层文件为 led_test. bdf。注:本例可以设 led. vhd 为顶层文件并直接分配管脚编译下载,而无需新建 led_test. bdf 和 led. bsf 文件。但为了让用户了解图形设计文件(. bdf)及图形符号文件(. bsf)的新建过程,方便以后的设计应用。所以增设新建 led_test. bdf 和 led. bsf 文件这些内容。

5.7　负反馈放大电路仿真实验

5.7.1　实验目的

(1) 熟悉 Multisim 仿真软件的交流分析功能；
(2) 了解负反馈电路的原理；
(3) 掌握负反馈对放大电路的影响。

5.7.2　知识点

负反馈、交流分析。

5.7.3　实验原理

(1) 反馈的概念

反馈是指将电路输出量(电压或电流)的一部分或所有,按一定方式送回输入回路,以影响电路性能的一种连接方式。若引回的信号削弱了输入信号,就称为负反馈。若引回的信号增强了输入信号,就称为正反馈。几乎所有的实用放大电路都是带负反馈的电路,至于正反馈,则多用于振荡电路中。

(2) 负反馈的基本形式

根据反馈采样方式的不一样,分为电流反馈和电压反馈；根据反馈信号与输入信号在放大电路输入端连接方式的不一样,分为串联反馈和并联反馈。它们的组合,就形成四种反馈方式。

(3) 负反馈对放大电路的影响

电压负反馈:可以稳定输出电压、减小输出电阻；

电流负反馈:可以稳定输出电流、增大输出电阻；

串联反馈:可以使电路的输入电阻增大；

并联反馈:可以使电路的输入电阻减小。

5.7.4　实验内容

根据所给的多级放大电路,如图 5.7.1,图中 J_1 为负反馈选择开关,J_2 为负载连接开关,使多级放大电路可以工作在无负反馈、无负载的电压放大状态。

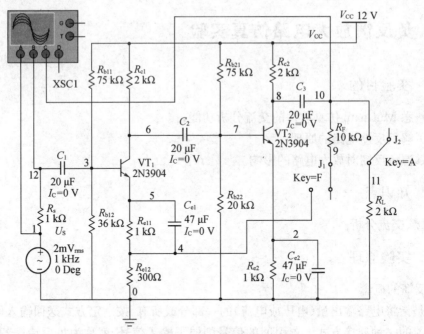

图 5.7.1 仿真电路

1) 放大电路开环性能仿真

启动仿真开关进行仿真,得到图 5.7.2。

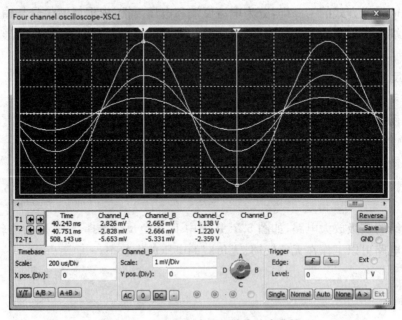

图 5.7.2 放大电路开环性能仿真曲线

单击键盘"A"键,使得 J_2 闭合,使放大电路工作在无负反馈、带负载的电压放大状态。启动仿真开关,进行仿真测量,如图 5.7.3 所示,放大状态时,单击菜单栏"Simulate"→"Analyses"→"AC analysis …"(交流分析)按钮,在弹出的对话框中设置扫描起始频率1 Hz,终止频率 100 MHz,10 倍频程扫描,每频程取样点 10,纵坐标刻度选择对数。在对话框"Output"选项中选择待分析的输出电路节点 V[10]。单击"Simulate"仿真,移动幅频特性曲线上的游标至在游标测量数据显示栏中显示的中频段电压增益(max y)减小 3 dB 后的上、下位置,即可得到放大电路的幅频特性曲线及参数如图 5.7.4 所示。

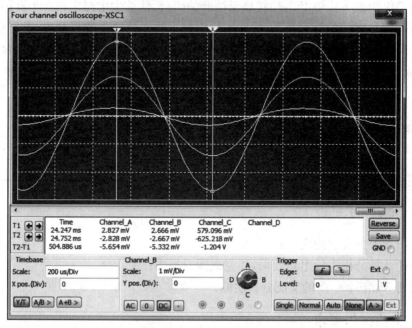

图 5.7.3　仿真测量曲线

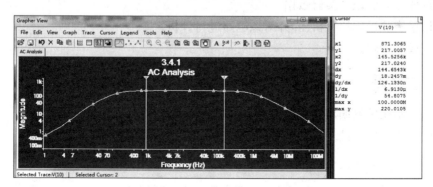

图 5.7.4　放大电路的幅频特性曲线及参数

开环时,依据图 5.7.2～图 5.7.4 所测的仿真数据可知:

$$R_i = \frac{U_i}{U_S - U_i} R_S \approx \frac{2.666}{2.827 - 2.666} \times 1 \text{ k}\Omega \approx 16.55 \text{ k}\Omega$$

$$R_o = \left(\frac{U_o}{U_{ol}} - 1\right) R_L \approx \left(\frac{1\,138}{579.096} - 1\right) \times 2 \text{ k}\Omega \approx 1.93 \text{ k}\Omega$$

$$A_{uo} = \frac{U_o}{U_i} \approx \frac{1\,138}{2.666} \approx 426.86$$

$$A_{ul} = \frac{U_{ol}}{U_i} \approx \frac{579.096}{2.666} \approx 217.22$$

中频段的电压增益为 220.0105 dB，通频带为：

$$BW = f_H - f_L \approx (145.525\ 6 - 871.306\ 5 \times 10^{-3})\,\text{kHz} = 144.65\ \text{kHz}$$

2）放大电路的闭环性能仿真实验

在图 5.7.2 中按下按键"F"，使得负反馈开关闭合，使放大电路工作在负反馈状态，此时电路为电压串联负反馈的放大状态，按照实验内容 1 的方法启动仿真开关，进行仿真测量和仿真分析，要求列出实验结果的仿真图，根据仿真图的数据进行计算，输入电阻 R_i，输出电阻 R_o，无负载放大倍数 A_{uo}，有负载放大倍数 A_{ui}，中频带电压增益，通频带。完成表 5.7.1。

表 5.7.1　根据仿真图测得的数据表

电路工作状态	R_i	R_o	A_{uo}	A_{ui}	B_W
开环					
闭环					

5.7.5　预习要求

（1）复习有关负反馈的内容；

（2）理论计算分析实验电路数据，并完成预习报告；

（3）预习 Multisim 10 的交流分析功能。

5.7.6　实验报告要求

（1）按任务要求记录实验数据；

（2）记录实验过程的分析图，并对该电路进行分析；

（3）完成思考题。

5.7.7　思考题

（1）电压串联负反馈对放大电路输入电阻、输出电阻有什么影响？

（2）电压串联负反馈对放大电路的中频电压增益，上下限频率有什么影响？

5.7.8　实验仪器和器材

安装有 Multisim 10 的 PC 机。

5.8　差分放大电路仿真实验

5.8.1　实验目的

（1）熟悉 Multisim 仿真软件的温度扫描分析功能；

（2）了解差分放大电路的原理和特点；

（3）掌握差分放大电路对零点漂移的抑制作用。

5.8.2 知识点

差分电路、零点漂移、温度扫描分析

5.8.3 实验原理

差分放大电路又称差动放大电路,是集成运算放大器中重要的基本单元电路,广泛应用于多级直接耦合放大电路输入级,具有放大差模信号、抑制共模干扰信号和零点漂移的功能。

该差分电路采用同一三极管 2N222A 组成单端输入、单端输出接法的带恒流源,如图 5.8.1 所示。电路中 S_1 接通 R_1,那么电路为典型的差分放大电路,该电路增大发射极电阻 R_1 的阻值能够有效的抑制每一边电路的温漂,提高共模抑制比。采用工作在放大区内的 VT_3 构成的恒流源电路来代替差分电路中的发射极电阻 R_1 的方法。这样既增大了发射极电阻 R_1 的阻值,去除了集成电路中难以制造大电阻和设置高电压的困惑,还可以将共模抑制比 KCMR 提高 $1\sim2$ 个数量级。

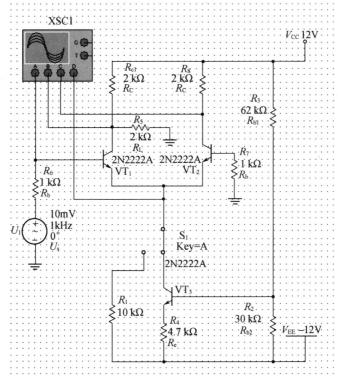

图 5.8.1　实验电路图

5.8.4 实验内容

对比普通放大电路和差分放大电路的温度扫描分析结果,了解差分放大电路的特点。

1) 普通放大电路的温度扫描分析

新建如图 5.8.2 所示的共射放大电路。

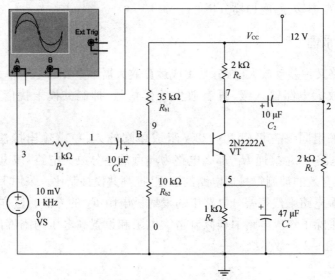

图 5.8.2　共射放大电路图

单击 Multisim 10 界面菜单"Simulate"→"Analyses"→"Temperature Sweep…"(温度扫描分析)的按钮,在弹出的对话框 Analysis Parameters 设置栏中设置:扫描方式为线性(Linear);所要扫描的起始温度为 25 ℃,终止温度为 100 ℃;扫描的点数为 2 点;分析类型为瞬态分析(Transient Analysis);单击"Edit Analysis"按钮后设置扫描的起始时间为 0 sec,终止时间为 0.001 sec(即一个信号周期);随后在 Output 选项中选择节点 $V[2]$ 为待分析的输出电路节点,如图 5.8.3 所示。单击"Simulate"仿真按钮,即可得到共射放大实验电路的温度扫描分析特性曲线及参数,如图 5.8.4 所示。

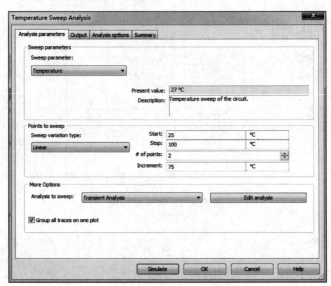

图 5.8.3　Output 选项

从温度扫描分析特性曲线及参数中可以看出,共射放大电路的输出电压呈负温度系数变化,当温度从 25 ℃上升到 100 ℃时,产生的最大输出电压偏差为 $\Delta U_o = ($ ＿＿＿＿＿＿$)$

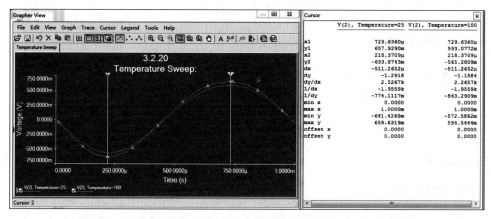

图 5.8.4　共射放大实验电路的温度扫描分析特性曲线及参数图

2)带恒流源的差分放大电路的温度分析

为了使两种放大电路具有可比性,采用同一个三极管 2N2222A 组成的单端输入、单端输出的接法带恒流源的差分放大电路,且信号源、负载等电路的参数都相同。按如图 5.8.2 所示实验电路分别测量接通 S_1 到 R_1 和 VT_3 时的温度扫描分析曲线。

单击 Multisim 10 界面菜单"Simulate"→"Analyses"→"Temperature Sweep…"(温度扫描分析)的按钮,设置如上述参数一样的设置,得到带恒流源的差分放大电路的温度扫描分析曲线及参数,分析的输出电压偏差为:接通 R_1 时:$\Delta U_o = $ ＿＿＿＿＿＿＿＿;接通 VT_3 时:$\Delta U_o = $ ＿＿＿＿＿＿＿＿。

5.8.5　预习要求

(1)复习差分电路的相关知识;
(2)理论计算分析实验电路数据,并完成预习报告;
(3)预习 Multisim 10 的温度扫描分析功能。

5.8.6　实验报告要求

(1)按任务要求记录实验数据;
(2)记录实验过程的分析图,并对该电路进行分析;
(3)完成思考题。

5.8.7　思考题

(1)差动放大器中两管及原件对称对电路性能有什么影响?
(2)恒流源的 I_o 取大些好还是小些好?

5.8.8　实验仪器和器材

安装有 Multisim 10 的 PC 机。

5.9　一阶 RC 电路分析

5.9.1　实验目的

（1）熟悉 Multisim 仿真软件的瞬态分析功能；

（2）了解 RC 电路的原理和特点。

5.9.2　知识点

RC 电路、瞬态分析

5.9.3　实验原理

电容元件和电感元件的电压和电流的约束关系是导数和积分的关系，称为动态元件。含有动态元件的电路称为动态电路，描述动态电路的方程是以电压和电流为变量的微分方程。

当作用于电路的激励源为恒定量或周期性变化量，电路的响应也是恒定量或周期性变化量时，称电路处于稳定状态。由于电路中含有储能元件，在一般情况下，当电路换路（电源或无源元件的接入、断开以及某些参数的突然改变）时，电路的响应都要发生变化。一般这种变化是不能瞬间完成的，这种从一个稳态到另一个稳态的变化过程称为过渡过程。在过渡过程中，电路中的电压、电流处于暂时不稳定的状态，因此过渡过程又称为暂态过程，简称暂态。在动态电路中发生的过渡过程称为动态过程，动态过程中的电路的响应称为动态响应。

用一阶常系数线性微分方程描述其过渡过程的电路，或者说只含一个独立储能元件（电容或电感）的电路称为一阶电路。一阶电路的暂稳态响应曲线呈指数规律变化。一阶线性电路的动态响应的一般表达式为：

$$f(t) = f(\infty) + [f(0_+) - f(\infty)]e^{-\frac{t}{\tau}}$$

式中，$f(t)$ 是电压或电流；$f(\infty)$ 是稳态分量，是电路达到新的稳态时的稳态值；$f(0_+)$ 是待求函数的初始值；τ 为一阶电路的时间常数，取决于电路的结构和元件参数。

5.9.4　实验内容

1）一阶 RC 电路的充、放电的瞬态分析

实验电路如图 5.9.1 所示。

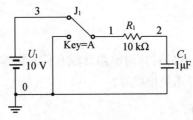

图 5.9.1　一阶 RC 电路图

在 Multisim 10 中单击"A"键,选择 RC 电路分别工作在充电(零状态响应)、放电(零输入响应)状态(见图 5.9.2)。

工作在充电状态,单击"Simulate"→"Analyses"→"Transient Analysis…(瞬态分析)"按钮,在弹出的参数选项设置对话框 Analysis Parameters 选项卡 Initial Conditions 区中,设置仿真开始时的初始化条件为 Set to Zero(初始状态为零);在 Parameters 区中设置仿真起始时间 Start time 和终止时间 End time 分别为 0 和 0.1 s;在 Output(输出)中设置待分析的输出节点为 V[2]等,如图 5.9.3 所示。单击"Simulate"(仿真)按钮,即可得到零状态响应曲线。

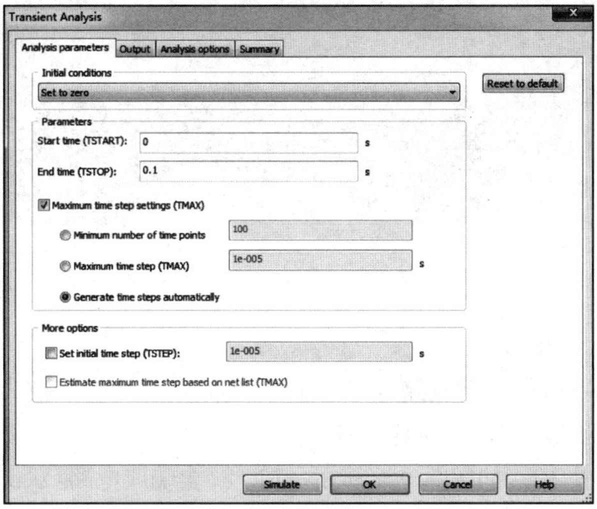

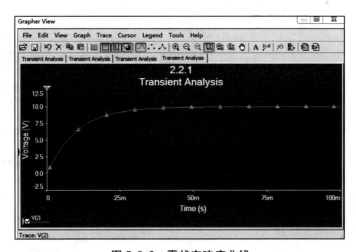

图 5.9.2 参数选项设置对话框

图 5.9.3 零状态响应曲线

工作在放电状态,单击按键"A",选择 RC 电路为放电状态,双击电路中的电容,在电容的参数选项卡中单击"Value(数值)"按钮,在弹出的参数选项设置对话框中勾选"Initial Conditions(初始状态)"选项,设置电容器的初始电压为 10 V。单击"Simulate"→"Analyses"→"Transient Analysis…(瞬态分析)"按钮,在弹出的参数选项设置对话框 Analysis Parameters 选项卡 Initial Conditions 区中,设置仿真开始时的初始化条件为 User defined(由用户自定义初始值);在 Parameters 区中,设置仿真起始时间 Start time 和终止时间 End time 分别为 0 和 0.1 sec;在 Output(输出)中设置待分析的输出节点为 V[2]等,如图 5.9.2 所示。单击"Simulate"(仿真)按钮,即可得到零输入响应曲线,如图 5.9.4 所示。

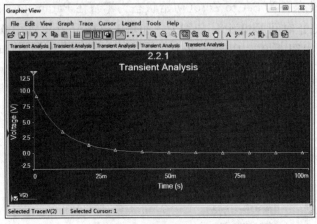

图 5.9.4 零输入响应曲线

2) 一阶 RC 全响应

当一个非零初始状态的一阶电路设定激励时,电路产生的响应称为全响应,对于线性电路,全响应是零输入响应和零状态响应之和。

在 Multisim 10 中,搭接如图 5.9.5 所示一阶 RC 全响应电路,双击信号发生器,设置产生 25 Hz,占空比 50% 的方波,幅值为 10 V,打开仿真开关,观察示波器输入和输出波形,如图 5.9.6。

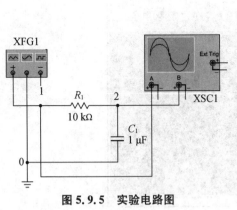

图 5.9.5 实验电路图

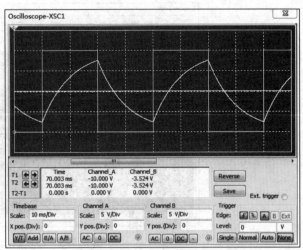

图 5.9.6 示波器输入输出波形

5.9.5 预习要求

(1) 复习有关 RC 一阶电路的内容;

（2）理论计算分析实验电路数据，并完成预习报告；

（3）预习 Multisim 10 的瞬态分析功能。

5.9.6　实验报告要求

（1）按任务要求记录实验数据；

（2）记录实验过程的分析图，并对该电路进行分析；

（3）完成思考题。

5.9.7　思考题

（1）已知某 RC 一阶电路的 $R=10\ k\Omega$，$C=0.01\ \mu F$，试计算时间常数 τ，并根据 τ 值的物理意义，拟定在 Multisim 中测量 τ 的方法。

（2）一阶 RC 全响应实验中电容上的电压响应包含了哪些响应？（按对应方波信号前、后半周分别分析）

5.9.8　实验仪器和器材

安装有 Multisim 10 的 PC 机。

附 录

附录 A 集成电路型号的命名规则

A1 我国集成电路国家标准的命名规则

我国集成电路型号命名方法国家标准(GB3430 - 89)包括五部分,有 <u>C</u> x <u>XXX</u>…? <u>X</u> <u>X</u> 表示,其中:

第一部分 C 表示中国国标产品。

第二部分表示器件类型。常用的器件类型有以下几种:

T:TTL 电路	H:HTL 电路
F:线性放大电路	C:CMOS 电路
μ:微型机电路	W:稳压器
E:ECL 电路	D:音响、电视电路
M:存储器	DA:D/A 转换器
J:接口电路	AD:A/D 转换器
SW:钟表电路	B:非线性电路
SC:通信专用电路	SS:敏感电路

第三部分表示器件的系列和品种代号,用阿拉伯数字和字母表示。其中 TTL 电路分为以下几种:

54/74XXX	54、74 标准系列
54/74HXXX	H 高速系列
54/74LXXX	L 低功耗系列
54/74SXXX	S 肖特基钳位系列
54/74LSXXX	LS 低功耗肖特基系列
54/74ASXXX	AS 快速系列
54/74ALSXXX	ALS 先进低功耗肖特基系列

CMOS 电路分为以下几种:

4000 系列	标准系列
54/74HCXXX	高速系列

第四部分用字母表示器件的工作温度范围:

C:(0~+70)℃	G:(−25~+70)℃
L:(−25~+85)℃	E:(−40~+85)℃
R:(−55~+85)℃	M:(−55~+125)℃

第五部分用字母表示集成芯片的封装形式。

F:多层陶瓷扁平　　　　　　　　　B:塑料扁平

H:黑瓷扁平　　　　　　　　　　　D:多层陶瓷双列直插

J:黑瓷双列直插　　　　　　　　　S:塑料单列直插

T:金属圆形　　　　　　　　　　　K:金属菱形

C:陶瓷片状载体　　　　　　　　　E:塑料片状载体

G:网格阵列

【例 A1.1】　线性放大器C F 741 C T

C:符合中国国家标准

F:类型为线性放大器

741:品种代号通用型运算放大器

C:工作温度范围(0～+70)℃

T:金属圆形封装

【例 A1.2】　TTL 电路C T 1 020 C D

C:符合中国国家标准

T:类型为 TTL 电路

第三位的1:表示系列。各数字表示的系列含义是:1—标准系列;2—高速系列;3—肖特基系列;4—低功耗肖特基系列

020:品种代号,双 4 输入与非门

C:工作温度范围(0～+70)℃

D:为多层陶瓷双列直插封装

【例 A1.3】　CMOS 电路C C 14512 M F。

C:中国国家标准

C:类型为 CMOS 电路

14512:3 选 1 数据选择器

M:工作温度范围(-55～+125)℃

F:多层陶瓷扁平

国家标准型号的集成电路与国际通用或流行系列品种相仿,其型号、功能、电气特性及引脚排列等均与国外同类产品相同,因而品种代号相同的国内、外产品可以相互通用。

A2　国外主要公司 TTL 集成电路型号命名规则

(1) 美国得克萨斯公司(TEXAS)命名规则

【例 A2.1】　SN 74 LS 74 J

SN:表示得克萨斯公司标准电路

74:表示工作温度范围

　　54 系列:(-55～+125)℃,74 系列:(0～+70)℃

LS:表示系列。常用系列有以下几种。

　　LS:低功耗肖特基系列。

　　S:肖特基系列。

　　ALS:先进的低功耗肖特基系列。

　　AS:先进的肖特基系列。

　　H:高速系列。

　　L:低功耗系列。

　　空白:标准系列。

<u>74</u>:表示品种代号。

　　74 表示双上升沿 D 触发器。

<u>J</u>:表示封装形式。

　J:陶瓷双列直插;N:塑料双列直插;T:金属扁平;W:陶瓷扁平。

(2) 美国摩托罗拉公司(MOTOROLA)命名规则

【例 A2.2】　<u>MC</u> <u>74</u> <u>194</u> <u>P</u>

<u>MC</u>:表示摩托罗拉公司标准的集成电路。

<u>74</u>:表示工作温度范围。

　　4,20,30,40,72,74,83:(0～+75)℃

　　5,21,31,43,82,54,93:(-55～+125)℃

<u>194</u>:表示品种代号。

　　194 表示 4 位双向移位寄存器。

<u>P</u>:表示封装形式。

　F:陶瓷扁平;L:陶瓷双列直插;P:塑料双列直插。

(3) 美国国家半导体公司(NATIONAL SEMICONDUCTOR)命名规则

【例 A2.3】　<u>DM</u> <u>74</u> <u>LS</u> <u>161</u> <u>N</u>

<u>DM</u>:表示国家半导体公司单片数字电路。

<u>74</u>:表示工作温度。

　　74,80,81,82,85,87,88:(0～+70)℃

　　54,70,71,72,75,77,78,93,96:(-55～+125)℃

　　83,96:(0～+75)℃

<u>LS</u>:表示系列。

　　H:高速系列;L:低功耗系列;LS:低功耗肖特基系列;S:肖特基系列;<空白>:标准系列。

<u>161</u>:表示品种代号。

　　161 表示 4 位二进制同步计数器。

<u>N</u>:表示封装形式。

　　D:玻璃-金属双列直插;F:玻璃-金属扁平;J:低温陶瓷双列直插;N:塑料双列直插;W:低温陶瓷扁平。

(4) 日本日立公司(HITACHI)命名规则

【例 A2.4】　<u>HD</u> <u>74</u> <u>LS</u> <u>191</u> <u>P</u>

<u>HD</u>:表示日立公司数字集成电路。

<u>74</u>:表示工作温度范围。

　　74:(−20～+75)℃

<u>LS</u>:表示系列。

　　LS:低功耗肖特基系列；S:肖特基系列；<空白>:标准系列。

<u>191</u>:表示品种代号

　　191 表示 4 位二进制可逆计数器。

<u>P</u>:表示封装形式。

　　P:塑料双列直插；<空白>:玻璃−陶瓷双列直插。

附录 B　各种封装形式及含义

SIP(Single-Line Package)：单列直插式封装。

DIP(Dual In-Line Package)：双列直插式封装。

CDIP(Ceramic Dual-In-Line Package)：陶瓷双列直插式封装。

PDIP(Plastic Dual-In-Line Package)：塑料双列直插式封装。

SDIP(Shrink Dual-In-Line Package)：缩小型双列直插式封装。

QFP(Quad Flat Package)：四方扁平封装。

TQFP(Thin Quad Flat Package)：薄型四方扁平封装。

PQFP(Plastic Quad Flat Package)：塑料四方扁平封装。

MQFP(Metric Quad Flat Package)：米制四方扁平封装。

VQFP(Very Thin Quad Flat Package)：特薄四方扁平封装。

SOP(Small-Outline Package)：小外形封装。

SSOP(Shrink Small-Outline Package)：缩小外形封装。

TSOP(Thin Small-Outline Package)：薄型缩小外形封装。

TSSOP(Thin Shrink Small-Outline Package)：细薄缩小外形封装。

QSOP(Quarter Small-Outline Package)：1/4 码(9 英寸)小外形封装。

VSOP(Very Small-Outline Package)：甚小外形封装。

VTSOP(Very Thin Small-Outline Package)：特细薄小外形封装。

LCC(Leadless Chip Carrier)：无引线芯片承载封装。

LCCC(Leadless Ceramic Chip Carrier)：陶瓷无引线芯片承载封装。

PLCC(Plastic Leadled Chip Carrier)：塑料引线芯片承载封装。

CLCC(Ceramic Leadled Chip Carrier)：陶瓷引线芯片承载封装。

BGA(Ball Grid Array)：球栅阵列封装。

CBGA(Ceramic Ball Grid Array)：陶瓷球栅阵列封装。

PBGA(Plastic Ball Grid Array)：塑料球栅阵列封装。

μBGA (Micro Ball Grid Array)：球栅阵列封装。

LGA(Land Grid Array)：触点阵列封装。

PGA(Pin Grid Array)：栅极排列封装。

CPGA(Ceramic Pin Grid Array)：陶瓷栅极排列封装。

PPGA(Plastic Pin Grid Array)：塑料栅极排列封装。

MCM(Multi Chip Model)：多芯片模块。

SMD(Surface Mount Devices)：表面贴装器件。

SOIC(Small Outline Integrated Circuit)：小外形封装集成电路(SOIC 是 SOP 的别称)。

CSP(Chip Scale Package)：超小型表面贴装型封装，又称微型球栅阵列封装。

附录C 部分常用 TTL 集成电路汇编

类　别	器件名称	国产型号	国外型号
逻辑门	6 反相器	CT1004	SN5404/SN7404
	6 反相器(OC)	CT1005	SN5405/SN7405
	6 反相器(施密特触发)	CT1014	SN5414/SN7414
	双 4 输入与非门	CT1020	SN5420/SN7420
	双 4 输入与非门(施密特触发)	CT1013	SN5413/SN7413
	三 3 输入与非门	CT1010	SN5410/SN7410
	四 2 输入与非门	CT1000	SN5400/SN7400
	四 2 输入与非门(OC)	CT1003	SN5403/SN7403
	四 2 输入与非门缓冲器(OC)	CT1038	SN5438/SN7438
	四 2 输入与非门(施密特触发)	CT1132	SN54132/SN74132
	8 输入与非门	CT1030	SN5430/SN7430
	双 4 输入或非门	CT1025	SN5425/SN7425
	三 3 输入或非门	CT1027	SN5427/SN7427
	四 2 输入或非门	CT1002	SN5402/SN7402
	四 2 输入或非门缓冲器(OC)	CT1003	SN5433/SN7433
	四 2 输入或门	CT1032	SN5432/SN7432
	双四输入与门	CT4021	SN5421/SN7421
	三 3 输入与门	CT4011	SN5411/SN7411
	四 2 输入与门	CT1008	SN5408/SN7408
	四 2 输入与门(OC)	CT1009	SN5409/SN7409
	四总线缓冲门(3 态输出)	CT1125	SN54125/SN74125
	四总线缓冲门(3 态输出)	CT1126	SN54126/SN74126
	四 2 输入异或门	CT1086	SN5486/SN7486
	四 2 输入异或门(OC)	CT1136	SN54136/SN74136
	三态输入的 8 位缓冲器或总线驱动器	CT1244	SN54244/SN74244
触发器	与门输入上升沿 JK 触发器(有预置、清除端)	CT1070	SN5470/SN7470
	双主从 JK 触发器(清除端)	CT1107	SN54107/SN74107
	与门输入主从 JK 触发器(有预置、清除端)	CT1072	SN54172/SN74172
	双主从 JK 触发器(有预置、清除端和数据锁存)	CT1111、	SN54111/SN74111
	与门输入主从 JK 触发器(有预置、清除端和数据锁存)	CT1110	SN54110/SN74110
	双上升沿 D 触发器(有预置、清除端)	CT1074	SN5474/SN7474
	双 JK 触发器(有预置、清除端)	CT1078	SN5478/SN7478
单稳态触发器	单稳态触发器(施密特触发)	CT1121	SN54121/SN74121
	可再触发单稳态触发器(有清除端)	CT1122	SN54122/SN74122
编码器	10 线-4 线优先编码器	CT1147	SN54147/SN74147
	8 线-3 线优先编码器	CT1148	SN54148/SN74148
运算电路	4 位二进制超前进位全加器	CT1283	SN54283/SN74283
	4 位算术逻辑单元/功能发生器	CT1181	SN54181/SN74181
	4 位数字比较器	CT1085	SN5485/SN7485
	9 位奇偶产生器/校验器	CT1180	SN54180/SN74180

类　别	器件名称	国产型号	国外型号
译码器	4 线-16 线译码器	CT1154	SN54154/SN74154
	4 线-10 线译码器(BCD 输入)	CT1042	SN5442/SN7442
	3 线-8 线译码器/多路转换器	CT1138	SN54138/SN74138
	双 2 线-4 线译码器/分配器(图腾柱输出)	CT1155	SN54155/SN74155
	4 线-10 线译码器/驱动器	CT1145	SN54145/SN74145
	4 线七段译码器/高压输出驱动器(15V)	CT1247	SN54247/SN74247
	4 线(BCD)七段译码器/驱动器	CT1048	SN5448/SN7448
	4 线(BCD)七段译码器/驱动器(OC)	CT1049	SN5449/SN7449
数据选择器	16 选 1 数据选择器(反补输出)	CT1150	SN54150/SN74150
	8 选 1 数据选择器(三态输出)	CT1251	SN54251/SN74251
	8 选 1 数据选择器(互补输出)	CT1151	SN54151/SN74151
	8 选 1 数据选择器多路开关	CT1152	SN54152/SN74152
	双 4 选 1 数据选择器/多路选择器	CT1153	SN54153/SN74153
	四位 2 选 1 数据选择器/多路选择器	CT1157	SN54157/SN74157
	四位 2 输入多路转换器(带选通)	CT1298	SN54298/SN74298
计数器	二—五—十计数器(可预置计数器/锁存器)	CT1196	SN54196/SN74196
	二—五—十计数器(可预置计数器/锁存器)	CT1290	SN54290/SN74290
	二—八—十六计数器(可预置计数器/锁存器)	CT1197	SN54197/SN74197
	双 4 位二进制计数器	CT1393	SN54393/SN74393
	十进制同步计数器	CT1160	SN54160/SN74160
	4 位二进制同步计数器(异步清零)	CT1161	SN54161/SN74161
	4 位二进制同步计数器(异步清零)	CT1163	SN54163/SN74163
	8 位并行输出串行移位寄存器	CT1164	SN54164/SN74164
	十进制加/减(可逆)同步计数器	CT1168	SN54168/SN74168
	4 位二进制加/减(可逆)同步计数器	CT1191	SN54191/SN74191
	十进制同步加/减计数器(双时钟)	CT1192	SN54192/SN74192
	十进制同步加/减计数器	CT1190	SN54192/SN74190
寄存器	4 上升沿 D 触发器	CT1175	SN54175/SN74175
	6 上升沿 D 触发器	CT1174	SN54174/SN74174
	4 位双稳态锁存器	CT4375	SN54375/SN74375
	双四位锁存器	CT1116	SN54116/SN74116

附录 D　部分常用 CMOS 集成电路汇编

类　别	器件名称	国产型号	国外型号
逻辑门	六反相器	CC4069	MC14069
	六缓冲器/电平变换器(反相)	CC4009	CD4009
	六缓冲器/电平变换器(同相)	CC4010	CD4010
	双 4 输入与非门	CC4012	MC14012
	三 3 输入与非门	CC4023	MC14023
	四 2 输入与非门	CC4011	MC14011
	8 输入与非门	CC4068	MC14068
	双 4 输入或非门	CC4002	MC14002
	三 3 输入或非门	CC4025	MC14025
	四 2 输入或非门	CC4001	MC14001
	8 输入或非门	CC4078	MC14078
	四 2 输入或门	CC4071	MC14071
	双 4 输入或门	CC4072	MC14072
	三 3 输入或门	CC4075	MC14075
	双 4 输入与门	CC4082	MC14082
	三 3 输入与门	CC4073	MC14073
	四 2 输入与门	CC4081	MC14081
	双 2 路 2 输入与或非门	CC4085	CD4085
触发器	双 D 型触发器(带预置和清除端)	CC4013	MC14013
	双 JK 主从触发器	CC4027	MC14027
	3 输入 JK 触发器	CC4096	CD4096
	双可重触发单稳态触发器	CC14528	MC14528
	四 2 输入与非施密特触发器	CC4093	MC14093
	六施密特触发器(反相)	CC40106	CD40106
译码器	4 位数值比较器	CC14585	MC14585
	BCD-7 段译码器/大流动驱动器	CC14547	MC14547
	BCD-7 段液晶显示译码/驱动器	CC4405	MC4055
	BCD-锁存/七段译码器/驱动器	CC4511	MC4511
	十进制计数/锁存/译码/驱动	CC40110	CD40110
	十进制计数/七段译码器	CC4026	CD4026
	BCD 码-十进制译码器	CC4028	MC14028
	4 位锁存/4-16 线译码器(输出 1 有效)	CC4514	MC14514
	4 位锁存/4-16 线译码器(输出 1 有效)	CC4515	MC14515
	双二进制 4 选 1 译码器	CC4555	MC14555
	双二进制 4 选 1 译码器	CC4556	MC14556
定时电路	单定时器	CC7555	ICL7555
	双定时器	CC7556	ICL7556
双向开关、数据选择器	4 双向模拟开关	CC4066	MC14066
	单 8 通道模拟开关	CC4051	MC14051
	双 4 通道模拟开关	CC4052	MC14052
	单 16 通道模拟开关	CC4067	CD4067
	双 8 通道模拟开关	CC4097	CD4097
	四 2 选 1 数据选择器	CC4019	CD4019
	8 选 1 数据选择器	CC4512	CD4512
	双 4 通道数选择器	CC14539	MC14539

类　别	器件名称	国产型号	国外型号
计数器	7 位二进制串行计数器/分频器	CC4024	MC14024
	12 位二进制串行计数器/分频器	CC4040	MC14040
	14 位二进制串行计数器/分频器	CC4060	MC14060
	双 BCD 同步加计数器	CC4518	CD4518
	双 4 位二进制同步加计数器	CC4520	MC14520
	可预置 4 位二进制可逆计数器	CC4516	MC14516
	可预置十进制可逆计数器	CC40192	CD40192
	可预置 BCD 可逆计数器	CC4510	MC14510
	八进制计数/分配器	CC4022	MC14022
	十进制计数/分配器	CC4017	MC14017
	可预置十进制计数器	CC40160	CD40160
	可预置二进制计数器	CC40161	CD40161
寄存器	18 位串入—串出静态移位寄存器	CC4006	MC14006
	双 4 位串入—并出移位寄存器	CC4015	MC14015
	8 位串入—并入移位寄存器	CC4014	MC14014
	4 位双向通用移位寄存器	CC40194	CD40194
	4 位并入—并出移位寄存器	CC4035	MC14035
	8 位通用总线寄存器	CC4034	MC14034
运算电路	4 异或门	CC4070	MC14070
	4 位二进制超前进位全加器	CC4008	MC14008
	"N"BCD 加法器	CC14560	MC14560
锁相环	锁相环	CC4046	MC14046

附录 E　常用集成电路型号及引脚图

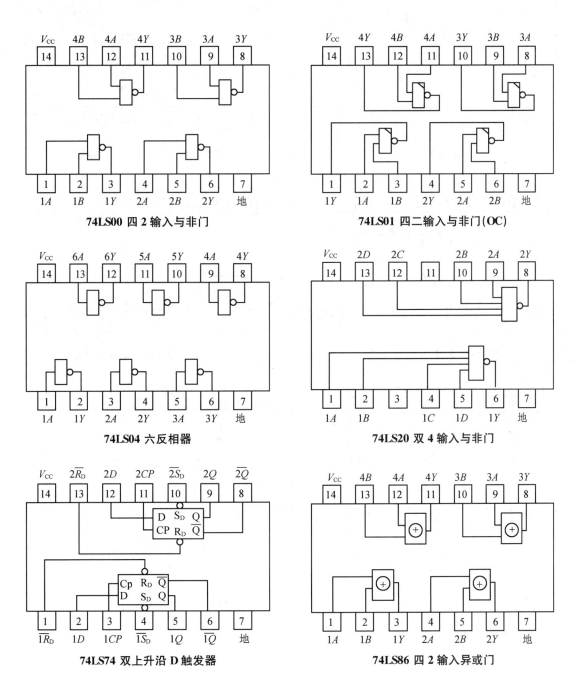

74LS00 四 2 输入与非门

74LS01 四二输入与非门(OC)

74LS04 六反相器

74LS20 双 4 输入与非门

74LS74 双上升沿 D 触发器

74LS86 四 2 输入异或门

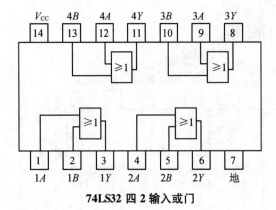

74LS32 四 2 输入或门

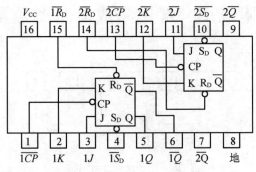

74LS112 双下降沿 JK 触发器

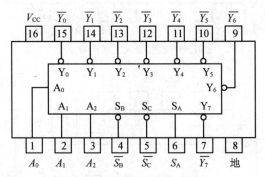

74LS138 3 线-8 线译码器

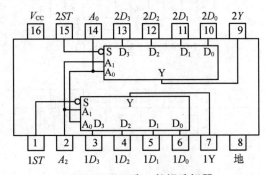

74LS153 双 4 选 1 数据选择器

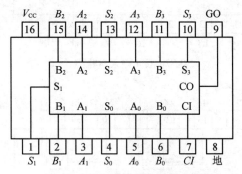

74LS283 4 位二进制超前进位全加器

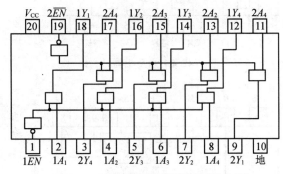

74LS244 八缓冲器/线驱动器/线接收器

附录 F　常用晶体管和模拟集成电路

F1　半导体分立器件型号的命名法

中国晶体管和其他半导体器件的型号,通常由以下五部分组成,每部分的符号及意义见表 F1.1。

例如,3AX81-81 号低频小功率 PNP 型锗材料三极管;2AP9-9 号普通锗材料二极管。

表 F1.1　中国半导体分立器件型号的组成符号及其意义

第一部分		第二部分		第三部分					第四部分	第五部分
用数字表示器件的有效电极数目		用汉语拼音字母表示器件的材料和极性		用汉语拼音字母表示器件的类型					用数字表示器件序号	用汉语拼音字母表示规格的区域代号
符号	意义	符号	意义	符号	意义	符号	意义			
2	二极管	A	N 型,锗材料	P	普通管	D	低频大功率管			
		B	P 型,锗材料	V	微波管		($f_a<3\,\text{MHz},P_C\geqslant1\,\text{W}$)			
		C	N 型,硅材料	W	稳压管	A	高频大功率管			
		D	P 型,硅材料	C	参量管		($f_a<3\,\text{MHz},P_C\geqslant1\,\text{W}$)			
3	三极管	A	PNP 型,锗材料	Z	整流截	T	半导体闸流管(可控			
		B	NPN 型,锗材料	L	整流堆		整流器)			
		C	PNP 型,硅材料	S	隧道管	Y	体效应器件			
		D	NPN 型,硅材料	N	阻尼管	B	雪崩管			
		E	化合物材料	U	光电器件	J	阶跃恢复管			
				K	开关管	CS	场效应管			
				X	低频小功率管	BT	半导体特殊器件			
					($f_a<3\,\text{MHz},P_c\geqslant1\,\text{W}$)	FH	复合管			
				G	高频小功率管	PIN	PIN 型管			
					($f_a<3\,\text{MHz},P_c\geqslant1\,\text{W}$)	JG	激光器件			

但是,场效应晶体管、半导体特殊器件、复合管、PIN 型二极管(P 区和 N 区之间夹一层本征半导体或低浓度杂质半导体的二极管。当其工作频率超过 100 MHz 时,由于少数载流子的存贮效应和 I 层中的渡越时间效应,二极管失去整流作用,而成为阻抗元件,并且,其阻抗值的大小随直流偏置而改变)和激光器件等型号的组成只有第三、第四和第五部分。

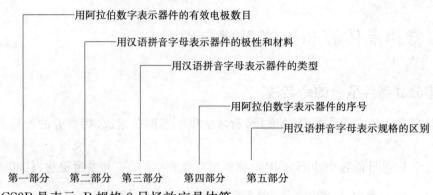

第一部分　　第二部分　第三部分　　第四部分　　第五部分

例如,CS2B 是表示:B 规格 2 号场效应晶体管。

F2　常用晶体管和模拟集成电路

1) 二极管

(1) 整流二极管

型　号	最高反向峰值电压 U_{RM}(V)	额定正向整流电流 I_F(A)	正　向电压 U_F(V)	反向漏电流（平均值） I_R(μA)		不重复正向浪涌电流 I_{FSM}(A)	频率 f(kHz)	额定结温 T_{jM}(℃)	备　注
2CZ84A～2CZ84X	25～3 000	0.5	1.0	≤10 (25 ℃)	500 (100 ℃)	10	3	130	
2CZ55A～2CZ55X	25～3 000	1	1.0	10 (25 ℃)	500 (125 ℃)	20	3	150	
2CZ85A～2CZ85X	25～3 000	1	1.0	10 (25 ℃)	500 (100 ℃)	20	3	130	塑料封装
2CZ56A～2CZ56X	25～3 000	3	0.8	20 (25 ℃)	1 000 (140 ℃)	65	3	140	
2CZ57A～2CZ57X	25～3 000	5	0.8	20 (25 ℃)	1 000 (140 ℃)	100	3	140	
1N4001	50	1	1.0	5					外形图
1N4002	100	1	1.0	5					
1N4003	200	1	1.0	5					
1N4004	400	1	1.0	5					
1N4005	600	1	1.0	5					
1N4006	800	1	1.0	5					
1N4007	1 000	1	1.0	5					
1N4007A	1 300	1	1.0	5					
1N5400	50	3	0.95	5					
1N5401	100	3	0.95	5					
1N5402	200	1	0.95	5					

（2）组合整流器（整流桥堆）

型　　号	最高反压 U_{RM}(V)	额定整流电流 I_F(A)	最大正向压降 U_F(V)	浪涌电流 I_{FSM}(A)	最高结温 T_{jM}(℃)	外　形
SQ1A-M	25～1 000	1	1.5	20	125	
SQ2A-M	25～1 000	2	1.5	40	125	
QL25D	200	0.5	1.2	10	130	D55
XQL005C	200	0.5	1.2	3	125	D58
3QL25-5D	200	1	0.65		130	D165-2
QL-27-2	200	2	1.2	20	125	D55-45
QL-28-2	200	3	1.2	30	125	
QLG-26D	200	1	1.2	20	130	D55-45
3QL27-5D	200	2	0.65		130	D165-2
QL-27D	200	2	1.2	40	130	
QL026C	200	2.6	1.3	200	125	D51-4
QL28D	200	3	1.2	60	130	D55
QSZ3A	200	3	0.8	200	175	
QL040C	200	4	1.3	200	125	D51-4
QL9D	200	5	1.2	80	130	D168
QL100C	200	10	1.2	200	125	D55-44
SQL7-2	200	2	1.2	15	125	

（3）硅稳压二极管

型　　号		最大耗散功率 P_{ZM}(W)	最大工作电流 I_{ZM}(mA)	稳定电压 U_Z(V)	动态电阻 R_Z (Ω)	动态电阻 I_Z (mA)	反向漏电流 I_R(μA)	正向压降 U_F(V)	电压温度系数 C_{TV} ($\times10^{-4}$/℃)	外　形
(1N4370)	2CW50	0.25	83	1～2.8	≤50	10	≤10(U_R=0.5 V)	≤1	≤-9	
1N746 (1N4371)	2CW51	0.25	71	2.5～3.5	≤60	10	≤5(U_R=0.5 V)	≤1	≤-9	
1N747-9	2CW52	0.25	55	3.2～4.5	≤70	10	≤2(U_R=0.5 V)	≤1	≤-8	
1N750-1	2CW53	0.25	41	4～5.8	50	10	≤1	≤1	-6～4	
1N752-3	2CW54	0.25	38	5.5～6.5	30	10	≤0.5	≤1	-3～5	
1N754	2CW55	0.25	33	6.2～7.5	15	10	≤0.5	≤1	≤6	
1N755-6	2CW56	0.25	27	7～8.8	15	5	≤0.5	≤1	≤7	
1N757	2CW57	0.25	26	8.5～9.5	20	5	≤0.5	≤1	≤8	
1N758	2CW58	0.25	23	9.2～10.5	25	5	≤0.5	≤1	≤8	
1N962	2CW59	0.25	23	10～11.8	30	5	≤0.5	≤1	≤9	
1N963	2CW60	0.25	19	11.5～12.5	40	5	≤0.5	≤1	≤9	
1N964	2CW61	0.25	16	12.2～14	50	3	≤0.5	≤1	≤9.5	
1N965	2CW62	0.25	14	13.5～17	60	3	≤0.5	≤1	≤9.5	

（续表）

型　号		最大耗散功率 P_{ZM}(W)	最大工作电流 I_{ZM}(mA)	稳定电压 U_Z(V)	动态电阻 R_Z (Ω)	动态电阻 I_Z (mA)	反向漏电流 $I_R(\mu A)$		正向压降 U_F(V)	电压温度系数 C_{TV} ($\times 10^{-4}$/℃)	外　形
(2DW7A)	2DW230	0.2	30	5.8～6.0	≤25	10	≤1	≤1		≤|50|	
(2DW7B)	2DW231	0.2	30	5.8～6.0	≤15	10	≤1	≤1		≤|50|	
(2DW7C)	2DW232	0.2	30	6.0～6.5	≤10	10	≤1	≤1		≤|50|	
2DW8A		0.2	30	5～6	≤25	10	≤1	≤1		≤|8|	
2DW8B		0.2	30	5～6	≤15	10	≤1	≤1		≤|8|	
2DW8C		0.2	30	5～6	≤5	10	≤1	≤1		≤|8|	

（4）2AP9-10 型锗点接触检波二极管

型　号	2AP9	2AP10	测　试　条　件
反向击穿电压 $U_{(BR)}$(V)	20	40	$I_R=800\ \mu A$
反向电流 $I_R(\mu A)$	≤200	≤40	反向电压 10 V
最高反向工作电压 U_{RM}(V)	10	20	
正向电流 I_F(mA)	≥8	≥8	正向电压 1 V
反向工作电压 U_R(V)	5(≤40 μA)	10(≤40 μA)	I_R 为括号内数值
	10	20	$I_R=200\ \mu A$
最大整流电压 I_{OM}(mA)	5	5	
截止频率 f(MHz)	100	100	
浪涌电流 I_{FSM}(mA)	50	50	持续时间 1 s
检波效率 η(%)	≥65	≥65	$f=10.7$ MHz,正向电压 1 V,$R_L=5$ kΩ,$C=2\ 200$ pF
	≥55	≥55	$f=40$ MHz,正向电压 1 V,$R_L=5$ kΩ,$C=20$ pF
检波损耗(dB)	≤20	≤20	交流电压 0.2 V,$f=465$ kHz
势垒电容 C_T(pF)	≤0.5	≤1	反向电压 6 V,交流电压 1～2 V,$f=10$ kHz
最高结温 T_{jM}(℃)	75	75	

（5）2CC1 型硅变容二极管

型　号	最高反向工作电压 U_{RM}(V)	反向电流 $I_R(\mu A)$		结电容 C_j(pF)	电容变化范围 (pF)	零偏压品质因数 Q	电容温度系统 T_C(1/℃)
2CC1A	15	≤0.5	≤20	60～110	220～50	≥250	5×10^{-4}
2CC1B	15	≤0.5	≤20	20～60	110～22	≥400	5×10^{-4}
2CC1C	25	≤0.5	≤20	70～110	240～42	≥250	5×10^{-4}
2CC1D	25	≤0.5	≤20	30～70	125～20	≥300	5×10^{-4}
2CC1E	40	≤0.5	≤20	40～80	150～18	≥300	5×10^{-4}
2CC1F	60	≤0.5	≤20	20～60	110～10	≥400	5×10^{-4}
测试条件	$T=20$ ℃,$I_R=1\ \mu A$　$T=125$ ℃,$I_R=20\ \mu A$	在相应的 U_{RM} 下　20 ℃±5 ℃	125 ℃±5 ℃	$U_R=4$ V	$U_R=0$　$U_R=U_{RM}$	$U_R=4$ V $f=5$ MHz	$U_R=10$ V $f=3.5$ MHz

(6) BT32、BT33 型双基极二极管(单结晶体管)

型 号	分压比 η_V ($U_{BB}=20$ V 时)	基极间电阻 r_{BB}(kΩ)	峰点电流 I_p(μA)	谷点电流 I_V(mA)	谷点电压 U_V(V)	耗散功率 P(W)
BT32A	0.3~0.55	3~6	2	1	3	0.3
BT32B	0.3~0.55	5~10	2	1	3	0.3
BT32C	0.45~0.75	3~6	2	1	3	0.3
BT32D	0.45~0.75	5~10	2	1	3	0.3
BT32E	0.65~0.85	3~6	2	1	3	0.3
BT32F	0.65~0.85	5~10	2	1	3	0.3
BT33A	0.3~0.55	3~6	2	1.5	3	0.4
BT33B	0.3~0.55	5~12	2	1.5	35	0.4
BT33C	0.45~0.75	3~6	2	1.5	3.5	0.4
BT33D	0.45~0.75	5~12	2	1.5	3.5	0.4
BT33E	0.65~0.9	3~6	2	1.5	3.5	0.4
BT33F	0.65~0.9	5~12	2	1.5	3.5	0.4

2) 三极管

(1) NPN 硅高频小功率管

	型 号	3DG100A	3DG100B	3DG100C	3DG100D	3DG201	测试条件
极限参数	P_{CM}(mW)	100	100	100	100	100	
	I_{CM}(mA)	20	20	20	20	20	
	$U_{(BR)CBO}$(V)	≥30	≥40	≥30	≥40	≥30	$I_C=100$ μA
	$U_{(BR)CEO}$(V)	≥20	≥30	≥20	≥30	≥30	$I_C=100$ μA
	$U_{(BR)EBO}$(V)	≥4	≥4	≥4	≥4	≥4	$I_R=100$ μA
直流参数	I_{CBO}(μA)	≤0.01	≤0.01	≤0.01	≤0.01		$U_{CB}=10$ V
	I_{CEO}(μA)	≤0.01	≤0.01	≤0.01	≤0.01		$U_{CE}=10$ V
	I_{EBO}(μA)	≤0.01	≤0.01	≤0.01	≤0.01		$U_{CE}=1.5$ V
	$U_{BE(sat)}$(V)	≤1	≤1	≤1	≤1		$I_C=10$ mA;$I_B=1$ mA
	$U_{CE(sat)}$(V)	≤1	≤1	≤1	≤1	≤0.9	$I_C=10$ mA;$I_B=1$ mA
	h_{FE}	≥30	≥30	≥30	≥30	≥55	$U_{CE}=10$ V;$I_C=3$ mA
交流参数	f_T(MHz)	≥150	≥150	≥300	≥300	≥100	$U_{CB}=10$ V;$I_E=3$ mA $f=100$ MHz,$R_L=5$ Ω
	G_P(dB)	≥7	≥7	≥7	≥7		$U_{CB}=10$ V;$I_E=3$ mA;$f=100$ MHz
	$C_{b'c}$(pF)	≤4	≤4	≤4	≤4		$U_{CB}=10$ V;$I_E=0$
h_{FE}色标分挡		(红)30~60(绿)50~110(蓝)90~160(白)>150					
管脚							

注:3DG100 原型号 3DG6。

(2) NPN 硅高频中功率管

	型　号	3DG130A	3DG130B	9011	9013	9014	9018	测 试 条 件
极限参数	P_{CM}(mW)	700	700	400	625	450	450	
	I_{CM}(mA)	300	300	30	500	100	50	
	$U_{(BR)CBO}$(V)	≥40	≥60	≥50	≥40	≥40	≥30	$I_C=100\,\mu A$
	$U_{(BR)CEO}$(V)	≥30	≥45	≥30	≥25	≥25	≥15	$I_C=100\,\mu A$
	$U_{(BR)EBO}$(V)	≥4	≥4	≥4	≥5	≥4	≥4	$I_E=100\,\mu A$
直流参数	I_{CBO}(μA)	≤0.1	≤0.1	≤0.1	≤0.1	≤0.1	≤0.1	$U_{CB}=10\,V$
	I_{CEO}(μA)	≤0.5	≤0.5	≤0.1	≤0.1	≤0.1	≤0.1	$U_{CE}=10\,V$
	I_{EBO}(μA)	≤0.5	≤0.5					$U_{CB}=1.5\,V$
	$U_{BE(sat)}$(V)	≤1	≤1					$I_C=10\,mA;\ I_B=10\,mA$
	$U_{CE(sat)}$(V)	≤0.6	≤0.6	≤0.3	≤0.6	≤0.3	≤0.5	$I_C=10\,mA;\ I_B=10\,mA$
	h_{FE}	≥40	≥40	≥29	≥64	≥60	≥28	$U_{CE}=10\,V;\ I_C=50\,mA$
交流参数	f_T(MHz)	≥150	≥150	≥100		≥150	≥600	$U_{CB}=10\,V;\ I_E=50\,mA;$ $f=100\,MHz;\ R_L=5\,\Omega$
	G_P(dB)	≥6	≥6					$U_{CB}=10\,V;\ I_E=50\,mA;$ $f=100\,MHz$
	$C_{b'c}$(pF)	≤10	≤10	≤5		≤3.5	≤2	$U_{CB}=10\,V;I_E=0$
h_{FE}色标分挡				(红)30～60(绿)50～110(蓝)90～160(白)>150				
管脚				T092-A2				

注:3DG130 原型号 3DG12。

(3) PNP 硅高频中功率管

	型　号	3CG7A	3CG7B	3CG7C	9012	9015	测 试 条 件
极限参数	P_{CM}(mW)	700	700	700	625	400	
	I_{CM}(mA)	150	150	150	500	100	
	$U_{(BR)CBO}$(V)	≥20	≥30	≥40	≥30	≥50	$I_C=50\,\mu A$
	$U_{(BR)CEO}$(V)	≥15	≥20	≥35	≥20	≥45	$I_C=100\,\mu A$
	$U_{(BR)EBO}$(V)	≥4	≥4	≥4	≥5	≥5	$I_E=50\,\mu A$
直流参数	I_{CEO}(μA)	≤1	≤1	≤1	≤0.5	≤0.5	$U_{CE}=-10\,V$
	$U_{CE(sat)}$(V)	≤0.5	≤0.5	≤0.5	≤0.5	≤0.5	$I_C=10\,mA;\ I_B=1\,mA$
	h_{FE}	≥20	≥30	≥50	≥64	≥60	$U_{CE}=-6\,V;\ I_C=20\,mA$
交流参数	f_T(MHz)	≥80	≥80	≥80	≥100		$U_{CE}=-10\,V;\ I_C=40\,mA$
	N_F(dB)	≤5	≤5	≤5			$U_{CB}=-6\,V;\ I_C=1\,mA;\ f=50\,MHz$
	C_{ob}(pF)	≤3.5	≤3.5	≤3.5	≤3.5	≤3.5	$U_{CB}=-10\,V;\ I_E=0;\ f=25\,MHz$
外形引脚				T092-A2			

（4）PNP 锗大功率管

	型　号	3AD30A	3AD30B	3AD30C	3AD50A	3AD50B	测 试 条 件
极限参数	$P_{CM}(W)$	20	20	20	10	10	加 200 mm×200 mm×4 mm 散热板
	$I_{CM}(A)$	4	4	4	3	3	
	$T_{jM}(℃)$	85	85	85			
	$U_{(BR)CBO}(V)$	50	60	70	50	60	$I_C=-10$ mA
	$U_{(BR)CEO}(V)$	12	18	24	18	24	$I_C=-20$ mA
	$U_{(BR)EBO}(V)$	20	20	20	20	20	$I_E=10$ mA
直流参数	$I_{CEO}(\mu A)$	≤500	≤500	≤500	≤300	≤300	$U_{CB}=-20$ V
	$U_{CEO}(mA)$	≤15	≤10	≤10	≤2.5	≤2.5	$U_{CE}=-10$ V
	$I_{EBO}(\mu A)$	≤800	≤800	≤800			$U_{EB}=-10$ V
	$U_{BE(sat)}(V)$	≤1.5	≤1.5	≤1.5			$I_B=-400$ mA；$I_C=-4$ A
	$U_{CE(sat)}(V)$	≤1.5	≤1	≤1	≤0.8	≤0.8	$I_B=-400$ mA；$I_C=-4$ A
	h_{FE}	12～100	12～100	14～100	20～140	20～140	$U_{CE}=-2$ V；$I_C=-4$ A
交流参数	$f_{h_{fe}}(MHz)$	≥2	≥2	≥2	≥2	≥2	$U_{CE}=-6$ V；$I_C=-400$ mA；$R_C=5$ Ω
外形引脚	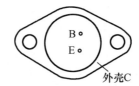						

3）N 沟道结型场效应管 3DJ6 和 3DJ7（大跨导管）

型　号	3DJ6D	3DJ6E	3DJ6F	3DJ6G	3DJ6H	3DJ7F	3DJ7G
饱和漏源电流 $I_{DS(sat)}(mA)$	<0.35	0.3～1.2	1～3.5	3～6.5	6～10	1～3.5	3～11
夹断电压 $U_{GS(off)}(V)$	<|-9|	<|-9|	<|-9|	<|-9|	<|-9|	<|-9|	<|-9|
栅源绝缘电阻 $R_{GS}(\Omega)$	≥10^8	≥10^8	≥10^8	≥10^8	≥10^8	≥10^7	≥10^7
共源小信号低频跨导 $g_m(\mu S)$	>1 000	>1 000	>1 000	>1 000	>1 000	>3 000	>3 000
输入电容 $C_{gs}(pF)$	≤5	≤5	≤5	≤5	≤5	≤6	≤6
反馈电容 $C_{gd}(pF)$	≤2	≤2	≤2	≤2	≤2	≤3	≤3
低频噪声系数 $F_{nL}(dB)$	≤5	≤5	≤5	≤5	≤5	≤5	≤5
高频功率增益 $G_{ps}(dB)$	≥10	≥10	≥10	≥10	≥10	≥10	≥10
最高振荡频率 $f_{max}(MHz)$	≥30	≥30	≥30	≥30	≥30	≥30	≥30
最大漏源电压 $U_{(BR)DS}(V)$	≥20	≥20	≥20	≥20	≥20	≥20	≥20
最大栅源电压 $U_{(BR)GS}(V)$	≥20	≥20	≥20	≥20	≥20	≥20	≥20
最大耗散功率 $P_{DSM}(mW)$	100	100	100	100	100	100	100
最大漏源电源 $I_{DSM}(mA)$	15	15	15	15	15	15	15

（续表）

型　号	3DJ7H	3DJ7I	3DJ7J	3DJ7K	测试条件	管脚
饱和漏源电流 $I_{DS(sat)}$(mA)	10～18	17～25	24～35	34～70	$U_{DS}=10$ V; $U_{GS}=0$ V	
夹断电压 $U_{GS(off)}$(V)	$<\lvert-9\rvert$	$<\lvert-9\rvert$	$<\lvert-9\rvert$	$<\lvert-9\rvert$	$U_{DS}=10$ V; $I_{DS}=50\ \mu A$	
栅源绝缘电阻 R_{GS}(Ω)	$\geqslant10^7$	$\geqslant10^7$	$\geqslant10^7$	$\geqslant10^7$	$U_{DS}=0$ V; $U_{GS}=10$ V	
共源小信号低频跨导 g_m(μS)	$>3\,000$	$>3\,000$	$>3\,000$	$>3\,000$	$U_{DS}=10$ V; $I_{DS}=3$ mA; $f=1$ kHz	
输入电容 C_{gs}(pF)	$\leqslant6$	$\leqslant6$	$\leqslant6$	$\leqslant6$	$U_{DS}=10$ V; $f=500$ kHz	
反馈电容 C_{gd}(pF)	$\leqslant3$	$\leqslant3$	$\leqslant3$	$\leqslant3$	$U_{DS}=10$ V; $f=500$ kHz	
低频噪声系数 F_{nL}(dB)	$\leqslant5$	$\leqslant5$	$\leqslant5$	$\leqslant5$	$U_{DS}=10$ V; $R_G=10$ MΩ; $f=1$ kHz	
高频功率增益 G_{ps}(dB)	$\geqslant10$	$\geqslant10$	$\geqslant10$	$\geqslant10$	$U_{DS}=10$ V; $f=3$ MHz	
最高振荡频率 f_{max}(MHz)	$\geqslant30$	$\geqslant30$	$\geqslant30$	$\geqslant30$	$U_{DS}=10$ V	
最大漏源电压 $U_{(BR)DS}$(V)	$\geqslant20$	$\geqslant20$	$\geqslant20$	$\geqslant20$		
最大栅源电压 $U_{(BR)GS}$(V)	$\geqslant20$	$\geqslant20$	$\geqslant20$	$\geqslant20$		
最大耗散功率 P_{DSM}(mW)	100	100	100	100		
最大漏源电源 I_{DSM}(mA)	15	15	15	15		

4）5G921s型差分对管

型　号	5G921sA2	5G921sB2	5G921sC2	5G921sD2	测　试　条　件
P_{CM}(mW)	60	60	60	60	单管
I_{CM}(mA)	10	10	10	10	
$U_{(BR)CEO}$(V)	$\geqslant15$	$\geqslant15$	$\geqslant15$	$\geqslant15$	$I_C=50\ \mu A$
h_{FE}	$\geqslant30$	$\geqslant30$	$\geqslant30$		$U_{CE}=6$ V; $I_C=1$ mA
				$\geqslant30$	$U_{CE}=6$ V; $I_C=10\ \mu A$
Δh_{FE}	$\leqslant10$	$\leqslant10$	$\leqslant10$	$\leqslant10$	$\dfrac{h_{FE1}-h_{FE2}}{h_{FE1}}\times100\%$
ΔU_{BE}(V)	$\leqslant5$	$\leqslant5$	$\leqslant5$		$U_{CE}=6$ V; $I_C=1$ mA
				$\leqslant2$	$U_{CE}=6$ V; $I_C=10\ \mu A$
f_T(MHz)	$\geqslant100$	$\geqslant100$	$\geqslant100$	$\geqslant100$	$U_{CE}=6$ V; $I_C=1$ mA; $f_{hfb}=30$ MHz
备　注	一对合格	一对合格	二对合格	一对合格	
管　脚					

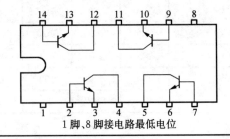

1 脚、8 脚接电路最低电位

5）集成电路

（1）集成运算放大器

型　号	CF741	CF158/258/358 （双运放）	CF148/248/348 （四运放）	CF124/224/324 （四运放）
输入失调电压 U_{10}(mV)	1 ($R_S{\leqslant}10$ kΩ)	±2	1 ($R_S{\leqslant}10$ kΩ)	±2
失调电压温漂 αV_{IO}(μV/℃)		7		7 ($U_o=1.4$ V)
输入失调电流 I_{IO}(nA)	20	±3	4	±3
失调电流温漂 $\alpha_0 I_{IO}$(nA/℃)		0.01		0.01
输入偏置电流 I_{IB}(nA)	80	45	30	45
差模电压增益 A_{VD}(dB)		100 ($R_L=2$ kΩ,$U_o=5$ V)	84 ($R_L{\geqslant}2$ kΩ,$U_o=10$ V)	100 ($R_L{\leqslant}2$ kΩ,$U_+=15$ V)
输出峰-峰电压 $U_{OP\text{-}P}$(V)		$U_+{-}1.5$ V ($R_L=2$ kΩ)	+12 ($R_L=2$ kΩ)	$U_+={-}1.5$ ($R_L{\leqslant}2$ kΩ)
共模抑制比 K_{CMR}(dB)	90 ($R_S{\leqslant}10$ kΩ)	85	90 ($R_S{\leqslant}10$ kΩ)	85 ($R_S{\leqslant}10$ kΩ)
输入共模电压范围 U_{ICR}(V)	±13	$U_+={-}1.5$ V	±12	$U_+={-}1.5$ V
输入差模电压范围 U_{IOR}(V)				$0{\sim}U_+$
差模输入电阻 R_{ID}(kΩ)	2 000		2 500	
输出电阻 R_O(Ω)	75			
电源电压抑制比 K_{SVR}(dB)	30	−100	−96 $R_S{\leqslant}10$ kΩ	−100
电源电压范围 U_{SR}(V)	±18	±1.5～±15 （或 3～30）	±9～±18	±1.5～±15 （或 3～30）
静态功耗 P_C(mW)	50			
输出短路电流 I_{oS}(mA)	25	40	25	40
单位增益带宽 $G\cdot f_{BWG}$(MHz)		1	1	1
转换速率 S_R(V/μs)	0.5 ($R_L{\geqslant}2$ kΩ)		0.5 ($A_{uD}=1$)	
通道隔离度 CSR(dB)		−120	−120 ($f=1$ kHz～20 kHz)	−120 ($f=1$～20 kHz)

CF741 引出端排列

8 引线金属圆壳（T）

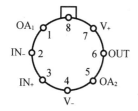

8 引线双列直插式

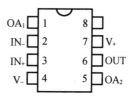

CF158/CF258/CF358 引出端排列

8 引线金属圆壳（T）

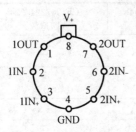

8 引线双列直插式

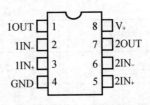

CF148/CF248/CF348 引出端排列

14 线双列直插式

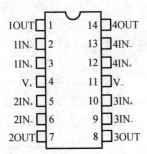

CF124/CF224/CF324 引出端排列

14 引线双列直插式

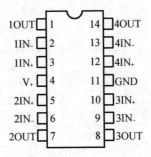

（2）集成模拟相乘器

参数名称	F1596	XFC-1596	FX1596 FX1496	CX1596 X1496	8TZ1596
载波抑制度 CFT(dB)	≥50	≥50	≥50	≥50	≥50
信号增益 A_{us}(dB)	≥2.5	≥2.5	≥2.5	≥2.5	≥2.5
输入失调电流 $I_{IO}(\mu A)$	≤0.7	≤5		0.7～5.0	0.7～5.0
输入偏置电流 $I_{IB}(\mu A)$	≤25	≤25	12	12～30	12～25
最大功耗 P_D(mW)	33				33
外形引脚					

（3）DG4100/DG4102 及 DG4112 集成低频功率放大器（最大额定值 $T_A = 25\ ℃$）

参数名称	DG4100/DG4102	DG4112	测试条件
最大电源电压 V_{CCmax}(V)	9/13	13	
允许耗散功率 P_D(mW)	1.2	1.2	
工作环境温度 T_{ope}(℃)	$-20\sim+70$	$-20\sim+70$	
推荐电源电压 V_{CC}(V)	6/9	9	
推荐负载 R_L(Ω)	4	$3.2\sim8$	
电参数			
静态电流 I_Q(mA)	15	15	
电压增益 A_u(dB)	70 45	68 45	开环 闭环
输出功率 P_o(W)	1.0/2.1	2.3	$R_L=4\ Ω$；THD＝10%
输入电阻 R_i(kΩ)	20	20	
谐波失真系数 THD(%)	0.5	≤1	
输出噪声电压 U_N(mV)	3.0 1.0	2.5 0.8	$R_g=10\ kΩ$ $R_g=0$

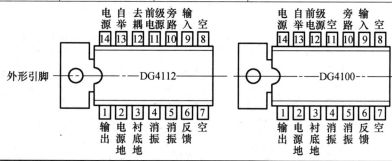

（4）三端固定输出集成稳压器（CW7800 和 CW7900 系列）

正 输 出 稳压器型号	负 输 出 稳压器型号	输出电压及偏差		输出 最大电流 I_{om}(mA)	输入电压 U_{imin}/U_{imax} (V)	调整率		温度系数 $\Delta U_o/\Delta T$ (mV/℃)
		U_o(V)	$\dfrac{\Delta U}{U_o}\times100\%$			S_u(mV)	S_i(mV)	
CW78L05	CW79L05			100	70/30	200	60	
CW78M05	CW79M05	5	±4%	500	7/35	100	100	1
CW7805	CW7905			1 500				
CW78L06	CW79L06			100		200	60	
CW78M06	CW79M06	6	±4%	500	8/35	120	120	1
CW7806	CW7906			1 500				
CW78L09	CW79L09			100		200	90	
CW78M09	CW79M09	9	±4%	500	11/35	120	120	1：1
CW7809	CW7909			1 500				

(续表)

正 输 出 稳压器型号	负 输 出 稳压器型号	输出电压及偏差		输出 最大电流 I_{om}(mA)	输入电压 U_{imin}/U_{imax} (V)	调整率		温度系数 $\Delta U_o/\Delta T$ (mV/℃)
		U_o(V)	$\dfrac{\Delta U}{U_o}\times100\%$			S_u(mV)	S_i(mV)	
CW78L12	CW79L12	12	±4%	100	14/35	200	120	1.2
CW78M12	CW79M12			500		120		
CW7812	CW7912			1 500				
CW78L15	CW79L15	15	±4%	100	17/35	200	150	1.2
CW78M15	CW79M15			500		150		
CW7815	CW7915			1 500				
CW78L18	CW79L18	18	±4%	100	20/35	200	180	1.2
CW78M18	CW79M18			500		180		
CW7818	CW7918			1 500				
CW78L24	CW79L24	24	±4%	100	26/40	200	240	1.2
CW78M24	CW79M24			500		240		
CW7824	CW7924			1 500				

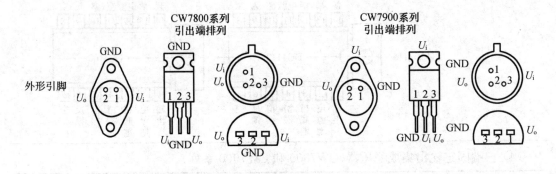

（5）三端可调式集成稳压器（CW117/217/317 及 CW137/237/337 系列）

电压极性	型 号	输出电流 I_{omax}（mA）	输出电压 U_{omin}/U_{omax}（V）	输入电压 U_{imin}/U_{imax}（V）	输入输出压差 U_i-U_o（V）	调整率（%） S_u	调整率（%） S_i	输出电压温度系数 α_u（%/℃）	最高结温 T_{jM}（℃）
正电压输出	CW117L	100	1.2/37	4/40	3	0.02	0.3	0.004	150
	CW217L								
	CW317L					0.04	0.5	0.006	125
	CW117M	500	1.2/37	4/40	3	0.02	0.3	0.004	150
	CW217M								
	CW317M					0.04	0.5	0.005	125
	CW117	1 500	1.2/37	4/40	3	0.02	0.1	0.004	150
	CW217								
	CW317					0.04	0.1	0.006	125
负电压输出	CW137L	100	−1.2/−37	4/40	3	0.01	0.1	0.004	150
	CW237L								
	CW337L					0.02	0.1		125
	CW137M	500	−1.2/−37	4/40		0.01	0.1	0.004	150
	CW237M		−3.6/−37	8.5/40	2.7				
	CW337M		−3.8/−32	9/35	3	0.02	0.1		125
	CW137	1 500	−1.2/−37	4/40	3	0.01	0.1	0.004	150
	CW237								
	CW337					0.02	0.1		125

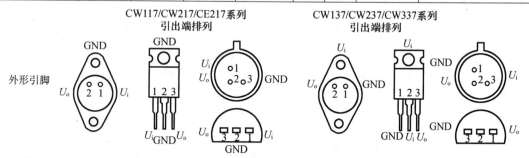

（6）LM566C 单片压控振荡器

LM566C 是单片压控振荡器电路。具有工作电压范围宽、高线性三线波输出、频率稳定度高、频率可调范围宽等优点。在音调发生、移频键控、FM 调制、信号发生器、函数发生器等处被广泛应用。

① 外引线图

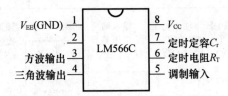

② 典型接法图

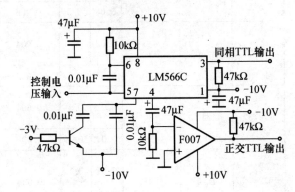

③ 主要参数

电源电压 (V)	温度频率稳定度 (×10⁻⁶/℃)	工作频率 (MHz)	压控灵敏度 (kHz/V)	输入阻抗 (MΩ)	方波输出电平 (R_L=10 kΩ) U_{P-P}(V)
+10~+26	200	1~100	6.4~6.8	0.5~1	5~5.4

附录 G   GDDS 型高性能电工电子实验台简介

GDDS 型高性能电工电子实验台是一种新颖、优良、大型的综合性实验设备,适合全国大专院校及各中等专科学校开设电路原理、电工学、电气技术、电气测量、电子与仪表等课程的高质量实验之用。

由于本实验台采用了结构新颖的高性能仪表等实验组件,不仅可以进行全部常规基本实验,而且更能增开多种提高性实验与设计性实验。

另外,根据用户需要,本实验台上各种测试仪表均可配备微机接口,能实现计算机管理全开放的现代化实验室目标。

实验台具有下列各项基本特点:

(1) 实验台体采用优质钢板模压结构、双层喷塑,外观轻巧、强度大、不变形,工作台板采用耐热、防火、抗潮、加厚的密度板,具有高绝缘、防漏电的安全性能,实验台前后均设有多个抽屉及存放柜以及扩展设备安装室,便于发展更新之用,并设有带刹车的移动轮子,侧面装有挂线箱。

(2) 实验屏存储容量大,全部实验所需仪器仪表、各种电源及实验部件均有序装于屏上,而且都处于待用状态,形成"全天候"式结构,可随时调用组合,进行任何实验,无需装卸移动,可开实验的质与量较"挂件"式老结构有大幅提高。

(3) 实验台采用全套高性能仪表、实验电源以及实验部件,使实验质量得到保证,特别是全套测试仪表采用国内外先进双显示结构,使数字表与模拟指针表的优点互补,融为一体。同时所有仪表均具有超强的过载能力,自动显示过载报警,自动记录过载次数并消除过载,自动恢复正常测试,指针表无任何过载冲击,并具有读数锁存等一系列优良性能。另外,全套仪表还具有 0.5 级基本精度,实际测试精度比现行任何仪表都高得多,更接近于理想型仪表。

(4) 根据需要,实验台可加装学生操作微机控制系统,用于采集、存储各测量仪表读数以及与实验室主计算机进行数据信息传送、交换和输出打印等一系列实验过程的计算机管理。

(5) 实验台除基本配置外还备有多种仪器仪表、电源、实验部件等扩展件,可根据实验发展提高要求,选择使用。

G1   GDDS 高性能实验台操作使用说明

1)实验台结构

(1) 本实验台由高质量专业实验桌与实验屏架两部分组成。

实验桌采用优质钢板模压而成,表面双层喷塑,造型美观轻巧、强度大、不变形,实验桌前后设有多种扩展部件安装、存储箱柜,便于不断更新发展,实验台板由防火耐热、高绝缘性能复合板制成,实验桌底部两侧各有一对高强度尼龙定向转轮与万向转轮,可灵活移动台体,总承受力大于 300 kg。

(2) 实验屏架固定于实验桌上方后侧,全钢结构,正面布置三层积木式部件装配架,上层为实验元器件屏,中间为高性能测量仪表屏,下面为各种实验电源屏,三层全屏式结构具有存储空间大,实验内容灵活丰富,可开实验数量大,利于实行计算机管理等一系列特点,最适合全开放实验教学应用。

2) 实验台供电电源

(1) 实验台供电电源为三相四线制交流电网,通过实验台后下方带有标准插头的三相四芯橡皮电缆引入电源,电缆规格为 YZ3×1.5 mm²+1×1.0 mm²,500 V,插头规格为 380 V 15 A。

(2) 电网供电电压为 380 V/220±5%,通常由于电网电压波动过大,为确保实验台正常工作应配接三相交流稳压电源或根据用户要求在每个实验台部件扩展柜中安装单独三相交流稳压器以获得更稳定的供电电源。

(3) 每个实验台供电容量可按单相负载 0.8 kV·A,三相负载 1.5 kV·A 计算。

(4) 交流电网对多台实验台供电时,其总容量可按每个实验台容量总和乘以同时利用率来确定,通常因三相实验耗电仅 200 W 以下,所以实验仍以单相负载为主,布置供电线路时应注意分组换相以使三相负载平衡。

(5) 供电线路应确保中性线通顺完好,严禁在无中线供电线路上运行。

3) 实验台安全保护系统

本实验台采用下述三项有效措施确保操作人员与设备安全使用。

(1) 实验台总电源开关采用带漏电保护专用高质量空气自动开关,其断流能力达 6 000 A。当发生漏电情况时能在触电安全电流下高速切断电源(安全电流在 30 mA 以下,运作时间小于 0.1 s,符合国际 IEC755 标准及国家 GB6829 标准)。

每次实验前必须进行漏电模拟操作以确认漏电保护功能正常,方法是在实验接线前先合上总电源开关并立即按下开关边上漏电功能检查"T"按键,如开关立即断开电源即属正常,允许进行实验接线操作(如需再次合上开关必须将开关右下角"阻止开关合闸"按键按下,此按键在漏电保护动作后实行保护性阻止开关重合作用)。

(2) 实验台后下角设置专用台体接地端子,实验台使用前必须连接地线,此地线必须与电源中性线分开专设,接地导线应按标准安装,截面大于 1 mm²,接地电阻小于 4 Ω。

(3) 实验台工作台面采用高绝缘性能的复合板,为操作人员提供一个安全的工作区域,与采用铁板台面相比,可有效防止带电线脱落等现象造成触电的可能性。

4) 实验台电源系统的使用

(1) 使用前检查

① 实验台使用前应检查接地线是否牢固连接,在未接妥地线状态下应停止通电,以确保安全。

② 连接电源前应检查供电插座中性线是否完好,实验台必须是在中性线良好接通的情况下使用。

③ 在电源插头连接电源前,应使实验台总电源开关,仪表电源带锁开关,所有交流、直流开关均处于断开状态。

(2) 连接供电电源

① 实验台电源插头可靠连接电源后,总电源开关上方电压指示灯亮,表示外电源已送至实验台,此时实验屏右侧一个三相电源插座有电,该电源插座可供外接用电设备或作为多

个实验台串接供电之用。

②　合上实验台电源总开关并进行漏电模拟实验。

③　如漏电保护功能正常可合上电源总开关,实验台左上方 20 W 照明日光灯亮,右上方 20 W 日光灯是否接通电源由实验部件 D04 板上双投开关控制,此开关在"内接电源"位置表示实验台内部已将 220 V 电源送至日光灯作照明之用,如扳向"外接电源"位置则表示该日光灯应在开关下方插口送入电源,此功能可配合测量仪表等部件进行日光灯功率因数提高等实验。

④　接通带锁开关"仪表电源"指示灯亮,所有仪表电源接通,预热 30 s 准备测量,注意带锁开关只控制测量仪表供电电源,钥匙由教师管理,学生实验结束后检查过载记录等信息,然后关断电源 15 s,清除所有存储信息,再接通电源准备另一学生实验。以上操作可根据用户要求,对交流表与直流表实行分组集中有线遥控与单台控制相结合的方式,以减轻教师工作量。

⑤　如进行三相电路实验时,三相交流电压可从三相电源控制板接线柱输出,三相电源控制板采用高分断能力(6 000 A)的自动空气开关进行瞬时短路及过载延时切断保护。

另外还设有熔丝管作小电流速断保护,三相电压数应由控制板上三只电压表作粗略指示。

本实验台与以前老产品实验台的重要改进是采用新型三相阻容负载部件,利用该部件可以进行任何三相电路实验。电源系统直接使用 380 V/220 V 交流电网电源,去掉了传统上要用三相调压器将电网 380/220 V 系统的电压降至 220/127 V 系统,这种改进具有两大优点:一是教学上使学生更多地接触和体验实验电网电源系统的特点,增加对实验电网系统的临场感受,使实验数据更贴近实际;二是三相调压器是最易损坏的部件之一,常常影响实验进程,除降低电压外别无作用。用户如仍需降压实验时也可利用 D06 器件的三只独立降压变压器把 380/220V 电网电压降低至 220/RTV 系统、每相功率 30 W,可采用两只 15W 灯泡。

⑥　单相调压电源由单相调压电源控制板接线柱输出,该电源通过单相调压器可使输出电压在 0～250 V 之间改变,调压器容量为 500 VA,输出电压由板上方指示电表作粗略指示,该电源通过(6 000 A)自动空气开关及熔丝管实行瞬时短路及过载延时切断保护功能。

⑦　直流电源输出控制板共设有两种完全独立的稳压电源及一路独立的稳流电源,三路电源均具有过载、短路、过热等保护功能,稳压电源在电源开关处接通粗、细两个调节钮调节电压。操作上注意在关断电压源时应先将输出电压调节至零,然后关断其本身电源开关,最后切断交流总电源开关,以避免过渡电压使仪表报警记录。如需直接关断交流电源总开关时,可将仪表量限先置于 200 V 挡。稳流电源虽允许开路,但在教学时原则上应强调正确的概念,即实际电流源是不允许开路的(如实际的电流互感器次级开路会造成损坏)。因此,在使用电流源时应预先连接好外部线路后再接通电源开关输出电流,为使输出电流能正确达到要求的值,本稳流电源具有预调功能,即在电源开关关断情况下接通一个内部负载,通过调节可在板上方指示电表上显示电流值,当电源开关接通时就断开内部负载向外部负载输出已调节的电流,内转外时无任何瞬时开路冲击现象。使用电流源时应注意当电源开关接通时在任何情况下不要中断外部负载,否则会产生较高的输出电压,此时如再度接通外部负

载就可能产生冲击电流使仪表过载记录。

如需改接外部负载线路,应先断开电源开关,此时内部负载与外部负载是并联的,断开外电路不会使电流源开路。通过本电流源的反复使用可使学生牢固建立正确的电流源操作理念。

另外,需注意电源板上方小电流表的量限能随着输出电流粗调开关位置同步转换在0～10 mA 位置时,满偏是 10 mA 位置,在 0～200 mA 位置时满偏为 200 mA。

上述三路电源都具有过热保护,当发生过热情况时能自动关闭电源,消除过热现象后又自动恢复工作。

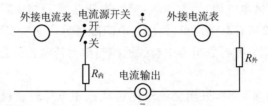

⑧ 本实验台配置的大功率多波段形式多路输出函数电源是专为电路实验设计的理想电源,与一般函数信号源相比,本电源具有正弦波输出功率大以及正弦波、方波、三角波、阶跃波、单脉冲都能同时输出,可形成多种波形组合信号,适应多信号激励的实验要求。本电源配有数字频率计,能自动同步指示信号频率,另外,该电源还具有不怕短路及消除短路后自动恢复工作的功能。该电源不仅可作为一般信号源而且可作为变频功率稳压电源在许多实验中代替单相交流电源以消除电网电源波形差、干扰大、电压不稳、频率不可变等问题,使实验质量进一步提高。大功率正弦电源内阻接近于零。因此在输出端如直接接入电容负载时应先串接一只 5 Ω 电阻,以避免电容电流冲击使保护器动作。

⑨ 使用各种电源时的特别注意事项:

各种电源输出端之间严禁直接联接(如交流电网电源输出端直接连至信号电源或直流电源输出端等)。

⑩ 在利用三相电源进行实验时如发生误接线或误操作使电源直接短路的情况时,由于瞬间短路电流极大,其热效应可能导致保险丝管内过大气压而爆破碎裂,更换时可能不易将碎玻璃取出。如需避免这种情况,根据本电源具有多级短路,过载保护系统(熔断丝作前级短路保护,三相空气开关实行第二级短路过载保护,断开最大瞬时电流为 6 000 A,三相四线电源总开关作第三级短路过载保护)的特点可将熔断丝管额定电流减少至 0.5 A,以减少熔断能量,或将熔丝管额定电流加大至 10 A 以上使短路时由空气开关执行跳闸断电。

5)实验台测量仪表的使用

(1)本实验台所有测量仪表均为国内独创的新颖仪表,具有高精度、高过载能力、数字模拟双显示、真有效值响应、过载自动报警、消除过载自动恢复工作、过载次数自动记录等一系列优良特性。基本仪表组包括直流电流组合表 1 套,直接电压表 1 只,交流电流表 1 只,交流电压表 1 只,交流功率表 1 只。根据实验教学需要用户还可增选高性能双显示磁通表、高斯计、三相交流电流表、三相交流电压表、功率相位复合表、交流电压电流复合表、直流微电流表、线性电阻表等系列新型仪表。

(2)本组仪表外部供电电源为 220 V±5%,由于市电电压波动过大,采用交流稳压器供电更有利于读数稳定。

(3) 本组仪表在接通电源或断开电源操作时须留出一定的预热时间与恢复时间,当带锁开关接通仪表电源时仪表处于预热阶段,约 15 s 后自动进入测量状态,开断电源时同样也须 15 s 的恢复时间清除所有记录信息,然后再重新通电。

(4) 本组仪表均为数模双显示仪表,读数显示有两种模式:

① 数字表与指针表同步双显示,数字表为直接读数,模拟表读数按常规须乘以量限系数。

② 数字表在任意值"锁定"状态下模拟表继续实时测量,此方式便于线路特定值比较。需特别注意在接通仪表电源时数字表有固定的不适当显示时首先检查是否已按下"读数锁存"按键。

(5) 仪表零点调整:数字表无需调整零点,模拟表零点调整可轻微拨动表针中央白色塑料刻槽调零器调整指针零位。

(6) 实验台所有模拟指针表均采用特制镜面反射型嵌装式专用表,属精密仪表结构,可形成眼、针、影三点直线正确读数,其满度值或其他值可利用"模拟表满度校正"调节器随时与数字表对比校正,以保持其有接近数字表的精度。

(7) 测量仪表中所有数字表头均为 $4\frac{1}{2}$ 位 0.05 级高精度表。

(8) 本组仪表后面均带有数据处理信息插座,数据信息包括每一数位 BCD 编码、小数点、测量值极性、过载记录以及一组控制信号等可与专用控制机或微型计算机配合实行计算机数据传输及管理系统。

(9) 测量仪表超过量限 10%~20% 左右(称合理过载)以及对直流仪表极性接反达量限的 50% 左右会自动报警,指针表自动回零无任何冲击,数字表视过载程度可出现仍有显示或闪烁显示状态,当清除过载后都能自动恢复正常测试,此时过载记录器自动按 8421 码累加记录(最大记录数为 8),仪表断电时自动清零。

交流功率表可自动显示过载原因,即电流过载或电压过载,但不论何种过载,记录器均会自动记录。

所有仪表在超量限时均不影响外电路状态,不需切断总电源,有利简化操作,提高实验效率。

(10) 所有仪表在两输入端未完全接妥或一端悬空时会出现数字显示属正常现象,接好线路后会显示准确数值。

(11) 数字表与模拟表的准确度(基本误差)计算方法:

模拟指针表的准确度等级定义为满偏时的相对误差,或称引用误差:

$$\pm K\% = \frac{\Delta m}{A_m}100\%$$

式中:Δm 为仪表最大绝对误差;K 准确度等级;A_m 为满偏值。

按规定,指针准确度(基本误差)共分七个等级:

准确度等级	0.1	0.2	0.5	1.0	1.5	2.5	5.0
$K(\%)$	±0.1	±0.1	±0.5	±1.0	±1.5	±2.5	±5.0

数字表的读数误差分两部分计算（随测量值可变部分与固定部分）：

相对误差：$E=\pm(a\%+b\%\times A_m/A_x)$；

绝对误差：$\Delta=\pm(a\%A_x+b\%A_m)$；

式中：A_x 为读数值；A_m 为量限。

当 $A_x=A_m$ 时，$E_m=\pm(a\%+b\%)$定义为数字表的基本误差（即准确度等级）。如数字电压表的准确度等级共分 11 级，最高为 0.000 5 级，最低为 1.0 级。

本实验测量仪表的准确度为：

$$K\%=\pm(0.3\%+0.2\%)；\Delta m=\pm(0.3\%A_m+0.2\%A_m)=\pm0.5\%A_m$$

式中：Δm 为仪表最大绝对误差；K 为准确度等级；A_m 为满度值。

测试条件为：

温度：25 ℃±2 ℃；

相对湿度：≤50%；

测试范围：$(10\%\sim100\%)A_m$；

预热时间：10 min；

频率：50 Hz；

波形：正弦波；

供电电源：220 V±2.2 V。

6）三相变压器组由三只单相双绕组变压器组合构成，因此也可用于单相电路变压器实验，其参数如下：

项　目	容　量	原边电压	原边电流	副边电压	副边电流	原副边耐压
A 相	30 W	220 V/380 V	0.15 A/0.08 A	220 V/36 V	0.8 A	1 500 V
B 相	30 W	220 V/380 V	0.15 A/0.08 A	220 V/36 V	0.8 A	1 500 V
C 相	30 W	220 V/380 V	0.15 A/0.08 A	220 V/36 V	0.8 A	1 500 V

7）实验连接线与电流表插口的使用

（1）接线插头可互相迭接，但考虑到牢固性，一般不宜超过三只插头迭接，如需加长连接线时也可用插头相对对插或迭插，也可借用任何实验中不使用的部件作单头支点（切不可形成电流通路），使用插头连接线路的正确方法是边转动边插或边转动边拉。

（2）在实验部件板上一些连接电路中增加了一些电流表专用连接插口，平时这些插口内部是连通的，当电流测量插头插入后，插口内部开关分开，电流经插头连接线通往电流表，即可方便测量该支路电流，使用时必须注意使插头插进或拉出位置到底，不可停留在中间部分，同时应快速进或退出，否则影响内部开关接触，容易损坏以及使电路中断瞬态过长。另外，在直流电路中使用时应注意插头引线的极性，为避免接错极性报警记录，在靠近电流插口两侧的接线插口分红、黑两色，分别对应电流插头的红、黑两根接线。

为给学生更多的实验接线训练机会，建议尽量少使用电流表插口来测量电流。

参 考 文 献

[1] 康华光. 电子技术基础模拟部分(第四版). 北京:高等教育出版社,1999

[2] 康华光. 电子技术基础数字部分(第四版). 北京:高等教育出版社,2000

[3] 王尧. 电子线路实践(第二版). 南京:东南大学出版社,2011

[4] 王澄非. 电路与数字逻辑设计实践. 南京:东南大学出版社,2009

[5] 王建新,姜萍. 电子线路实验教程. 北京:科学出版社,2003

[6] 路勇. 电子电路实验及仿真(第二版). 北京:北方交通大学出版社,清华大学出版社,2004

[7] 周淑阁. 模拟电子技术实验教程. 南京:东南大学出版社,2008

[8] 罗杰,谢自美. 电子线路设计·实验·测试(第四版). 北京:电子工业出版社,2008

[9] 吴慎山. 数字电子技术实验与实践. 北京:电子工业出版社,2011

[10] 曹汉房. 数字电路与逻辑设计学习指导与题解. 武汉:华中理工大学出版社,2005

[11] 鲍可进,等. 数字逻辑电路设计(第二版). 北京:清华大学出版社,2010

[12] 王友仁. 数字电子技术基础. 北京:机械工业出版社,2010

[13] 常丹华. 数字电子技术基础. 北京:电子工业出版社,2011

[14] 郭宏,武国财. 数字电子技术及应用教程. 北京:人民邮电出版社,2010

[15] 候传教,刘霞,杨智敏,等. 数字逻辑电路实验. 北京:电子工业出版社,2009

[16] 邓勇,周铎,邓斌. 数字电路设计完全手册. 北京:国防工业出版社,2004

[17] 卢明智,等. 数字电路创意实验. 北京:科学出版社,2012

[18] 姜有根. 数字电路及其实际操作技能问答. 北京:机械工业出版社,2009

[19] 蔡杏山. 数字电路知识与实践课堂. 北京:电子工业出版社,2009.08

[20] 程勇. 数字电子技术与实训教程. 北京:人民邮电出版社,2008

[21] 姜书艳. 数字逻辑设计及应用. 北京:清华大学出版社,2007

[22] 宋竹霞,闫丽. 数字电路实验. 北京:清华大学出版社,2011

[23] 陈金西. 数字电路实验与综合设计. 厦门:厦门大学出版社,2009